产品结构设计

实例教程

——入门、提高、精通、求职

黎恢来 著

电子工业出版社

Publishing House of Electronics Industry

北京·BEIJING

内 容 简 介

本书是作者将十几年的产品结构设计经验总结而成的，系统、精细、全面地介绍了产品结构设计知识及设计全过程，全书共 18 章，分为三部分。

第一部分主要讲解产品结构设计的基础知识，第二部分主要讲解一款电子产品的全套产品结构设计的整个过程，第三部分主要是产品结构设计提高及求职部分。

本书最大特点是与实际产品结构设计工作无缝对接，书中的所有实例均来源于作者的实际工作项目，是成功上市的产品，与现实生活息息相关。

本书讲解详细、条理清晰、图文并茂、通俗易懂，并突出设计技巧。随书光盘附带练习，让读者有实例可练，帮助读者融会贯通，更加高效地学习和掌握实用技巧。

本书适合产品结构设计新手及想从事产品结构设计的初学者学习、提高使用，也可作为在职产品结构工程师的工作指南和参考资料，还适合各种培训班作为培训教材使用。

图书在版编目（CIP）数据

产品结构设计实例教程：入门、提高、精通、求职 / 黎恢来著. —北京：电子工业出版社，2013.7

ISBN 978-7-121-20839-3

Ⅰ. ①产… Ⅱ. ①黎… Ⅲ. ①产品结构－结构设计－教材 Ⅳ.①TB472

中国版本图书馆 CIP 数据核字（2013）第 145481 号

策划编辑：徐　静
责任编辑：刘　凡　　特约编辑：刘丽丽　刘海霞
印　　刷：北京天宇星印刷厂
装　　订：北京天宇星印刷厂
出版发行：电子工业出版社
　　　　　北京市海淀区万寿路 173 信箱　邮编 100036
开　　本：787×1 092　1/16　印张：25.5　字数：653 千字
版　　次：2013 年 7 月第 1 版
印　　次：2024 年 3 月第 27 次印刷
定　　价：98.00 元（含 CD 光盘 1 张）

凡所购买电子工业出版社图书有缺损问题，请向购买书店调换。若书店售缺，请与本社发行部联系，联系及邮购电话：(010) 88254888，88258888。

质量投诉请发邮件至 zlts@phei.com.cn，盗版侵权举报请发邮件至 dbqq@phei.com.cn。

本书咨询联系方式：(010) 88254473，qiyue@phei.com.cn。

作者介绍

作者简介

黎恢来　本科学历，2001 年参加工作，有 1 年工程部机械绘图经验，11 年结构设计及项目管理实战经验。曾经担任过绘图员、结构工程师、高级结构工程师、工程部主管、手机公司结构总监、研发部经理等职位。从事过通信、机电、玩具、电子消费品、钟表等行业。其中有超过 6 年的手机结构设计及项目管理经验，曾任手机公司项目经理、手机公司结构总监等职位，曾参与设计及评审的手机产品达数百款之多。

曾主导自主研发纸牌自动发牌机，是全国首创的智能型便携式娱乐产品，并拥有发明、实用新型和外观设计等多项专利。

曾亲自培养过不少入行手机结构设计及产品结构设计的新人，他们现在有的在华为、比亚迪、金立、富士康、步步高、康佳、港利通、龙旗、嘉兰图、浪尖等公司工作，都取得了不错的成绩。

著有专业书籍《手机结构设计完全自学与速查手册》，2011 年由电子工业出版社出版发行，到目前为止，此书成功帮助很多读者进入手机结构设计行业，受到读者的广泛肯定和好评。

作者照片

与同行朋友合影（剪辑）

作者曾设计的部分产品欣赏

1. 电子游戏机

三维截图　　　　　　　　　　　　实物照片

2. 纸牌自动发牌机

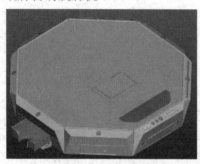 

三维截图　　　　　　　　　　　　实物照片

3. 牙箱运动——机芯

三维截图　　　　　　　　　　　　实物照片

4. 手机壳体

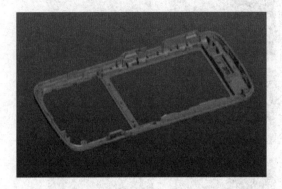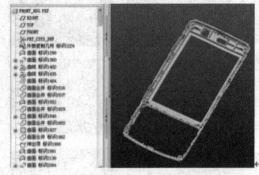

前壳结构截图

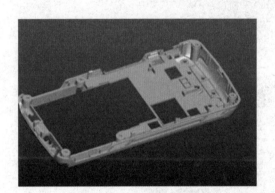

底壳结构截图

5. 手机产品

三维截图一

三维截图二

6. 结构评审

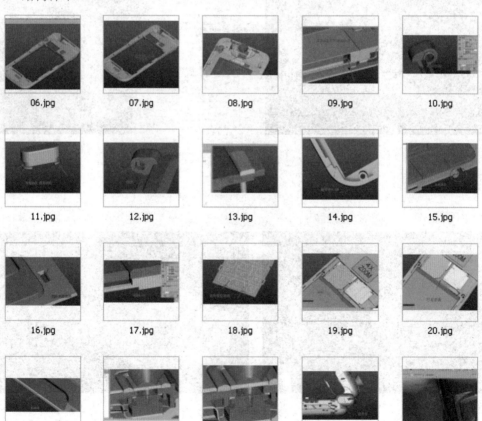

结构评审截图

写在前面的话——如何学习本书

本书适用对象

(1) 初学者。

本书是初学者的最佳教材，尤其适合在读的大、中专院校的机械、模具、工业设计等专业的学生。

在校生主要以理论学习为主，缺少真正的产品结构设计过程，甚至不知道产品结构设计工作到底要做些什么，对产品结构行业感到比较陌生与茫然。本书从实际工作出发，与现实工作无缝对接，通俗易懂、图文并茂，有整套的产品结构设计实例讲解，全书分为基础、实例练习、提高三部分，恰好解决了在校生这种困惑。

通过本书的学习，在校生可以快速了解产品结构设计及实际工作的设计流程，能学习到真正的全套产品结构设计。

本书中的内容，并不是通过网络下载零散资料就能学习到的，本书讲解的都是经验的总结，需要系统地学习才能掌握。

针对新手找工作面试难的问题，本书特意用一章的内容精心讲解近 150 道面试题，这些题目收集于各公司实际招聘的面试题目，很有指导价值，给各位产品结构工程师的面试扫清"拦路虎"。

(2) 从事产品结构设计者、产品结构设计经验不足的刚入行结构工程师。

① 作者有十多年的结构设计及项目管理实战经验，从事过通信、机电、玩具、电子消费品等行业。曾带领团队研发过全套电子机电产品，并申请了全方位的专利保护。

作者有超过 6 年的手机结构设计、数码电子产品结构设计经验，曾任公司工程部主管、手机公司结构总监、项目经理等职业，曾参与设计及评审的手机产品达数百款之多。

这些工作经验不是每一个工程师都能经历的，本书融合了作者十几年设计经验的精华，值得好好学习。

② 作者最初的工作也是绘图员，从基层走到现在，产品结构设计经验也是在跳槽、找工作、进入新公司、升职这些环节中一点点积累起来的，所以很了解初入行者需要什么知识，最渴望学到什么知识，本书就是从这些出入点出发，将这些大家最想学到的知识一一呈现。

(3) 各级培训班的产品结构设计培训教材、企业的内部培训教材。

本书从基础开始讲起，循序渐进，再通过整套产品的实例练习，最后着重加强与提高，贯穿从零基础到熟练的整个学习过程，让新手很快上手并学到真正的产品结构设计技术。

如何学习本书

学习方法：参照书本，结合本书实例练习。

（1）首先了解结构设计需要的技能与工作内容，明白需要学习什么知识。

（2）第一部分为理论知识，这些知识是给实例练习作铺垫的，也是以后实际工作中需要用到的，若没有这些知识，后面的实例练习都将毫无意义。

（3）第二部分为实例练习学习方法，按照本书所讲的一步步设计产品结构，光盘中的三维档案只能在设计碰到问题难以进行时才能参考，如果是软件基础不太好的读者，可以参照光盘中的三维档案学习命令的用法，至少要知道这些步骤是通过什么命令完成的。

切忌抄图。设计重在设计过程，抄袭是按步照搬，读者在练习实例时，千万不要一步步按照原档案抄袭，同样的产品，不同的结构工程师设计的结构是有差别的，但只要符合产品要求，都是可行的。所以，读者要结合书中介绍的方法自己设计整个产品的结构，原档案也只能作为参考。

（4）第三部分的内容重在提高设计水平，第15章的内容有些可以记下来，但有些可以先了解，在实际工作中遇到了可以拿出来作为参考。

（5）第16章为外观建模练习，主要提高读者的Pro/E软件水平，读者一定要练习完。练习这些题时，读者如果没有思路，可以参考原档案。这些外观建模练习题，每个至少要练习两遍，第一遍结合书本、原档案练习，第二遍独立练习，达到真正掌握这些建模方法的目的。

（6）第17章为面试题，这些面试题收集于各公司实际招聘的面试题目，读者在学习时，最好不要死记答案，重在理解，理解性记忆。每次面试前最好看一下，加深理解。

（7）第18章为练习题，在学习了前面的基础后，读者独立完成。

作者技术支持

为鼓励读者学习与提高读者的结构设计水平，前两位完成本书实例中GPS产品的读者可将完成后的三维图档发送到作者邮箱mobmd88@163.com，作者将亲自提供无偿、细致的点评并提出修改方案。

提交作业的注意事项：

（1）没有完成整机结构的不评审。

（2）不是本书实例中所讲的GPS产品不评审。

（3）完全抄袭本书光盘中的三维档案不评审。

（4）提交作业时需同时提交购买图书的有效凭证，无有效凭证的一律不评审，有效购买凭证包括快递单与图书一起拍照、网上购书的订单记录等。

（5）由于评审工作需要大量的时间与精力，作者只评审前两位提交作业的读者，以提交完整作业的邮件时间为准，不能预约。

（6）作者为前两位完成作业的读者评审只是用业余时间免费评审，不构成要约，属于一种帮助行为，作者与出版社没有此义务，也与本书定价没有关系。

前　言

产品结构设计属于传统的机械行业，与我们的生活息息相关，日常生活中所见及所用的几乎所有产品在生产之前都需要进行结构设计。产品结构设计是综合性很强的职业，需要了解很多不同方面的知识，包括常用的设计软件、材料知识、基本的模具知识、常见的机械加工方法、产品表面处理知识等。

一、本书编写目的

（1）给新人提供指导。

作者之所以将自己十几年的工作经验总结出来写成这本书，主要是想给新人一本尽可能全面的指导书，让新人有专业的指导，少走弯路。这些经验总结，不是金钱和物质就能衡量的，希望读者能够用心体会，珍惜并好好学习。

（2）给产品结构设计同行参考。

产品结构设计涉及范围广，结构设计工程师从业人员多，但每人的经验及方法不尽相同，作者将十几年的产品结构设计经验总结于此书中，尤其是书中一些系统规范的设计理念，自顶向下的设计思路，很值得同行结构设计人员借鉴及参考。

（3）与同行交流。

结构设计技术的发展、行业技术水平的提高，需要全体结构工程师多思考、多创新、多交流，众人拾柴火焰高，大家共同努力，技术水平才会共同提高。

二、本书特色

（1）实战讲解。实战是本书最大的特点，作者将十几年的工作经验通过文字一一呈现出来，所学即所用，与实际产品结构设计工作无缝对接。

本书中的所有实例均来源于作者的实际项目，是成功上市的产品，紧扣现实生活。

（2）讲解详细、条理清晰、图文并茂、通俗易懂。本书将每一个结构设计过程通过要点描述出来，并附以图片说明，非常容易掌握。

"授人以鱼不如授人以渔"，本书不仅告诉读者如何进行产品结构设计，还告诉读者为什么要这样设计，有过程，更有方法与技巧。

（3）技巧性强。本书在讲解结构设计的同时，也突出了设计技巧，让读者少走弯路，一步到位地学到真正实用的产品结构设计技术及软件应用技巧。

（4）随书光盘附带练习，让读者有实例可练，帮助读者融会贯通，更加高效地学习。

（5）本书特意用一章精心讲解近150道面试题，这些面试题收集于各公司实际招聘的面试题目，很有指导价值，为各位产品结构工程师的面试扫清"拦路虎"。

三、本书主要内容说明

本书采用图文并茂的方式详细讲解产品结构设计，全书共18章，分为三部分。

第一部分主要讲解产品结构设计的基础知识，包括第1章产品结构设计简述、第2章新产品开发流程、第 3 章产品结构设计总原则及钣金类产品结构设计基本原则、第 4 章塑料件结构设计的基本原则、第 5 章模具基础知识、第 6 章常用结构材料及注塑缺陷分析、第 7 章常用表面处理知识。

第二部分主要讲解一款 GPS 电子产品全套产品结构设计的整个过程，从哪里开始设计，结构完成后做哪些工作。包括第 8 章 ID 图及 PCB 堆叠分析、第 9 章结构建模、第 10 章产品结构布局设计、第 11 章前壳组件结构设计、第 12 章底壳组件结构设计、第 13 章后续结构设计及检查、第 14 章常用资料输出与可靠性测试。

第三部分主要是产品结构设计提高及求职，包括第 15 章常用结构、第 16 章 Pro/E 产品外观建模实例、第 17 章产品结构设计练习、第 18 章结构工程师常见面试题解答及面试技巧。

四、本书适应对象

（1）初学者。尤其适合大、中专院校的机械、模具、工业设计等专业的学生。

（2）刚入行从事产品结构设计者。

（3）产品结构设计经验不足的结构工程师。

（4）学员培训班的产品结构设计培训学员。

（5）企业的内部培训学员。

（6）在职产品结构工程师。

由于本书侧重于产品结构设计，对软件知识讲解较少，读者最好能熟练运用软件，尤其是精通 Pro/E 者为佳。

五、致谢

本书中部分资料从互联网及供应商提供的资料中收集整理，产品结构设计行业整体水平的提高，需要大家的交流与支持，在此，对他们表示真诚的感谢；同时感谢老同事、资深 ID 设计工程师曹丽云本为书实例提供 ID 设计。

六、与作者交流方式

由于作者水平有限，书中不足及错误之处在所难免，敬请读者批评指正，作者愿意与大家进行技术交流，如有宝贵意见请反馈给作者，联系方式如下。

QQ：858524882

Email：mobmd88@163.com

黎恢来

目　录

第二部分 实例——完整的产品结构设计过程

第三部分　产品结构设计提高及求职

第一部分

产品结构设计基础知识

第 1 章

产品结构设计简述

1.1 产品结构设计的概念及分类

1.1.1 产品结构设计的概念

结构设计是什么？结构设计虽然看不见、摸不着，但与我们息息相关，我们日常生活中所见到及所用到的几乎所有的产品在生产之前都是需要进行结构设计的。在设计新产品之前，就必须考虑以下几个问题。

（1）这种产品的作用是什么？在什么情况下使用？

（2）这种产品是如何发挥作用的？

（3）这种产品是用什么材料制作的？

（4）这种产品是如何生产出来的？

（5）这种产品的价格怎么样？

（6）这种产品在使用过程中是否安全？

（7）这种产品在使用过程中是否方便实用？

其实，对以上问题进行合理考虑，就是产品结构设计的范畴。以下举几个例子加以说明。

（1）很多产品都是由很多小零件组装成的，这些小零件又是如何连接及固定的呢？这就是结构设计要考虑的问题。

（2）玩具是小朋友喜欢的东西，如果玩具表面有很锋利的棱边就会造成小朋友手指受伤，这也是在结构设计时所要考虑避免的问题。

（3）有些产品有防水要求，有些没有，产品能否防水要看产品的定位及使用场所，防水与不防水，产品内部的结构是有区别的。

（4）现在手机是大家必不可少的通信工具，属于日常消费电子类产品，有时不小心摔落是不可避免的，如何防止跌落时损坏，也是在结构设计时要考虑的问题。

1.1.2 产品结构设计的分类

产品结构设计属于传统的机械行业,自从有人类出现就开始存在,随着科技的日益发展,传统产品结构设计结合高科技的计算机技术,让设计变得越来越轻松、简便。

产品结构设计根据不同的行业来划分,可分为电子产品结构设计、机械产品结构设计、医疗产品结构设计、玩具产品结构设计和灯具产品结构设计等。

同一行业根据不同的产品又可以分出很多子项来,如同样是电子产品结构设计又包括手机结构设计、GPS 导航仪结构设计、笔记本结构设计和电视机结构设计等。

同一产品根据不同的部件又可分为前壳结构设计、后壳结构设计、按键结构设计和电池盖结构设计等。

> **技巧提示:** 产品结构设计要与建筑行业的结构设计区别开来,建筑行业的结构设计主要是指建筑物(如房子)的框架及布局设计等。

1.2 开发部的组织架构

开发部是公司核心的一个部门,又称工程部或者研发部等,一个公司的实力及发展很大程度上取决于开发部的研发能力,产品结构设计属于公司的开发部门,是开发部门中必不可少的一部分,从事结构设计的人员称为结构工程师。

中小型公司的开发部架构如图 1-1 所示。

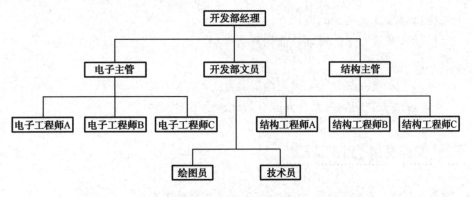

图 1-1 开发部的组织架构

> **技巧提示:** 有些公司开发部又称研发部、工程部、技术部等。

1.3 开发部各职位工作职责

开发部各职位承担不同的工作,各成员同属一个部门,团队合作精神要强,虽然人员各担其责，但必要时要进行相互沟通与协调，互相帮助与支持，共同完成项目的开发工作，各职位的主要工作职责如下所述。

1.3.1 开发部经理工作职责

开发部经理需向总经理复命，并承担相应的责任与权利。

（1）依据开发要求负责设计的开发及策划。

（2）组织设计评审、设计验证和设计确认。

（3）制定产品之技术标准及规范。

（4）给生产运作提供技术支援。

（5）管理本部门人员，并合理安排工作。

（6）协调各成员之间的关系，并能有效地激励本部门人员。

1.3.2 开发部主管工作职责

开发部主管需向开发部经理复命，并承担相应责任与权利。

（1）产品设计方案的审核。

（2）产品技术图纸的审核。

（3）产品物料的审核。

（4）产品设计进度的跟踪。

（5）生产样板的审查、签发。

（6）工程资料及技术文件的审核。

（7）新产品方案的评审、规划、前期资料收集。

（8）开发部人员的培训。

（9）管理属下人员，并合理安排工作。

（10）协调各成员之间的关系，并能有效地激励下属人员。

1.3.3 开发部文员的工作职责

（1）负责 BOM、产品档案、电子资料及其他资料的管理。

（2）负责开发部资料文件的收发、打印工作。

（3）负责开发部实验物料的领取、保存、工程样板的管理。

（4）开发部仪器设备、工具的日常维护、保管。

（5）开发部日常考勤及其他文秘工作。

1.3.4 电子工程师的工作职责

（1）负责设计项目的电子线路的开发设计。

（2）负责设计项目的技术资料的绘制。

（3）负责设计项目的物料清单及所需物料的技术规格、参数和设计图纸。

（4）编写生产标准及功能标准。

（5）参与工程样板的制作及评审。

（6）参与产品的试产及评审活动。

（7）与结构工程师有良好的沟通。

1.3.5 结构工程师的工作职责

（1）产品方案的构思、策划、设计。

（2）负责产品外观图的评审。

（3）负责产品外观建模及内部的结构设计。

（4）输出结构相关资料。

（5）产品物料清单（BOM）的编写。

（6）模具制造的跟进、修改和验收等相关工作。

（7）解决模具试模后结构问题及提供输出改模资料。

（8）项目沟通与跟进。

（9）制订与产品生产相关的各类技术文件。

（10）生产样板制作，结构类物料规格、图纸制作和审核，打样确认。

（11）结构类样品测试、小批量试产跟进并进行评估。

（12）对不良现象的原因进行分析，并制定纠正与预防措施。

（13）生产技术支持。

以上是产品结构工程师的基本职责，但要注意的是，不是每家公司都要求负责以上所有工作，大公司分工更细。

1.3.6 绘图员的工作职责

（1）负责设计项目的技术资料和产品图纸的绘制。

（2）BOM 的编写。

（3）产品新物料的跟进及检验确认。

（4）模具制造的跟进、修改和验收。

（5）工程资料及标准文件的编写。

（6）协助工程师有关产品的设计。

1.3.7　技术员的工作职责

（1）负责工程样板的制作。
（2）协助生产部门完成产品各生产工序的流程安排。
（3）协助工程师完成产品的测试等各项工作。
（4）接受并完成上级安排的其他技术类工作。

1.4　产品结构设计工程师任职要求

产品结构工程师是综合性很强的职业，需要了解很多不同方面的知识，包括常用的设计软件、材料知识、基本的模具知识、常见的机械加工方法、产品表面处理知识等。主要任职要求如下所述。

（1）软件使用技术。

要通过三维模型实现产品结构设计，工具软件是必不可少的。现在主要用的三维设计软件是 Pro/E，二维设计软件是 AutoCAD。最好能擅长三维软件复杂外观曲面的构建，而且操作速度也要求快。图 1-2 所示是三维设计软件 Pro/E 界面。

图 1-2　Pro/E 界面

（2）熟悉机械制图。

《机械制图》是机械专业的一门专业基础课，也是进入结构设计的第一门课，被喻为"工程上的语言学"，是每一个结构设计工程师必须掌握的技能。作为结构设计人员如果连图都看不懂，那是无法胜任工作的，更谈不上设计了。

《机械制图》内容包括制图的基础知识、投影的基础知识、三视图的构成、公差与配合、尺寸标注的基本要求等。

图1-3所示是投影及三视图的形成。

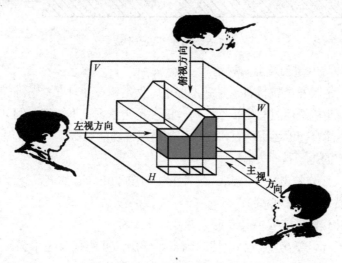

图1-3　投影及三视图的形成

（3）具有一定的塑胶模具、五金模具相关知识。

产品是通过模具制造出来的，作为一个合格的结构设计工程师，不一定要亲自设计及制作模具，但对模具基本知识还是要了解的，包括模具的结构、模具的加工等，至少要保证设计的产品能通过模具制造出来。

图1-4所示是塑胶模具外形，图1-5所示是塑胶模具内部大致结构图。

图1-4　塑胶模具外形

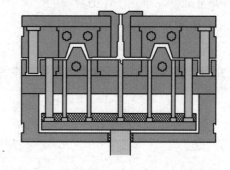

图1-5　塑胶模具内部大致结构图

（4）熟悉塑胶和五金基本加工工艺。

塑胶与五金的加工工艺知识涉及产品在生产中出现的问题该如何解决、结构设计上如何避免等。如塑胶件在注塑时表面缩水如何解决、金属件起毛边刮手如何解决等。

（5）具有一定的产品表面处理工艺知识。

表面处理知识非常重要，不仅要了解这种工艺的表面效果，还要知道这种工艺在结构设计时有什么要求、要注意什么，如做IML产品，就要了解这种工艺在结构上的基本要求，包括厚度是多少、外观面如何处理等。IML 产品的构成如图 1-6 所示。

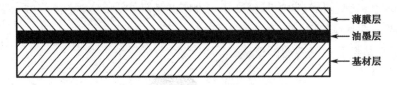

图 1-6　IML 产品的构成

（6）熟悉各种常用塑胶及金属材料。

熟悉各种常用塑胶及金属材料也是基本要求，做结构设计时要知道外壳用什么材料、耐磨材料又有哪些、常用透明材料是什么、为什么要用不锈钢、不锈钢与铝又有什么区别等。了解材料的特性才能合理地运用材料，这样才能在保证功能的前提下最大程度地节省成本。

（7）具有一定的电子技术知识。

现在的产品大部分是电子类产品，或者机械与电子相结合的产品，了解一定的电子基础知识，对结构设计非常有必要。

（8）最好是具有机械或者模具专业大专及以上文凭。

做产品结构设计，学历不是决定性的因素，学历高并不代表技术强。大品牌公司招聘时要求学历至少大专，小公司一般不要求，看重的是技能。

（9）熟悉产品开发的整个流程，能独立完成产品项目的跟进。

每一个公司开发流程并不一定相同，但大同小异，努力学习公司的项目开发流程，也是给自己积累经验。

（10）了解一定的行业规范。

行业规范俗称安规，例如，玩具结构设计就要符合国家对玩具行业制定的安全规范，只有懂得安全规范，才能设计出合理的产品。

（11）沟通能力强，具有团队合作精神。

1.5　产品结构设计认识的误区

1.5.1　误区 1——结构设计就是画图

很多人都认为，产品结构设计就是用计算机软件画图，其实，这个观点是错误的。产品结构设计虽然需要用图形来表示，但画图只是设计的一部分，在画图之前就要有清晰的整机结构设计思路，然后通过图形表达出来，如果连基本的结构常识都不知道，画图根本就不知道如何开始。

结构工程师需要了解多方面的知识，而画图只是众多知识之一，如何设计好整个产品结构，尽量降低产品成本，在设计时尽可能预防生产中出现的问题，这才是结构设计真正需要考虑的问题。

纯粹的画图，不用考虑设计，这是绘图员，不是结构设计工程师。

1.5.2 误区2——会软件就会结构设计

会软件就会结构设计吗？对很多想入门结构设计的新人来说，他们认为会软件就是会结构设计，作者曾经面试过不少结构工程师，问他们对结构设计的了解，有不少的面试者回答就是结构设计就是画图，自己精通 Pro/E 与 AutoCAD 软件，结构设计没问题。作者很诧异，接着问常用的结构设计基本知识，很多人连常用的塑胶材料、基本的模具知识都不懂。就算他们精通设计软件，充其量就是一个绘图员，可想而知，如果公司招这些人，设计出来的产品能合格吗？

为什么这么多人有这种错误的认识呢？

其一，他们不懂真正的结构设计，根本就没有理会结构设计是什么，也没有设计结构的经验，真正做过结构设计的工程师是不会这样认为的。

其二，受软件培训机构的影响。现在软件培训的机构很多，而不少培训机构在招生宣传时，给学员灌输的就是会软件就会结构设计、产品结构设计就是画图，这在很大程度上误导了学员。

软件只是设计的工具，如果不知道如何设计，软件再精通，想从事结构设计方面的工作，还需要从基本的知识开始积累。

1.5.3 误区3——结构设计就是抄袭

首先否定结构设计就是抄袭，结构设计重在设计，虽然有些结构需要借鉴，但也只是参考，在实际工作中，设计新产品，往往是在旧产品的基础上改进与创新，改进与创新就是新的设计，也不是抄袭。

刻意的仿制才是抄袭，真正的结构设计是研发与创新，尤其是设计全新的产品，市场上还没有此类产品出现，连参考的产品都没有，这就需要研发人员多思考，多做实验，必要时做结构手板验证。

结构设计技术的发展如果只靠仿制与抄袭，那只会停滞不前甚至落后。行业技术水平的提高，需要全体结构工程师多思考、多创新、多交流，众人拾柴火焰高，经过大家的努力，技术水平才会共同提高。

1.5.4 误区4——结构设计很难学

结构设计涉及很多方面，需要从业人员掌握很多知识，这让不少人觉得很迷茫，觉得结构设计很难。

其实，结构设计就是一门技术，只要是技术，就一定能学得会，世上无难事，只怕有心人。对于想从事这一行业的新人来说，从最基本的做起，可以先从事绘图员之类的工作，再在工作中不断学习，多问、多看、多练，积累经验，慢慢就了解结构设计了。

作者刚开始工作那一年，做的工作就是绘图员，通过不断学习与总结，一路走来，虽然经历了不少曲折，但现在积累了丰富的经验。

作者之所以将自己十几年的工作经验总结出来写成这本书，主要的原因是想给新人一本尽可能全面的指导书，让新人有专业的指导，少走弯路。这些经验总结，不是金钱和物质就能衡量的，希望读者能够用心体会，珍惜并好好学习。

本书是新手入门的最佳教材，与现实工作无缝对接，且通俗易懂、图文并茂，有整套的产品结构设计实例讲解，全书分为基础、实例练习、提高三部分，希望新手好好学习并掌握。

第2章

新产品开发流程

2.1 新产品开发流程介绍

新产品开发是一个公司维持与发展的核心力量，在竞争日益激烈的市场环境中，公司要想生存与发展，只有不断地创新、研发新产品，让新产品占领市场，超越对手。正因为如此，绝大部分公司把研发部门放在头等重要位置，一个新产品的开发并不是一件随意的事，需要很多前期调查及评审。

每一个公司都有自己的市场部门或者业务部门，专门负责市场调查及与客户沟通，新产品开发意愿一部分来自市场部门的市场调查，一部分来自客户的指定项目。对于 OEM 公司（来料加工的公司）大部分的新项目是来源于客户的派定，而对于 ODM 公司（自主研发产品自主销售的公司）的新项目则是市场调查后反复论证的结果。

新产品开发流程就是新产品从如何立项、定位、前期评审、产品设计、模具跟进到后续检讨改进等一系列过程的汇总。

新产品开发流程对一个公司来说举足轻重，每一个公司都有自己的新产品开发流程，虽然各环节并一定相同，但有些过程是必不可少的，如前期评审、结构设计、模具跟进、后续检讨改进等。

作为一个结构工程师，必须要非常了解整个产品的开发流程，这样才能顺利开展工作，也能有效掌控整个产品的开发进度。

2.2 新产品开发流程图

新产品开发流程图就是将一系列的开发过程通过图表表达出来，如图 2-1 所示。

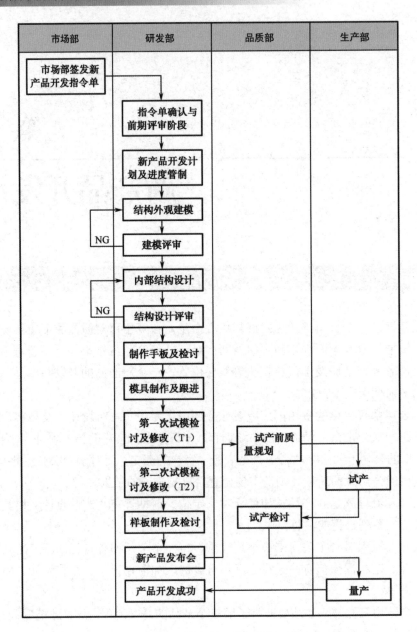

图 2-1　新产品开发流程图

2.3　新产品开发流程具体环节

2.3.1　市场部签发新产品开发指令单

　　这一环节属于项目确立阶段，大部分公司设有市场部门或者业务部门，专门负责与客户沟通交流及市场调查，市场部根据客户的要求签发新产品开发指令单，并提供新产品项目的相关物件给研发部门，相关物件包括客户提供参考用的产品样件、客户提供的外观图或者构思草图等。

表 2-1 是新产品开发指令单模板。

表 2-1 新产品开发指令单

项目名称	
客户名称	
要求完成日期	
文件抄送部门	

研发内容说明：

相关物件	

项目负责人		日期		审核		日期	

2.3.2 指令单确认与前期评审阶段

研发部门在收到市场部门的开发指令单后就要进行前期评审阶段，前期评审非常重要，可以预防开发过程中出现的很多问题，也决定了新产品能否顺利开发、在规定时间内是否可以完成等。

在这一阶段，相关的文件一般有开发部新产品设计规格书、新产品前期评审表等。

表 2-2 是开发部新产品设计规格书，表 2-3 是新产品前期评审表。

表 2-2 开发部新产品设计规格书

产品 名称			产品 型号	
开发部 负责人			市场部 负责人	
产品功能 要求				
设计要求				
备注				
制 表		日 期		审 核		日 期	

表2-3　新产品前期评审表

产品名称		产品型号	
评审人员		评审时间	
评估项目：	结果		备注
1．新产品设计规格书是否符合新产品开发提案	□ 是 □ 否		
（1）在设计规格上是否符合	□ 是 □ 否		
（2）在功能需求上是否符合	□ 是 □ 否		
（3）在测试验证上是否符合	□ 是 □ 否		
2．价格是否具市场竞争性	□ 是 □ 否		
（1）价格是否满足目标成本	□ 是 □ 否		
（2）是否具有市场竞争性	□ 是 □ 否		
3．产品设计是否有专利权	□ 是 □ 否		
（1）是否有侵犯专利行为	□ 是 □ 否		
（2）是否符合专利申请	□ 是 □ 否		
（3）是否符合安规要求	□ 是 □ 否		
4．设计开发能力是否足够	□ 是 □ 否		
（1）电子类是否有能力设计	□ 是 □ 否		
（2）结构类是否有能力设计	□ 是 □ 否		
（3）规定时间内是否能完成	□ 是 □ 否		
5．制造可行性（含设备能力）	□ 是 □ 否		
（1）生产是否有能力制造组装	□ 是 □ 否		
（2）生产检验与成品检验、设备及能力是否足够	□ 是 □ 否		
残留问题及追踪：			
评审结果	□执行开发　　　□放弃开发　　　□暂时存档		
制表		日期		审核		日期	

2.3.3 新产品开发计划及进度管制

新产品评审决定执行开发，下一步就是要制订一个开发计划，开发计划与进度管制的目的就是让新产品开发在规定时间内完成。

表 2-4 是新产品开发计划及进度管制表。

表 2-4 新产品开发计划及进度管制表

产品名称		产品型号	
负责工程师		日　　期	
项目内容	开始时间	要求完成时间	
外观图			
结构建模			
建模评审			
外观手板			
内部结构			
结构评审			
制作结构手板			
模具制作及跟进			
工程图及爆炸图			
附料打样			
模具 T1（第一次试模）			
外观配色确认			
模具 T2（第二次试模）			
样板制作			
模具 T3（第三次试模）			
BOM 表制作			
生产作业标准制作			
QC 标准制作			
生产签样			
生产跟进			
制表		日期		审核		日期	

2.3.4 产品结构设计阶段

产品结构设计阶段包括外观建模及评审、外观手板制作、产品内部结构设计及评审等内容，是产品结构设计中的重要阶段。

一般来说，在做外观建模之前是产品外观图的制作及确认，产品结构工程师根据设计要求来完成三维图外形的制作，然后根据三维外形图来制作外观手板，外观手板的主要作用就是用来确认产品外观的可行性，如果对外观要求不高的，可以不做外观手板。

产品内部结构设计包括前壳结构设计，底壳结构设计，装饰件结构设计，按键结构设计及其他零件的结构设计等，要求结构工程师按时并细致完成，不容许马虎了事，因为如果结构设计不好或者时间太长，都会影响整个产品的开发进度，甚至造成项目中止、模具报废等严重后果。

产品结构评审也非常关键，因为设计的结构工程师个人能力及思维的局限性，设计出来的产品并不一定能满足要求，这就需要评审集思广益了。有些公司的评审是由上级主管个人评审完成的，这就要求上级主管经验非常丰富并能承担责任。也有不少公司结构评审由开发部主导，其他部门参与一起来评审，其他部门包括品质部、采购部、市场部、生产部、模具制作部等。多部门一起评审，虽然麻烦，但可以避免新产品在后续工作中出现很多问题，是非常值得的。

表 2-5 是产品结构评审表。

表 2-5 产品结构评审表

产品名称		产品型号	
负责工程师		日　期	
参加评审人员			
评审项目	内　容		备　注
外观评审			
结构评审			
模具评审			
采购评审			
品质评审			
生产装配评审			
制表		日期		审核		日期	

2.3.5 结构手板及检讨

结构手板就是在没有开模的前提下，根据产品的结构图纸做出一个或者几个产品出来。手板的主要作用有以下几个方面。

1. 检验结构的可行性

手板是实物，是可以触摸也可以装配的，可以直观地反映结构设计的合理性，也可以用来检验装配的难易程度，以便提前发现问题及解决问题。

2. 给客户提前体验产品

手板装配完成后就是实实在在的产品，可以给客户提前体验产品及在开模前提出修改意见，也可以让客户利用手板做前期的宣传推广等工作，使产品尽早让消费者熟悉，从而占领市场。

3. 用作功能测试

新产品的开发测试环节是必不可少的，尤其是电子类产品，功能测试要反复进行，结构手板就派上用场了，结构手板可以在未开模具之前就用来测试，大大缩短了以后测试的时间，从而使产品提前上市。

4. 减少直接开模的风险

复杂的产品，结构手板尤其重要，模具制造费用较高，少则几万多则几百万，如果在开模之间发现了结构设计的不合理性，就大大降低了模具制造风险，从而减少损失。

结构手板的制作方法目前主要有激光快速成型（Rapid Prototyping，RP）和数控加工中心（CNC）加工。

激光快速成型是将三维图纸输入到专业的成型机器里，通过塑料一点点堆积而成的一种手板制作方法，优点是方便快速，缺点是表面粗糙度低，难以处理，加工出来的手板强度差，小型零件难以加工等。

数控加工中心是通过数控机床对原料进行铣、车、钻、磨等方法加工，做出与三维图纸一样的产品，优点是表面精度高，表面经处理后与通过模具制作出来的产品表面一致，从而真实地反映了产品特性。缺点是时间长，因为数控机床需要编写程序，加工的工序多，从而延长了制作时间；再有一点就是数控加工中心有些部位很难加工或者加工不到位，需要手工来完成。

> **技巧提示：** 两种手板加工方法各有优缺点，可根据实际需求选用，尽量选用 CNC 手板。

2.3.6 模具制作及跟进

结构完成后下一步就是模具制作，作为结构工程师，还需要对整个模具制作过程进行跟进，及时与模具制造方沟通，督促模具厂按时按质完成。

模具制作时间根据产品的难易度来决定，简单的产品几天就可以完成，复杂的产品甚至要数月。对于大部分产品来说，模具制作完成时间控制在30天内，对于时间紧迫的产品最好控制在20天内。

由于模具制造费用高，大部分公司中模具制作是要总经理签署的，这就需要相关的文件，表2-6是新开模具签核表。

表2-6　新开模具签核表

产品名称			产品型号		
模具序列		零件名称		备　注	
制表		日期		审核		日期		总经理		日期	

一个产品需要开多少套模具取决于产品的零件个数及外形尺寸大小，小件的零件只要材料相同就可以放在一套模具内，大件的零件和要求比较高的零件要单独做一套模具。结构工程师与模具制作方沟通后，制订模具排模清单表，排模清单表很重要，以便确定零件在哪一套模具内，每套模又生产多少个零件。

如果产品里有五金零件，就需要开五金模具，冲压件零件开冲压模，压铸件零件就要开压铸模具。

表2-7是塑胶模具排模清单。

表2-7　塑胶模具排模清单

产品名称			产品型号			
模具厂						
序号	模具名称	零件名称	零件材料	模具材料	模具穴数	零件个数	零件总用量
1							
2							
3							
4							
5							
6							
7							
8							
9							
制表		日期		审核		日期	

2.3.7 第一次试模及检讨

第一次试模是模具制作完成后，第一次试生产胶件，是检验模具制作是否满足要求的必经环节，俗称 T1。

检讨时要细致，并将检讨内容记录在相应的表格里。检讨的步骤如下所述。

（1）首先逐件检查单个零件有没有满足设计的要求。

塑件单个零件主要检查胶件的注塑缺陷，包括胶件表面是否有缩水、表面是否有拉伤、是否有多胶及少胶现象、是否有披锋、胶件是否变形等。

五金单个零件主要检查表面处理是否达到要求、零件是否变形、外观件是否有刮手现象、零件尺寸是否达到设计数据等。

（2）其次检查壳体零件装配有没有满足设计的要求。

将所有的壳体零件进行装配，主要检查是否方便装配，包括零件的定位及固定是否可靠等。还要检查装配好之后零件之间有无断差及明显的间隙，如果前壳与底壳断差太大就会影响外观。

（3）再次检查壳体与电路板装配有没有满足设计的要求。

将电路板等其他需要装配的物件与壳体装配，主要检查电路板定位及固定是否可靠，有没有干涉现象等。

（4）最后检查整机功能是否满足设计的要求。

将整个产品装配好之后，检查整个产品的功能，如果是需要发声的产品就要检查音量是否够大且音质是否够好；如果是带显示屏的产品就要检查屏的视窗是否有遮挡；如果是带电池的产品就要检查电池是否方便取装、是否不易掉电等。

表 2-8 是模具第一次试模检讨表。

表 2-8　模具第一次试模检讨表

产品名称			产品型号		
零件名称			检讨日期		
图档名称					
参加评审人员	结构工程师			签名	
	模具设计师			签名	
	其他人员			签名	
序号	内容			负责改进	完成时间
1					
2					
3					
4					
5					
6					

第一次检讨及修改到第二次检讨时间要看问题的多少与难易，大部分为三天左右。第二次试模及检讨主要是检讨上一次的问题，方法及流程与第一次检讨相同。如果第二次检讨之后还有问题，还需要第三次，甚至第四次，直到产品符合设计要求为止。

> **技巧提示：** 频繁地改模修模不仅会造成产品整个进度延长，严重的还会造成模具报废，所以，前期结构设计及评审要细致，尽量减少改模次数。一个优秀的结构工程师加细致的评审，再加技术及设备先进的模具厂，是产品开发成功的保证。

2.3.8　样板制作及检讨

样板与手板不同，样板是模具完成之后制作的，是客户试产前的样件确认。模具制作完成之后，通过模具注塑出零件，然后组装成整个产品。样板的主要作用是检验产品是否满足客户要求，样板制作可以是几个，也可以是几十个，在样板制作过程中，还可以检讨产品能否试产的可行性。

样板可以用作整机测试，测试的结果给品质部门提供了品质要求的数据参考。样板还给生产部门提供了流水线作业的工序安排。

表2-9是样板制作通知单。

表2-9　样板制作通知单

产品名称		产品型号	
申请时间		要求完成时间	
样板数量		样板用途	
样板制作要求：			
申请人		日期		审核		日期	

表 2-10 是样板检测记录表。

表 2-10　样板检测记录表

产品名称		产品型号	
测试数量		测试时间	
测试项目	结果或数据		改进方案
外形尺寸			
产品重量			
外观检测			
壳体组装			
电路板组装			
结构功能			
电子功能			
整机功能			
维修困难程度			
其他			
制表		日期		审核		日期	

2.3.9　新产品发布会

试产之前，研发部门要召集各部门相关人员召开新产品内部发布会，给各部门人员讲解产品的构成及功能，以及生产的装配顺序、对品质的要求等。

（1）品质部门根据产品发布会的要求制定具体的品质细则，开发部门要给品质部门提供新产品 QC 标准，如表 2-11 所示。

（2）生产部门根据产品发布会的要求制定具体生产工序安排、夹具的制作等，开发部门要给生产部门提供新产品生产标准及其他资料。

表 2-12 是新产品生产标准。

（3）采购部门在产品发布会之后就要准备试产物料，开发部门要给采购部门提供新产品物料明细（BOM）表，如表 2-13 所示。

表 2-11 新产品 QC 标准

产品 名称			产品 型号		
开发部 负责人			品质部 负责人		
整机 QC 要求					
塑胶零件 QC 要求					
五金零件 QC 要求					
面壳组件 QC 要求					
底壳组件 QC 要求					
成品功能检测 要求					
包装检测要求					
其他 QC 要求					
制 表		日 期		审 核		日 期	

表 2-12　新产品生产标准

产品 名称			产品 型号		
开发部 负责人			生产部 负责人		
面壳组件 装配步骤					
底壳组件 装配步骤					
电路板装 配步骤					
整机装 配步骤					
功能测 试步骤					
QC 检查步骤					
包装步骤					
制 表		日 期		审 核		日 期	

表 2-13　新产品物料明细 BOM 表

产品名称			产品型号			
版　　本				第　页　共　页		
类别	物料编号	物料名称	材质	规格描述	用量	备注	供应商
制表		日期		审核		日期	

2.3.10 新产品开发的后续工作

新产品开发的后续工作包括生产签样、品质签样、生产跟进、生产技术支持等。

生产签样就是结构工程师签署生产用的对照样板，品质签样就是签署品质检测用的对照样板。对照样板只要一经签署，就具有产品标杆的作用，生产部门生产出来的产品要与签署的对照样板一致。产品结构工程师在签署对照样板时尤其要谨慎并要能承担相应的责任，如果因为生产签署的样板出现差错，就会造成生产出来的产品报废，给公司造成严重的损失。

生产跟进与生产技术支持就是要求结构工程师到生产现场去了解产品生产状况，包括装配过程、品质检测、功能测试等。尤其是在产品试产阶段，出现的问题比较多，产品结构工程师要能对生产中出现的问题提出解决方法，对生产中不良的生产方式及时检讨及纠正。

第**3**章

产品结构设计总原则及钣金类产品结构设计基本原则

3.1 产品结构设计总原则

产品结构设计总原则就是在产品结构设计时遵循的基本思路及规则，这些基本规则让产品结构设计更合理，无论是塑胶产品还是五金产品，产品结构设计的总原则包括合理选用材料、选用合理的结构、尽量简化模具结构和成本控制等。

3.1.1 合理选用材料

所有产品都是由材料构成的，在设计产品时，首先考虑的就是材料的选用，材料不仅决定了产品的功能，还决定了产品的价格，如何合理地选用材料呢？

（1）根据产品应用场所来选择。

不同的应用场所对产品材料需求是不一样的，举几个例子来加以说明。

如果为日常消费类电子产品，产品材料就应选用强度好、表面容易处理、不容易氧化生锈、不容易磨伤、易成型的材料，如塑胶材料选用 PC、ABS、PC+ABS 等，金属材料选用不锈钢、铝、锌合金等。

如果应用于食品行业，产品材料就应选用无毒无味、耐低温、耐高温，甚至无添加色的材料，如饮料瓶子选用 PET，食品包装袋选用 PP、PE 等，饮水用的杯子材料选用 PP、PC 等。

（2）根据产品的市场定位来选择。

在设计产品之前，产品的市场定位也会对材料的选用产生影响。产品质量分高档、中档及低档，不同档次的产品对应不同的市场。高档的产品在材料选用上优中选优，中档的产品材料性能尚可，低档产品在材料选用上就尽可能降低成本。

如同样是手机产品，一些限量版的高端手机由于价格高因而在产品材料选用上不惜成本，选用材料时尽可能体现产品的贵族身份，如外壳上采用黄金或者选用碳纤维材料制作。一些中、低端的手机产品，材料选用上就大不一样了，中、低端手机外壳材料大部分选用PC+ABS，甚至有些低端手机直接选用ABS。

（3）根据产品功能来选择。

产品功能不同，材料选用也不一样。有些产品带有运动功能，运动就必定带来磨损，所以，在材料选用上就要考虑耐磨，耐磨材料有很多，如大部分金属材料一般都耐磨，耐磨的塑料材料如PA（尼龙料）、POM（赛钢料），橡胶材料如天然橡胶等。

（4）根据公司的要求来选择。

每个公司都有自己的供应商，包括材料供应商。同一种产品，能满足产品设计要求的材料有好几种，价格也不一样，而选用哪一种材料就要结合公司的实际情况来考虑，最终选用的材料并不一定是最便宜的，但与供应商的沟通配合可能是最好的。

3.1.2 选用合理的结构

产品结构设计不是越复杂越好，相反，在满足产品功能的前提下，结构越简单越好，越简单的结构在模具制作上就越容易，越简单的结构在生产装配上就越轻松，出现的问题也就越少。

举个例子来加以说明：结构设计中常用的固定方式有螺丝固定、卡扣固定、双面胶固定、热熔固定、超声波焊接固定等，如何选用这些固定方式呢？一般来说，螺丝固定最可靠且可拆性强，应优先选用；卡扣固定方便简单，但固定可靠性不高，可结合螺丝选用；双面胶固定、热熔固定等应用于特定的场所，必要时选用。

产品结构设计时不允许有多余的结构，多余的结构意味着浪费设计时间、增加模具加工难度、浪费材料。在进行产品结构设计时，要做到需要的结构一定要做，可有可无的结构一概不做，做的每一处结构都要有用，包括每一个卡扣、每一条加强筋等。

3.1.3 尽量简化模具结构

产品设计完成后需要模具来成型，在进行产品设计时就要保证产品能通过模具制造出来，产品结构设计得再可靠而模具实现不了或者很难实现都是不合格的结构。作为结构工程师，对模具要有一定的了解，要懂得模具的基本结构、产品的成型方法、出模方式等，只有这样才能做到产品设计时尽可能地简化模具结构。

举个例子来说明：模具倒扣是影响模具正常出模的结构，模具上解决倒扣的机构常用滑块（俗称行位）及斜顶，但这样会增加模具复杂程度及模具制造成本。在进行结构设计时，有模具倒扣的地方要尽量处理，让产品能够正常出模。图3-1所示就是扣位形成的模具倒扣，图3-2所示处理倒扣后就可以正常出模了。

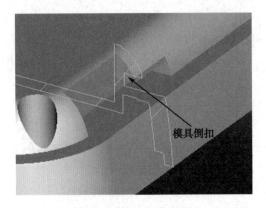

图 3-1　扣位形成的模具倒扣

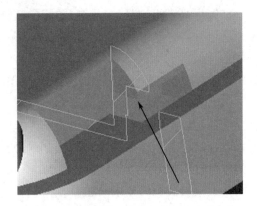

图 3-2　倒扣处理后

3.1.4　成本控制

成本是产品最核心的一部分，成本的高低在很大程度上决定了公司的利润程度，成本控制从产品设计开始阶段就要开始。产品结构设计时在成本上要做到以下几个方面。

（1）选用材料时，在满足功能的前提下，尽量选用价格低的材料。

（2）产品外形建模时，在满足外观的前提下，尽量减少零件个数。

（3）产品结构设计时，尽量简化结构，以节省模具成本。

（4）产品结构设计时，选用合适的固定方式，以节省生产装配成本。

（5）在产品表面处理时，根据产品定位及外观要求，采用合适的表面处理方法，以节省加工费用。

（6）在供应商选择上，选择技术强、沟通配合好、价格最优的厂商。供应商技术强可避免零件制作出现差错造成反复修改浪费时间，沟通配合好易于交流方便开展工作，这样都可以节省成本。

（7）对新产品的开发进度进行有效的管控，尽可能缩短项目时间，节省时间也是节省成本。如果项目时间延长不仅耽误了交货期，还会赔偿违约金，得不偿失。

（8）在产品结构设计时，如果公司有库存料件，应尽量选择共用。库存料件是公司先前产品生产时剩余下来的，如果不用就会造成浪费。结构设计优先选用这些料件就会让这些库存料件重新用于生产，也是降低成本的一种方式。

3.2　产品结构设计特点

产品结构设计的特点总的概括起来就是三个词：连接、限位、固定。

3.2.1　产品结构设计特点之连接

连接是产品结构设计的主要特点，两个不同的零件是如何装配在一起的就是连接方面需要考虑的内容。

举个简单的例子，大部分产品都有前壳与底壳，前壳与底壳如何装在一起才不会脱落？这是结构设计的内容，只有将前壳与底壳连接在一起才不会脱落。

再举个例子，需要翻盖的产品如何才能实现？结构设计时就要考虑设计一个转动轴，转动轴连接两个不同的部分，一个为基座，另一个为翻盖，从而实现翻转的功能，如翻盖手机、笔记本电脑等。

结构设计中，常用的连接方式主要有机械连接方式、黏结方式、焊接方式三种。

（1）机械连接方式有卡扣连接、螺丝连接、键销连接等。

① 卡扣连接一般用于强度要求不高的产品，卡扣还经常用于螺丝的辅助固定结构。

② 螺丝连接一般用于两个零件之间的连接与固定，是连接与固定的首选方式。

③ 键销连接一般用于轴类及圆盘类零件之间的连接。

（2）黏结方式有双面胶连接、胶水粘贴等。

① 双面胶连接一般用于小平面的零件之间的连接与固定。

② 胶水粘贴则适用各个方面。

（3）焊接方式又分为超声波焊接、机械能焊接、电能焊接等。

焊接一般用于不需要拆卸零件之间的连接与固定。

3.2.2　产品结构设计特点之限位

除了连接，产品结构设计还需要限位。限位就是防止移动。

举例说明，如果要将一个标签纸贴在壳体上，首先要找到贴标签纸的地方，结构设计时一般会在壳体上切一个标签纸位置，标签纸位置限制标签纸贴的地方，这就是限位。

再如，前壳与后壳光靠连接结构，如果没有限位结构，就会造成装配错位，所以，在前壳与后壳的左右上下方向都要有可靠的限位结构。

常用的限位结构有止口、反止口等。

3.2.3　产品结构设计特点之固定

产品结构设计最后的特点就是固定，有了连接与限位结构，为防止松脱，还需要固定结构。固定与连接是息息相关的，大部分结构既有连接功能，又有固定功能，如螺丝连接、黏结连接等。

对于带有运动状态的产品，也需要将运动部分与非运动部分的连接部分限位并固定好，如笔记本电脑上的转轴等。

3.3　钣金类产品设计的基本原则

在进行产品结构设计时，经常用到五金类零件，常用的金属材料有不锈钢、铜、铝、锌合金、镁合金、钢、铁等。

五金制品根据加工方式不同常分为冷加工及热加工类，不同种类的五金成型方法也不一样，冷加工类如钣金类材料，主要是通过模具冷冲压、折弯、拉深等工艺成型。热加工类如铸造类零件，主要通过将五金原材料熔化成液态用模具铸造而成。

一般认为，凡是厚度均匀的片材类金属材料统称钣金。常用的钣金材料有不锈钢、镀锌钢板、马口铁、铜、铝、铁等。

钣金类产品加工方式常有冲裁、折弯、拉伸、成型等，钣金类产品结构设计的基本原则如下所述。

（1）产品厚度均匀的原则。

钣金就是厚度均匀的材料，在结构设计时应该要注意，尤其是在折弯比较多的地方，很容易造成厚度不均匀。很多三维设计软件中有钣金件设计模块，如 Pro/E 软件就有专门设计钣金的模块，采用这些模块进行专业性设计就不会出现设计的产品厚度不均匀的情况。

（2）易于展平的原则。

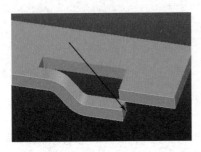

图 3-3　钣金件展平后会相互干涉图

钣金件产品是由片材加工而成的，在没有加工之前，原材料是平整的，所以，在设计钣金件时，所有折弯及斜面都要能展开在同一个平面上，相互之间不能有干涉。例如，图 3-3 所示的钣金件设计不合格，原因就是展开后相互干涉。

（3）适当地选用钣金件厚度原则。

钣金件厚度从 0.03～4.00mm 各种规格都有，但厚度越大越难加工，就越需要大的加工设备，不良率也随之增加。

厚度应根据产品实际的功能来选择，在满足强度及功能的前提下，越薄越好，对于大部分产品，钣金件厚度应控制在 1.00mm 以下。

（4）符合加工工艺原则。

钣金件产品要符合加工工艺，要易于制造，不符合加工工艺的产品是制造不出来的，就是不合格的设计。

3.4　钣金类产品设计的工艺要求

钣金件产品的工艺性就是产品在各种加工过程中如冲切、折弯等的难易程度，其工艺要求就是设计钣金类产品时应符合这些工艺性。

钣金件的基本加工方式有冲切、折弯、拉伸、成型等，下面以简单图例来说明针对这些工艺在产品结构设计上应注意的地方。

3.4.1 冲切

冲切分为普通冲切和精密冲切，由于加工方法的不同，冲切件的加工工艺性也有所不同，精密冲切需要精密的冲切模具及高精度的冲切设备，成本要高于普通冲切，一般应用于比较精密的产品。目前，应用最多的就是普通冲切。

下面介绍的是普通冲切的结构工艺性。

（1）冲切件的外形尽量简单，避免细长的悬臂及狭槽。

冲切件的凸出或凹入部分的深度和宽度，一般情况下，应不小于 $1.5t$（t 为料厚），同时应该避免窄长的切口与过窄的切槽，以便增大模具相应部位的刃口强度，如图 3-4 所示。

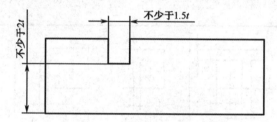

图 3-4 避免窄长的悬臂和凹槽

（2）冲切件外形尽量使排样时废料最少，从而减少原料的浪费。

将图 3-5 所示的设计改进成图 3-6 所示的设计，就会以相同的原料增加产品数量，从而减少浪费，降低成本。

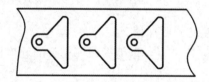

图 3-5 原先设计

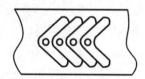

图 3-6 改进后设计

（3）冲切件的外形及内孔应避免尖角。

尖角会影响模具的寿命，在产品设计时要注意在角落连接处倒圆角过渡，圆角半径 $R \geq 0.5t$（t 为料厚），如图 3-7 所示。

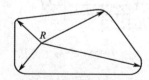

图 3-7 倒圆角设计

（4）冲切件的孔及方孔。

冲切件的孔优先选用圆孔，冲孔时，受到冲头强度的限制，冲孔的直径不能太小，不然容易损坏冲头。冲孔最小尺寸与孔的形状、材料机械性能和材料厚度有关，表 3-1 是常用材料最小的冲孔尺寸，t 为钣金材料厚度。

表 3-1　常用材料最小的冲孔尺寸

材　　料	圆 孔 直 径	方形孔短边宽
镀锌板、冷轧板、不锈钢	≥1.3t	≥1.2t
低碳钢、黄铜板	≥1.0t	≥1.0t
铝板	≥0.8t	≥0.6t

技巧提示：冲孔最小尺寸设计时一般不小于 0.40mm，小于 0.40mm 的孔一般采用其他方式加工，如腐蚀、激光打孔等。

（5）冲切的孔间距与孔边距。

钣金件结构设计时孔与孔之间、孔与边距之间应有足够的料件，以免冲压时破裂。如图 3-8 所示是最小孔间距及最小孔边距示意图，t 为钣金材料厚度。

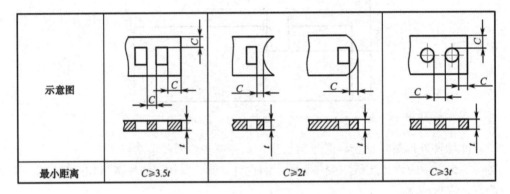

示意图			
最小距离	$C≥3.5t$	$C≥2t$	$C≥3t$

图 3-8　最小孔间距及最小孔边距示意图

（6）折弯件及拉深件冲孔时，其孔壁与直壁之间应保持一定的距离。

在拉伸产品上冲孔时，为保证孔的形状及位置精度，也为了保证模具的强度，其孔壁与直壁之间应保持一定的距离，如图 3-9 所示。

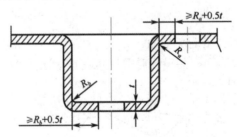

图 3-9　拉伸产品上冲孔

（7）钣金件在设计时尽量避免缺口尖角的设计。

缺口尖角会造成模具冲头尖利，容易损坏冲头，在产品的缺口尖角处也容易产生裂缝。图 3-10（a）所示产品有尖角，图 3-10（b）所示是倒了圆角后的尖角，t 为钣金材料厚度。

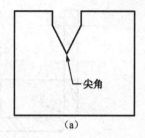
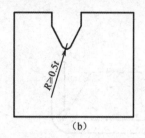

图 3-10　缺口尖角的处理

3.4.2　折弯

钣金件的折弯，是指在钣金件上做直边、斜边、弯曲等形状，如将钣金件弯成 L 形、U 形、V 形等。折弯加工可采用模具折弯及专业的折弯机折弯，模具折弯一般用于外形复杂、尺寸较小、产量多的钣金产品，折弯机折弯一般用于产品外形尺寸较大、小批量生产的钣金产品。

设计折弯的钣金产品时要注意其独特的工艺性。

（1）钣金折弯件最小的弯曲半径。

材料弯曲时，在圆角区上，外层受到拉伸，内层则受到压缩。当材料厚度一定时，内层圆角越小，材料的拉伸和压缩就越严重；当外层圆角的拉伸应力超过材料的极限强度时，就会产生裂缝和折断；如果弯曲圆角过大，则会受到材料回弹的影响，产品的精度及形状得不到保证。设计折弯件最小的弯曲半径可参考表 3-2。

表 3-2　常用材料最小的弯曲半径

材　　料	最小弯曲半径	
镀锌板、冷轧板	$R \geq 2.0t$	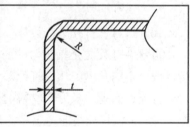
低碳钢、黄铜板	$R \geq 1.0t$	
不锈钢	$R \geq 1.5t$	
铝板	$R \geq 1.2t$	

（2）弯曲件的直边高度。

弯曲件的直边高度不能太小，否则很难达到产品的精度要求。一般情况下，最小直边高度按图 3-11 所示要求来设计。

如果弯曲件直边高度因为产品结构需要而小于最小直边高度设计时，可以在弯曲变形区内加工浅槽后再进行折弯，如图 3-12 所示。这种方式的缺点就是降低了产品强度，如果钣金材料太薄也不适用。

（3）折弯件的最小孔边距。

折弯件上的孔加工方式有两种，一种是先折弯后冲孔；另一种是先冲孔后折弯。先折弯后冲孔边距的设计参照冲切件的要求；先冲孔后折弯应让孔处于折弯的变形区外，不然会造成孔的变形及开孔处易裂，其基本设计要求如图 3-13 所示。

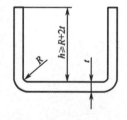

图 3-11　最小直边高度设计

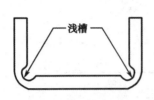

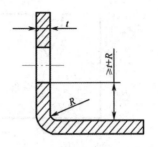

图 3-12 低于最小直边高度的处理　　　　图 3-13 折弯件的最小孔边距

（4）在靠近折弯圆角边的邻近边折弯时，折弯边应与圆角保持一定的距离，如图 3-14 所示，距离 $L \geq 0.5t$，其中 t 是钣金厚度。

（5）弯曲件的工艺缺口设计。

如果一条边只有一部分折弯，为了防止裂开及畸形，应设计有工艺切口，工艺切口宽度不小于 $1.5t$，工艺缺口深度不小于 $2.0t+R$，其中 t 是钣金厚度，如图 3-15 所示。

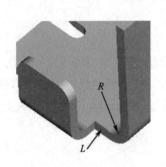

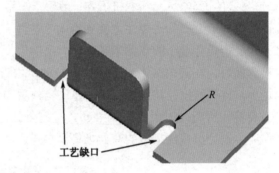

图 3-14 圆角边折弯距离　　　　　　图 3-15 工艺缺口设计

（6）折弯件打死边的设计。

折弯件打死边是指折弯的面与底面平行，俗称打死边。打死边的前道工序是将折弯边折弯成一定的角度，然后打死贴合。

打死边的死边长度与材料的厚度有关，一般死边最小长度 $L \geq 3.5t+R$，其中 t 为钣金材料厚度，R 为打死边前道工序的最小内折弯半径，如图 3-16 所示。

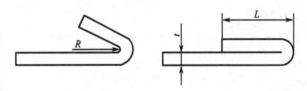

图 3-16 打死边的长度设计

（7）弯曲件的工艺孔设计。

在设计 U 形弯曲件时，两弯曲边最好一样长，以免弯曲时产品偏移而产生废品，如果因为结构设计不允许两边一样长，为保证产品在模具中准确定位，应预先在设计时添加工艺定位孔，特别是多次弯曲成型的零件，必须设计工艺孔为定位基准，以减少累计误差，保证产品质量，如图 3-17 所示。

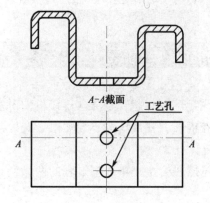

图 3-17 弯曲件的工艺孔设计

3.4.3 拉伸

钣金件的拉伸是指将钣金件拉伸成四周有侧壁的圆形或者方形、异形等形状的工艺，如铝制的洗脸盆、不锈钢杯等。

在设计拉伸件时注意拉伸件形状应尽量简单，外形上尽量对称，拉伸深度不宜太大。

（1）拉伸件圆角半径大小要求如表 3-3 所示。

表 3-3 拉伸件圆角半径大小

	底部圆角半径	
	$r_1 \approx (3 \sim 5)t$	
	$r_{1min} \geq t$（最小）	
	$r_{1max} \leq 8t$（最大）	
	上部圆角半径	$r_3 \geq 6.3t$
	$r_2 \approx (5 \sim 8)t$	
	$r_{2min} \geq t$（最小）	
	$r_{2max} \leq 8t$（最大）	

（2）圆形无凸缘拉伸件一次成型时，其高度与直径的尺寸关系要求。

圆形无凸缘拉伸件一次成型时，高度 H 和直径 d 之比应小于或等于 0.4，即 $H/d \leq 0.4$，如图 3-18 所示。

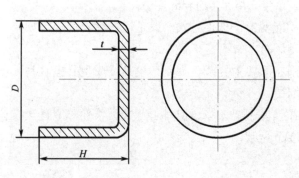

图 3-18 圆形无凸缘拉伸件一次成型时高度与直径的尺寸关系

3.5 压铸类产品结构设计的工艺要求

压力铸造是将熔融状态或半熔融状态合金浇入压铸机的压室，在高压的作用下，以极高的速度充填在压铸模的型腔内，并在高压力下使熔融合金冷却凝固成型的高效益、高效率的精密铸造方法，简称压铸。

高压力和高速度是压铸时熔融合金充填成型过程的两大特点，也是压铸与其他铸造方法最根本的区别所在。

常见的压铸类材料有铝合金、锌合金、镁合金、铜合金等。其中铝合金应用非常广泛，铝合金根据所含的成分不同又分为铝硅合金、铝镁合金、铝铜合金、铝锌合金等。

压铸产品与塑料产品在结构设计上有很多相似之处，但又有其不同的要求，主要表现在以下几个方面。

（1）压铸件的厚度。

压铸产品的厚度主要是指料厚，料厚太薄会造成压铸困难，一般情况下，压铸产品的料厚不小于 0.80mm，具体厚度根据实际情况来设计。

压铸产品不会因为局部料厚产生缩水的现象，相反，在一些尖钢薄钢处要加料填充，避免模具强度低而损坏。

压铸产品的外观面局部最小料厚不小于 0.70mm，非外观面局部最小料厚建议不小于 0.40mm，太薄会导致填充不良、无法成型，薄的区域面积也不能太大，否则也无法成型。

（2）压铸件的拔模角。

压铸件与塑胶件一样，内外表面都需要拔模角，压铸件外表面的拔模角一般为 1°～3°，内表面拔模角比外表面拔模角稍大一点，以方便制品出模。

（3）压铸件的后续加工。

压铸出来的产品有时达不到设计的要求，就需要后续加工。

螺丝柱中的螺纹是后续加工的，在设计产品时只需留出底孔就可以了。

压铸件上有深孔时，压铸件只需做出孔位置（浅孔），再通过后续机械钻孔加工完成。

压铸件有些表面要求较高的精度，也需要后续加工，在设计时可在需要后续加工的地方留出加工余量，加工余量一般是 0.50mm 左右。

（4）压铸件产品不能变形，连接方式一般是通过螺丝连接，如果做扣位连接，连接的另一件产品必须是能变形的，如塑胶产品等。

（5）压铸件产品形状不要太复杂，太复杂模具难成型且模具易损坏。在设计压铸件产品时，尽量避免模具倒扣。

（6）压铸件产品加强筋不要太多，但对于薄壁类零件，应适当设计加强筋，以增加产品的抗弯能力，防止产品变形。

第**4**章

塑料件结构设计的基本原则

4.1　塑料件结构设计原则

塑料件产品大部分是通过塑胶模具注塑成型的，在做塑料件结构设计时，应遵循第 3 章所讲述的产品结构设计的总原则。

除此之外，塑料还有一些基本的设计要求，如料厚、加强筋、圆角等。

4.2　塑料件料厚

塑料件料厚是塑料件最基本的设计要求，与塑料件的外形尺寸息息相关，一般来说，外形尺寸大的产品料厚要大。塑料件料厚决定了产品的强度、重量、装配等。

（1）塑料件料厚可根据材料的不同及产品外形尺寸的大小来选择，其范围一般为 0.6～6.0mm，常用的厚度一般在 1.5～3.0mm 之间。

表 4-1 是常用塑料件料厚推荐值，小型产品是指最大外形尺寸 $L<80.0$mm，中型产品是指最大外形尺寸为 80.0mm$<L<200.0$mm，大型产品是指最大外形尺寸 $L>200.0$mm。

表 4-1　常用塑料件料厚推荐值

单位：mm

塑胶材料	最小料厚	小型产品推荐料厚	中型产品推荐料厚	大型产品推荐料厚
ABS	0.60	1.00～1.40	1.40～2.00	>2.00
PC	0.60	0.80～1.20	1.20～2.00	>2.00
PMMA	0.60	0.80～1.50	1.50～2.20	>2.20
PC+ABS	0.60	0.80～1.20	1.20～2.00	>2.00
PP	0.60	0.80～1.20	1.20～2.00	>2.00
PE	0.60	0.80～1.20	1.20～2.00	>2.00
POM	0.80	1.00～1.50	1.50～2.20	>2.20
PA	0.40	0.60～1.00	1.00～1.60	>1.60

（2）塑料件料厚尽量均匀，否则会产生塑料件充填不均匀引起变形、局部产生凹陷等缺陷。

如果塑料件因结构需要料厚不均匀时，应逐渐过渡，以免厚度变化太大产生应力集中或者产生局部凹陷影响产品的外观及结构强度。

图 4-1 所示是产品从薄到厚的变化，图 4-2 所示是从厚到薄的变化，料厚都要逐渐过渡。

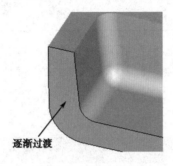

图 4-1　料厚从薄到厚

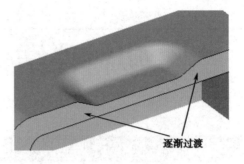

图 4-2　料厚从厚到薄

技巧提示：料厚变化不能过大，从薄到厚不要超过 2.0 倍，从厚到薄不要少于原胶位的 0.50 倍。

4.3　塑料件的脱模斜度

脱模斜度是指塑料件在出模方向应具有一定的倾斜角度，是满足模具正常出模的必定条件，在设计塑胶件产品时，无论外观还是里面的结构都要有脱模斜度。

脱模斜度与产品外观、材料、产品外形尺寸、产品功能相关，脱模斜度的设计要点主要有以下几个方面。

（1）产品外观要求高的产品，脱模斜度要小。

（2）产品精度要求高的产品，脱模斜度要小。

（3）产品外形尺寸大的产品，脱模斜度要小。

（4）塑料材料含有润滑剂的，脱模斜度要小。

（5）产品外表面光亮，脱模斜度适当做小。

（6）产品外形粗糙，脱模斜度要加大。

（7）产品外形复杂，脱模斜度要加大。

（8）注塑流动性差或者增强的塑料，脱模斜度要加大。

（9）产品料厚大，脱模斜度要适当加大。

（10）收缩率大的塑料应选用较大脱模斜度。

（11）透明件塑料脱模斜度要适当加大。

脱模斜度与塑胶材料的关系如表 4-2 所示。

表4-2　常用塑料的脱模斜度

塑 胶 材 料	推荐的脱模斜度
ABS、PA、POM、硬 PVC	40′ ～1° 30′
PP、PE、软 PVC	30′ ～1°
PC、PMMA、PC+ABS、PS	40′ ～1° 50′

技巧提示：塑胶产品应防止在出模时外观面拉伤，无论选用什么材料，建议外观面的脱模斜度不要少于3°。

脱模斜度方向的确定方法如下。

（1）产品外观外形以大端为基准，斜度采用减胶拔模方式向小端取得，如图4-3所示。

（2）内孔以小端直径为基准，斜度采用减胶拔模方式向扩大方向取得，如图4-4所示。

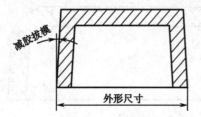

图4-3　外形脱模斜度方向的确定　　　图4-4　内孔脱模斜度方向的确定

（3）筋位以大端为基准，斜度采用减胶拔模方式向小端取得，如图4-5所示。

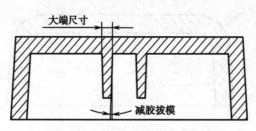

图4-5　筋位脱模斜度方向的确定

（4）特殊情况下为保证均匀料厚和模具顺利出模，一侧减胶拔模，另一侧需加胶拔模，如图4-6所示。

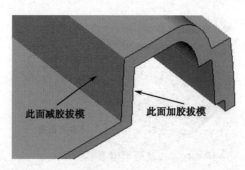

图4-6　特殊情况下脱模方向的确定

> 💠 **技巧提示**：塑胶产品在进行结构设计时，严格来说所有拔模斜度都要做出，但在实际工作中，凡是重要配合面的拔模斜度一定要做出，非重要面（如筋位）的拔模斜度一般无须做出，模具设计人员会根据公司内定标准做出拔模角度。

4.4　塑料件的圆角设计

在进行塑料件产品结构设计时，为了提高产品强度和避免胶件注塑时应力集中、便于脱模，产品各面相交之间应设计过渡圆角，如图4-7所示。

（1）产品结构设计无特殊要求时，过渡圆角由相邻的料厚决定，内侧圆角半径（R）一般取值范围是料厚（t）的 0.50～1.50 倍，但最小圆角半径不得小于 0.30mm，如图4-8所示。

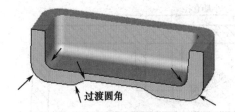

图 4-7　过渡圆角

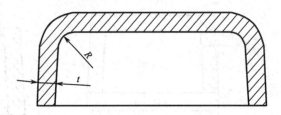

图 4-8　过渡圆角的设计

（2）产品内外表面的拐角处设计圆角时，应保持料厚均匀，如图4-9所示，$R_a=R_b+t$。

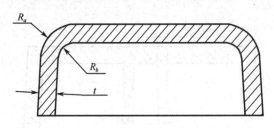

图 4-9　内外圆角与料厚的关系

（3）在进行塑胶件产品结构设计时，尤其要注意模具的分型面不要有圆角，除非产品有特别要求。如果分型面有圆角，则会增加模具制作难度，在产品的外表面也会留下夹线痕迹，影响外观，如图4-10所示。

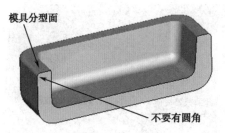

图 4-10　模具分型面上不要有圆角

（4）产品的外观面和内表面能接触到的地方不允许有尖角利边，必要时作倒圆角处理，最小圆角半径不要小于 0.30mm，以防刮伤手指，尤其是做玩具类产品结构设计时要特别注意，如图 4-11 所示。

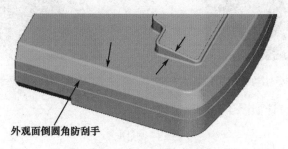

外观面倒圆角防刮手

图 4-11　外观面倒圆角防刮手

4.5　塑料件的加强筋设计

有时在不改变料厚的前提下，为了提高塑料件的强度和刚度，就需要合理设计加强筋，加强筋在塑料产品中的作用是提高塑胶件产品强度和刚度，防止塑件变形，同时也有利于注塑时原料的流动。

加强筋的应用有如图 4-12 所示的长条形网格加强筋，也有如图 4-13 所示的圆形网格加强筋。

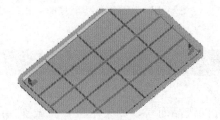

图 4-12　长条形网格加强筋

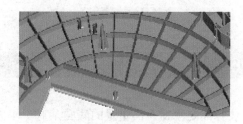

图 4-13　圆形网格加强筋

（1）加强筋的设计要求如图 4-14 所示。

尺寸说明：

尺寸 A 是加强筋的大端厚度，取值范围在 $0.4t\sim$ $0.60t$，一般取值是料厚的 50%。

尺寸 B 是加强筋的高度，一般要求不大于 $3t$。

尺寸 C 是两个加强筋的距离，一般要求不小于 $4t$。

尺寸 D 是加强筋离零件表面的距离，一般要求不小于 1.00mm。

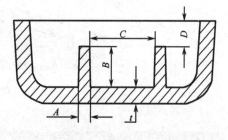

图 4-14　加强筋厚度设计

（2）螺丝柱的加强筋。

如果螺丝柱过高或者需要承受一定的力度时，就需要设计加强筋以增强其强度，如图 4-15 所示是远离侧壁螺丝柱的加强筋，图 4-16 所示是靠近侧壁螺丝柱的加强筋。

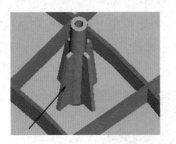

图 4-15　远离侧壁螺丝柱的加强筋

图 4-16　靠近侧壁螺丝柱的加强筋

螺丝柱的加强筋设计如图 4-17 所示。

尺寸说明：

尺寸 A 是加强筋上端的平面宽度，应不小于 0.50mm。

尺寸 B 是加强筋底端的宽度，取值范围是螺丝柱高度的 0.20～0.50 倍。

尺寸 C 是加强筋离螺丝柱顶端平面的距离，应不小于 1.00mm。

（3）如果在支撑面做加强筋，加强筋应低于支撑面，以保证支撑面平齐，如图 4-18 所示。

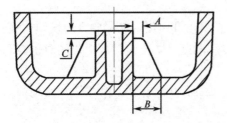

图 4-17　螺丝柱的加强筋设计说明

图 4-18　加强筋低于支撑面

4.6　塑料件的支撑面设计

支撑面是承受产品重量的底面，对于稍大尺寸的产品而言，如果用整个面做支撑面，则不利于底部的平整，所以需要设计一些凸边或者凸台、凸点来支撑。支撑面的高度应根据产品的外形尺寸来定，一定取值范围是 0.30～2.00mm，如图 4-19 所示。

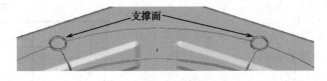

图 4-19　支撑面设计

4.7　塑料件孔的设计

孔是产品结构设计中经常碰到的，常见的孔有两类，一类是圆形孔，另一类是非圆形孔。设计孔的位置时，应在不影响塑料件强度的前提下尽量减少模具加工的难度。

（1）常见孔的设计要求如图 4-20 所示。

尺寸说明：

尺寸 A 是孔之间的距离，孔径若小于 3.00mm，建议 A 数值不小于 D；孔径若超过 3.00mm，则 A 数值可取孔径的 0.70 倍。

尺寸 B 是孔与边的距离，建议 B 数值不小于 D。

（2）孔径与孔深的关系如图 4-21 所示。

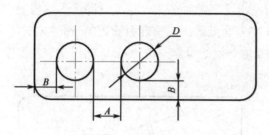

图 4-20　常见孔的设计

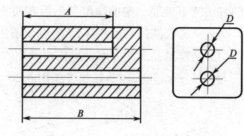

图 4-21　孔径与孔深的关系

尺寸说明：

尺寸 A 是盲孔的深度，建议 A 数值不大于 $5D$。

尺寸 B 是通孔的深度，建议 B 数值不大于 $10D$。

技巧提示：这里讲的孔不包括螺丝柱的内孔。

（3）如图 4-22 所示，螺丝头孔优先选用图 4-22（a）所示的形式，如果结构需要选用图 4-22（b）所示的形式时，锥形面应低于端面且不少于 0.50mm，以免孔表面裂开。

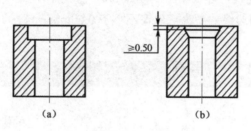

（a）　　　　　　　　　　（b）

图 4-22　螺丝头孔的设计

4.8　塑料件上文字、图案设计

塑料产品上的文字及图案分为凸出表面和凹下表面两种，其加工方式一般也有两种，小型文字及图案由模具蚀刻获得，稍大的文字及图案由模具加工直接得到。塑料产品上的文字如图 4-23、图 4-24 所示。

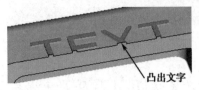

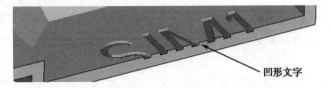

图 4-23 凸出文字	图 4-24 凹形文字

（1）塑料产品上的文字及图案最好采用凸出表面的方式，这样在模具上就是凹下表面的，模具加工简单很多。如果因为结构需要表面不允许有凸起时，可采用将有文字或者图案的区域凹下表面一定的深度，然后在凹槽内凸出文字或者图案，这样既满足了结构的要求，又便于模具制作。如图 4-25 所示，凸出文字表面最好比凹槽表面低 0.10mm 左右。

（2）塑料产品上的文字及图案，凸出表面高度一般为 0.15～0.30mm，凹形文字及图案深度为 0.15～0.25mm，其他尺寸如图 4-26 所示。

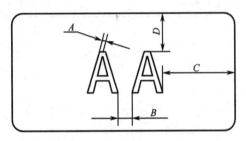

图 4-25 凹槽中的凸出文字	图 4-26 文字尺寸说明

尺寸说明：

尺寸 A 是文字的笔划宽度，建议不小于 0.25mm。

尺寸 B 是两字符的间距，建议不小于 0.40mm。

尺寸 C、D 是字符离边缘的距离，建议不小于 0.60mm。

4.9　塑料件上的螺纹设计

螺纹用于连接零件，在塑胶产品上也经常用到。塑胶产品上的螺纹与五金产品有些不同，塑胶产品上的螺纹通过模具注塑成型，精度相对不高，细的螺纹很难成型；而五金产品上的螺纹是通过机械加工而成的，精度高，能加工很细的螺纹。图 4-27 是内外螺纹区分图。

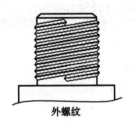

图 4-27　内外螺纹区分图

（1）塑料产品上的螺纹直径不能太小，外螺纹直径不小于3.00mm，内螺纹直径不小于2.00mm，螺纹的螺距不小于0.50mm，如图4-28所示。

（2）为保证内外螺纹良好旋合，塑胶螺纹的配合长度不宜过长，建议其配合长度 L 不大于2倍螺纹直径，如图4-29所示。

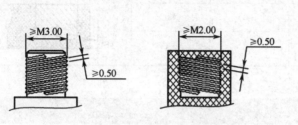

图4-28 螺纹直径设计要求

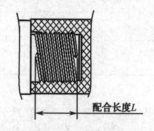

图4-29 螺纹的配合长度

（3）塑胶螺纹的第一圈容易崩裂或脱扣，且为了便于脱模，需要在螺纹的首尾端设计一段无螺纹的圆柱面，圆柱面高度不小于0.50mm，如图4-30所示。

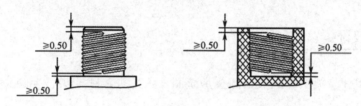

图4-30 螺纹首尾端设计

4.10 塑料件上的嵌件设计

塑料件上的嵌件是指在模具注塑时将其他材料的零件植入塑料产品中，与塑胶产品结合在一起。嵌件使用最多的就是金属类零件，小型嵌件如螺丝、螺母；稍大嵌件如手机产品中为了减小厚度在电池仓下的底面采用的不锈钢片等。

嵌件的主要作用是提高塑料件的机械强度及耐磨性能等。

设计金属嵌件的基本要求有以下几个方面。

（1）嵌件对尺寸精度要求高，如螺母类零件，螺母的外形尺寸与螺纹直径差异稍大就会导致其在模具中很难定位。

（2）嵌件的强度要足够高，由于模具注塑压力大，强度不够的零件容易被损坏。

（3）嵌件与塑胶料要有紧密的结合，且不能松脱、摇动。圆柱形嵌件需要在外观上进行滚网格花纹处理，以增强附着力。

（4）如果嵌件材料为片材类如不锈钢片，为防止脱落，四周侧壁上应多设计一些挂台及切口嵌入塑料内。

（5）嵌件的外形最好设计成圆柱形，以便在模具中放置与定位。

（6）嵌件的外形尺寸不易过大，厚度不易过薄，防止在注塑时变形。

（7）金属嵌件外包塑料的厚度设计如表4-3所示。

表4-3　金属嵌件外包塑料的厚度

单位：mm

D	<4	4~8	8~12	12~16 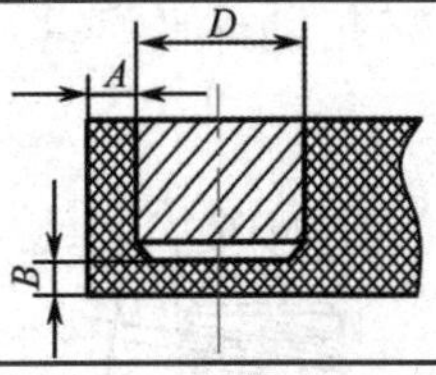
A	1.5	2.0	3.0	4.0
B	1	1.5	2.0	2.5

4.11　塑料件的自攻牙螺丝

自攻牙螺丝是一种粗牙螺丝，通过自身的螺纹实现"攻"、"钻"、"挤"、"压"，从而让两个零件进行紧固连接，其广泛应用于塑料、较软的金属、木制品等之间的连接。

4.11.1　自攻牙螺丝的分类

（1）按头型分为圆头、沉头、圆头加垫圈、六角头、圆柱头、半圆头、半沉头等，如图4-31所示。

（2）按槽型分为十字形、内六角形、一字形、梅花形、菊花形、三角形、四方形等，如图4-32所示。

头型	图形	代号
圆头		P
沉头	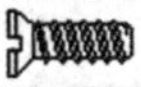	K（或F）
圆头加垫圈	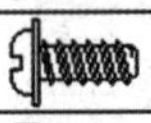	PW
六角头	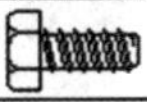	
圆柱头		C
半圆头		R

槽型	图型
十字形	
内六角形	
一字形	
梅花形	
菊花形	
三角形	
四方形	

图4-31　自攻牙螺丝头型　　　　图4-32　自攻牙螺丝槽型

（3）按牙尾型分为平尾、尖尾、平尾开口、尖尾开口等，如图4-33所示。

（4）自攻牙螺丝的命名举例说明。

① PB2.60mm×4.00mm是代表圆头平尾2.60mm的自攻牙螺丝，长度为4.00mm。

② PWB2.60mm×5.00mm是代表圆头加垫圈平尾 2.60mm 的自攻牙螺丝，长度为5.00mm。

③ PA2.60mm×6.00mm 是代表圆头尖尾 2.60mm 的自攻牙螺丝，长度为 6.00mm。

④ KB2.60mm×5.50mm 是代表沉头平尾 2.60mm 的自攻牙螺丝，长度为 5.50mm。

⑤ PAT2.60mm×7.00mm 是代表圆头尖尾开口 2.60mm 的自攻牙螺丝，长度为 7.00mm。

牙尾型	图形	代号
平尾		B
尖尾		A
平尾开口		BT
尖尾开口		AT

图 4-33　自攻牙螺丝牙尾型

4.11.2　自攻牙螺丝的长度计算

各种自攻牙螺丝长度计算如图 4-34 所示。

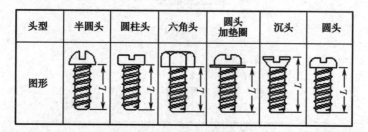

头型	半圆头	圆柱头	六角头	圆头加垫圈	沉头	圆头
图形						

图 4-34　自攻牙螺丝长度计算

4.11.3　自攻牙螺丝与机牙螺丝的区别

1. 外形比较

（1）相对来说，自攻牙螺丝比机牙螺丝牙距要大，牙型要粗。

（2）机牙螺丝牙尾型是没有尖尾的，也没有开口的。

2. 有无螺母

（1）自攻螺丝由于有自攻特性，无须螺母，只要有孔就行。

（2）机牙螺丝需要螺母或者与螺丝牙型配套的螺纹孔。

3. 应用范围

（1）自攻牙螺丝与机牙螺丝常用于塑料、薄的或者软的金属件、木制品等。

（2）机牙螺丝常用于金属件的连接，如果用于其他材料，需预埋螺母。

4．拆卸次数

（1）自攻牙不宜经常拆卸，否则会因滑牙而失效。

（2）机牙螺丝能经常拆卸。

4.11.4　自攻牙螺丝、螺丝柱的设计

自攻牙常用于塑料，图 4-35 所示就是塑料件自攻牙螺丝柱尺寸。

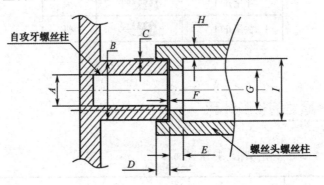

图 4-35　螺丝柱设计

自攻牙螺丝柱配合尺寸如表 4-4 所示。

表 4-4　自攻牙螺丝柱配合尺寸

单位：mm

	尺寸 A	B	C	D	E	F	G	H
螺丝 1.40	ϕ1.10	≥ϕ2.80	0.10	≥1.00	≥0.80	0.10	ϕ1.60	≥1.00
1.70	ϕ1.30	≥ϕ3.20	0.10	≥1.00	≥0.80	0.10	ϕ1.90	≥1.00
2.00	ϕ1.60	≥ϕ4.00	0.10	≥1.00	≥1.00	0.10	ϕ2.20	≥1.00
2.30	ϕ1.90	≥ϕ4.50	0.10	≥1.00	≥1.00	0.10	ϕ2.50	≥1.00
2.60	ϕ2.20	≥ϕ5.00	0.10	≥1.00	≥1.20	0.10	ϕ2.80	≥1.00
3.00	ϕ2.50	≥ϕ5.50	0.10	≥1.00	≥1.50	0.10	ϕ3.20	≥1.00
3.50	ϕ3.00	≥ϕ6.00	0.10	≥1.00	≥1.50	0.10	ϕ3.70	≥1.00

尺寸说明：

尺寸 A 是自攻牙螺丝柱内径。

尺寸 B 是自攻牙螺丝柱外径。

尺寸 C 是两个螺丝柱限位间隙。

尺寸 D 是限位高度。

尺寸 E 是螺丝头支撑胶位厚度。

尺寸 F 是两个壳体螺丝柱 Z 向间隙。

尺寸 G 是穿过螺丝的孔直径。

尺寸 *H* 是锁螺丝壳体螺丝柱的壁厚。

尺寸 *I* 是螺丝头的过孔直径，比螺丝头直径要大 0.20mm。

自攻牙螺丝柱深度不小于 2.50mm，螺丝越大，深度相应增加。

自攻螺丝常用长度有 2.50mm、3.00mm、3.50mm、4.00mm、4.50mm 等。

技巧提示：以上数据是根据 ABS 塑胶材料来定的，如果是较硬的塑料，自攻牙螺丝柱内径可适当做大，如果是较软的塑料，自攻牙螺丝柱内径可适当做小。

4.11.5　自攻牙螺丝材料及常用表面处理

自攻牙螺丝常用的材料有铁、低碳钢、中碳钢、不锈钢、黄铜等。

常用表面处理有镀镍（银白色）、镀锌（蓝锌或白锌等）、镀铜（红铜或黄铜等）、镀铬（银白色或黑色）、氧化、煲黑等。

技巧提示：不锈钢螺丝表面可不用处理，主要用于高端产品。

4.12　塑料件的尺寸精度

塑料产品的精度不高，影响塑料产品精度的原因有多方面，如塑胶材料的种类、塑料产品形状及尺寸、模具设计及加工水平、注塑参数等。

国家对塑料件的精度颁布了公差标准，划分了精度等级，如表 4-5 所示。

表 4-5　塑胶产品公差数值表

单位：mm

基本尺寸	精度等级							
	1	2	3	4	5	6	7	8
	公差数值							
～3	0.04	0.06	0.08	0.12	0.16	0.24	0.32	0.48
3～6	0.05	0.07	0.08	0.14	0.18	0.28	0.36	0.56
6～10	0.06	0.08	0.1	0.16	0.2	0.32	0.4	0.64
10～14	0.07	0.09	0.12	0.18	0.22	0.36	0.44	0.72
14～18	0.08	0.1	0.12	0.2	0.26	0.4	0.48	0.8
18～24	0.09	0.11	0.14	0.22	0.28	0.44	0.56	0.88
24～30	0.1	0.12	0.16	0.24	0.32	0.48	0.64	0.96
30～40	0.11	0.13	0.18	0.26	0.36	0.52	0.72	1
40～50	0.12	0.14	0.2	0.28	0.4	0.56	0.8	1.2
50～65	0.13	0.16	0.22	0.32	0.46	0.64	0.92	1.4
65～80	0.14	0.19	0.26	0.38	0.52	0.76	1	1.6
80～100	0.16	0.22	0.3	0.44	0.6	0.88	1.2	1.8

续表

基本尺寸	精度等级							
	1	2	3	4	5	6	7	8
	公差数值							
100～120	0.18	0.25	0.34	0.5	0.68	1	1.4	2
120～140		0.28	0.38	0.56	0.76	1.1	1.5	2.2
140～160		0.31	0.42	0.62	0.84	1.2	1.7	2.4
160～180		0.34	0.46	0.68	0.92	1.4	1.8	2.7
180～200		0.37	0.5	0.74	1	1.5	2	3
200～225		0.41	0.56	0.82	1.1	1.6	2.2	3.3
225～250		0.45	0.62	0.9	1.2	1.8	2.4	3.6
250～280		0.5	0.68	1	1.3	2	2.6	4
280～315		0.55	0.74	1.1	1.4	2.2	2.8	4.4
315～355		0.6	0.82	1.2	1.6	2.4	3.2	4.8
355～400		0.65	0.9	1.3	1.8	2.6	3.6	5.2
400～450		0.7	1	1.4	2	2.8	4	5.6
450～500		0.8	1.1	1.6	2.2	3.2	4.4	6.4

 技巧提示：公差标准通常作为参考，在实际工作中，一般采用实际装配的方式来检验塑胶产品的合理性。举个简单的例子，如果生产出来的塑胶产品符合国家公差标准，但实物装配起来还是有比较明显的间隙，这就需要根据间隙的大小来修改模具。

在塑胶产品上标注公差时，重要的尺寸公差直接标注在尺寸上，非重要的尺寸公差列表说明即可。

对于精度要求高的产品，重要尺寸选用表4-5中的第一级公差，非重要尺寸选用第二级公差。

塑料制品精度等级的选用如表4-6所示。

表4-6 塑料制品精度等级的选用

类别	材料名称	建议采用的精度等级		
		高精度	一般精度	低精度
1	PS/ABS/PMMA/PC/聚砜/聚苯醚/酚醛塑料粉/氨基塑料粉/30％玻璃纤维增强塑料	2	3	4
2	PA6/PA66/PA610/PA9/PA1010/硬PVC/氯化聚醚	3	4	5
3	POM/PP/HDPE	4	5	6
4	LDPE/软PVC	5	6	7

第5章

模具基础知识

5.1 模具概述

模具按字面理解就是制造模型的工具，是按特定形状去成型具有一定形状和尺寸的制品的工具。

在日常生活及社会各领域中，到处可见模具产品的踪影，生活中的绝大部分产品都需要模具来制作。

模具生产技术水平的高低，已成为衡量一个国家产品制造水平的重要标志，在很大程度上决定着产品的质量、效益和新产品的开发能力。

5.2 模具的分类

模具种类很多，常见分类如表 5-1 所示。

表 5-1 模具的分类

模 具 分 类			
冲压模	锻造模	拉丝模	橡胶膜
普通冲裁模	热锻模	热拉丝模	橡胶注射成型模
级进模	冷锻模	冷拉丝模	橡胶压胶成型模
复合模	金属挤压模	其他拉丝模	橡胶挤胶成型模
精冲模	切边模		橡胶浇注成型模
拉深模	其他锻造模		橡胶封装成型模
弯曲模			其他橡胶模
成型模			
切断模			
其他冲压模			

模 具 分 类			
塑料模	粉末冶金模	铸造模	无机材料成型模
热塑性塑料注射模	金属粉末冶金模	压力铸造模	玻璃成型模
热固性塑料注射模	非金属粉末冶金模	低压铸造模	陶瓷成型模
热固性塑料压塑模		翻砂金属模	水泥成型模
挤塑模		其他铸造模	其他无机材料成型模
吹塑模			
真空吸塑模			
其他塑料模			
其他模具	模具标准件		
食品成型模具	冷冲模架		
包装材料模具	塑模模架		
复合材料模具	顶杆		
合成纤维模具	螺丝		
未包括的其他类模具	弹簧		

5.3 塑胶注射模介绍

在产品设计中，接触最多的就是塑胶模具，塑胶模具中又以热塑性注射模最多，在这一章节中所讲的模具基础知识，是以热塑性注射模为基础展开的。

1. 塑胶注射模的概念

通过人力或传送装置将塑料输送到注塑机的料筒内，塑料受热呈熔融状态，然后，在螺杆或活塞的推动下，经喷嘴和模具的进料系统进入型腔，经充分冷却后，物料在型腔内硬化定型，这个成型过程所需的成型工具称为注射模。

2. 塑胶注射模的特点

（1）可以大量生产塑料产品。
（2）塑胶产品价格比五金产品便宜。
（3）生产速度快、价值高。
（4）设计灵活，可变性高。
（5）零组件替换容易。
（6）保养简单。

3. 塑胶注射模的应用

塑胶注射模产品随处可见，日常用品如水桶、洗脸盆、桌椅、衣架；大多数电子产品的外壳及部分内部零部件，如于机、笔记本电脑、电话机、电视机、计算机、电风扇、录像机；文具用品中的圆珠笔、铅笔盒、订书机、笔筒；交通工具中的汽车仪表板、导流板、保险杆、挡泥板、灯罩；医疗器具、航空器零组件、各式各样产品的附件等。

5.4 塑胶注塑机介绍

注塑机又称"射出成型机"，是把固态的塑料熔融，以高压射入模具型腔，然后固化并可以自动开模取出成型产品的一种机械设备。

5.4.1 注塑机分类

依据注塑的方法将注塑机可分为以下几类。

（1）柱塞式。从料斗落下的塑料同时计量，在计量最后时，活塞往前推进，材料通过加热缸内面与分流梭（俗称鱼雷）构成的较小通路，在此充分加热成为熔融塑料，再从喷嘴注塑到模穴中。柱塞式注塑机如图 5-1 所示。

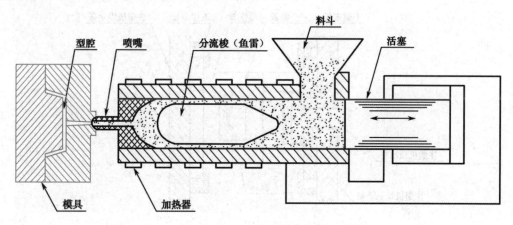

图 5-1 柱塞式注塑机

（2）柱塞预塑式。

（3）螺杆预塑式。

（4）螺杆往复式。料斗内的塑料由于自重落于加热缸内，由注塑机上机筒内的螺杆旋转搅拌，把进入机筒的原料挤压、翻转、剪切，再加上机筒外围供热的配合，使机筒中的原料熔融塑化均匀，同时，被转动的螺杆推向机筒前端，然后，螺杆用较快的速度前移，像柱塞一样把塑化好的原料注射到成型模具型腔内，冷却成型。螺杆往复式注塑机如图 5-2 所示。

> 技巧提示：由于螺杆往复式注塑机塑料能均匀的混合、成品内应力较小，在国内应用较多。

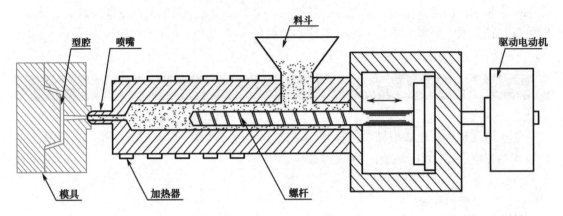

图 5-2　螺杆往复式注塑机

5.4.2　模具在注塑机上的安装

模具应牢固地安装在注塑机上，安装示意图如图 5-3～图 5-5 所示。

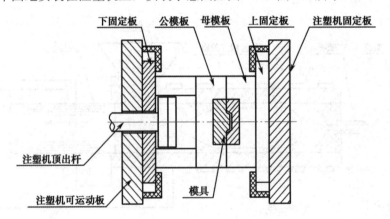

图 5-3　模具安装示意一

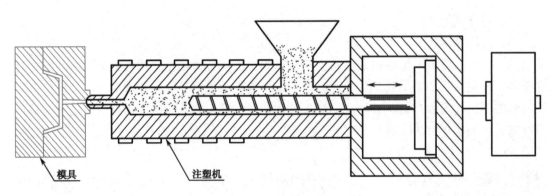

图 5-4　模具安装示意二

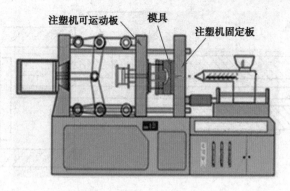

图 5-5 模具安装示意三

5.5 注塑过程

注塑机注塑过程为合模——注射——保压——冷却——开模、顶出产品。

（1）合模。合模就是模具的前后模闭合，如图 5-6 所示。

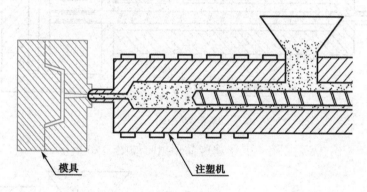

图 5-6 合模

（2）注射。熔化的塑胶材料往模具内注入，如图 5-7 所示。

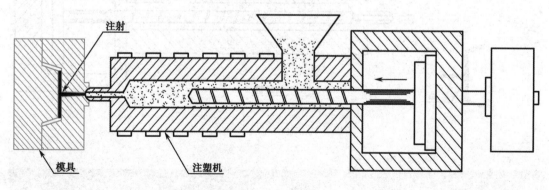

图 5-7 注射

（3）保压。保压的作用就是确保塑料能完全填充满模具，如图 5-8 所示。

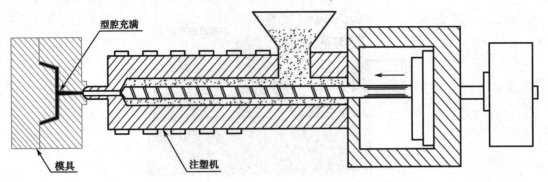

图 5-8　保压

（4）冷却。通过模具冷却系统将模具冷却，让塑料固化，同时注塑机螺杆回旋，如图 5-9 所示。

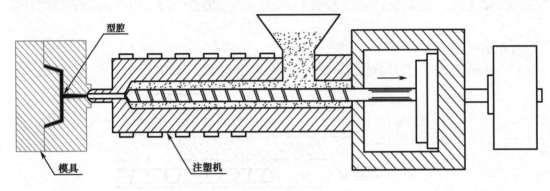

图 5-9　冷却

（5）开模、顶出产品。打开模具，将产品顶出，如图 5-10 所示。

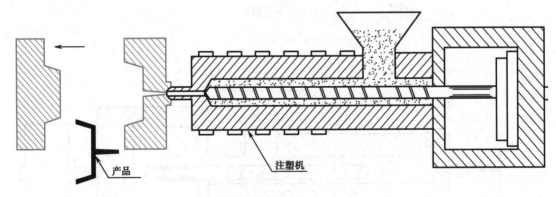

图 5-10　开模、顶出产品

5.6　注塑模结构

注塑模结构就是指模具各部件的构成。

5.6.1　注塑模分类

注塑模根据构造不同一般分为以下几类。

（1）二板模，又称大水口模，英文"Two Plate"。

（2）三板模，又称细水口模，英文"Three Plate"。

（3）二板半模，前面有滑块时。

（4）热流道模具，它可以用在大水口、细水口当中，但有独特的浇注系统。

无论是二板模，还是三板模，还是热流道模具，塑胶模具一般都由以下几个部分组成。

（1）塑胶模具标准模架。直接从标准模架制造厂商那里订购，它构成了塑胶模具最基本的框架部分。

（2）塑胶模具的核心部分——模仁部分。它是模具里面最重要的组成部分。塑胶产品的成型部分就在模仁里面，加工的大部分时间也花费在模仁上。

（3）塑胶模具常用辅助零件。如定位环、注口衬套、顶针、抓料销、支撑柱、顶出板、导柱、导套、垃圾钉等。

（4）塑胶模具的辅助系统。一般的塑胶模具有以下四个系统：浇注系统、顶出系统、冷却系统、排气系统。有时，因为所运用的塑胶材料需加热的温度很高，所以，有的模具还会存在一个加热系统。

（5）塑胶模具的辅助设置，如吊环孔等。

（6）当塑胶产品有倒扣时，模具还会有一个或多个处理倒扣的结构，如滑块、斜顶、油压缸等。

5.6.2　二板模结构

二板模又称大水口模，是常用的一种模具结构，由前模及后模组成。二板模结构如图 5-11 所示。

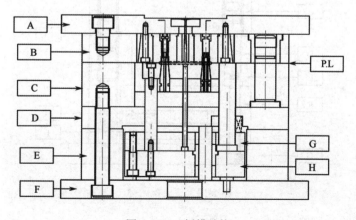

图 5-11　二板模结构

二板模结构的各部件说明如表 5-2 所示。

表 5-2　二板模结构的各部件说明

A	上固定板	F	下固定板
B	母模板	G	上顶出板
C	公模板	H	下顶出板
D	辅助板	P.L	分模面
E	模脚		

技巧提示： 前模又称母模、凹模、定模，后模又称公模、凸模、动模。

图 5-12　二板模实物图片

二板模实物如图 5-12 所示。

二板模动作过程如下所述。

（1）公模侧在注射机的拉动下与母模侧沿分型面分开，分开到设定距离时停止不动。

（2）在注射机顶出杆的推动下，顶出板带动顶出机构将塑料成品顶出。

（3）在注射机的推动下，公模侧向母模侧运动，公母模完全合紧后，注射机上的喷嘴与模具上的浇口衬套密合，重新开始注塑。

5.6.3　三板模结构

三板模又称细水口模、小水口模，与二板模最大的不同就是在前模板与后模板之间还有一块活动的模板，这块活动的模板是用来自动卸水口料的。三板模结构如图 5-13 所示。

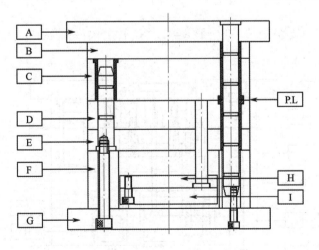

图 5-13　三板模结构

三板模结构的各部件说明如表 5-3 所示。

表5-3　三板模结构的各部件说明

A	上固定板	F	模脚
B	卸水口板	G	下固定板
C	母模板	H	上顶出板
D	公模板	I	下顶出板
E	辅助板	P.L	分模面

三板模实物如图5-14所示。

三板模主要应用于以下几个方面。

（1）中心进料的多型腔模具。

（2）中心进料的点形浇口单型腔模具。

（3）表面进料复式点形浇口注射模。

（4）边缘进料的不平衡多型腔模。

三板模运动过程如下所述。

（1）母模板随着公模板一起向后运动，运动到设定距离时，被小拉杆限位块挡住，由于母模板随注塑机继续向后运动，这样小拉杆也被带动，它又带动卸水口板运动将水口料打下。

图5-14　三板模实物

（2）注射机继续向后运动，拉力不断增大，超过开闭器锁紧力，母模板与公模板分开。

（3）在顶出杆的推动下，顶出板带动顶出机构（顶针、顶杆、斜稍）开始顶出运动，将塑料成品顶出。

（4）在注射机的推动下，公模侧向母模侧运动，公模板压向母模板和卸水口板，最后完全合紧，注射机上的喷嘴与模具上的浇口衬套密合，重新开始注塑。

5.6.4　标准模架

模具行业经过不断地发展、演变，标准化的推进日益普及。为了在短时间内制造出精密的模具、降低模具的成本，现在的模具制造商的中心工作就是公母模仁的加工。为此，其他的作业就尽量简单化。并且相对于不同的模具而言，它有许多相同的结构，如一般的模具都有固定板、顶出板、模脚、导柱、导套等。依据上述几点，标准的模架就产生了。

标准模架又称标准模座或者标准模坯，它由专业的公司进行生产。模具的设计人员根据模具的需求可以直接从模架厂商订购。常用的标准模架有龙记模架、科达模架、明利模架等。外资企业常用到富士巴模架。不同的模架厂商虽然有自己模架的尺寸规格，但基本上差不多，并且它们都有自己模架的规格资料，可以进行查询。

标准模架有二板模架、三板模架等。

订购标准模架时，需要决定以下几个尺寸：

（1）模具的长、宽。

（2）公、母模板的高。

（3）模脚的高。

5.7 模具行业常用术语介绍

模具行业从业人员多，专业的模具厂也很多，对模具各部件的叫法也各不相同，了解这些术语，对以后的工作大有帮助。

模具行业常用术语如表5-4所示。

表5-4 模具行业常用术语

常 用 名	别名1	别名2	别名3
二板模	大水口模		
三板模	细水口模	小水口模	
P．L面	分模面	啪啦面	分型面
入水	进胶		
顶板	上固定板		
水口推板	脱料板	卸料板	剥料板
A板	母模板	前模板	定模板
B板	公模板	后模板	动模板
方铁	模脚	垫脚	站板
镶件	入子		
铲鸡	锁紧块	撑鸡	滑块束块
行位	滑块		
斜顶	斜销		
顶针	推杆		
唧嘴	浇口衬套		
水口	浇口	进浇口	入水口
导柱	边钉		
导套	边钉套		
司筒	套筒		
KO孔	顶棍孔		
运水	冷却水道	水路	
面针板	上顶针板		
底针板	下顶针板		
底板	下固定板		
密封圈	胶圈	O形圈	
水喉	水嘴	冷却水接头	
披锋	毛边	飞边	
放电	打火花		
省模	抛光	打光	

续表

常 用 名	别名1	别名2	别名3
蚀纹	晒纹	咬花	
1丝	1条	0.01mm	
枕位	前后模高出主分型面的封胶镶块		
火山口	塑胶产品圆柱下面的减胶位		
火箭脚	塑胶产品圆柱周围的加强筋		
BOSS	塑胶产品上有孔的圆柱		
吃前模	开模时,产品留在前模		
水口料	渗有回收塑料的原料		
火花纹	电火花加工留下的纹路		
倒扣	又称死角,塑胶产品上影响模具正常出模的部位		

5.8 模具设计流程

模具设计流程表如图5-15所示。

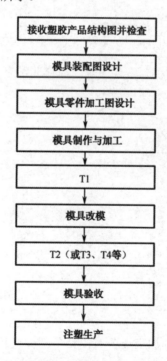

图5-15 模具设计流程表

5.8.1 接收塑胶产品结构图并检查

在接到客户发过来的塑胶产品图时,要仔细检查图纸是否遗漏尺寸,二维与三维档案是否对应，三维图档的单位是否准确等。

还要与客户沟通确定以下几个问题。

（1）这个塑胶产品在模具中是一模几穴。这一般决定了模具的大小，也考虑了生产的可行性。

（2）这个塑胶产品的塑胶材料是什么？塑胶原料有没有指定的牌号？这决定了模具成型部分的加工尺寸。

（3）产品的进胶方式及进胶位置。这一般决定了模具的种类。

（4）大面行位对外观的影响、塑胶产品的分模面位置、处理倒扣的方式等。

5.8.2　模具装配图设计

模具装配图设计是最重要的环节，其直接决定以后模具加工的工作量。

（1）摆放产品。

（2）设计公、母模仁大小。

（3）设计抽芯机构：没有倒扣，可不用设计。

（4）设计模架大小。

（5）设计浇注、顶出、冷却、加热系统。

（6）追加辅助零件、辅助设置。

（7）审核，追加图框、标题栏、零件序号、材料明细表、标注尺寸。

（8）图纸打印。

5.8.3　模具零件加工图设计

（1）模仁零件加工图的设计。

（2）模板零件加工图的设计。

（3）辅助零件加工图的设计。

（4）电极、线割加工图的设计。

5.8.4　模具制作与加工

模具制作与加工是通过各种加工设备对模具各部件进行精细加工制作。模具加工水平是衡量一个模具厂实力高低的标准。

模具加工分为传统机械设备加工和先进加工设备加工。

传统机械设备有普通铣床、车床、钻床、磨床、刨床等。

先进加工设备有火花机、线切割、CNC加工中心、CNC磨床等。

精密模具的制作还需要更精密的机器设备，如镜面火花机、高精度慢走丝线切割机、高速 CNC 加工中心、精密 CNC 车床等。

5.8.5　T1

T1 是第一次试模，就是第一次将模具装在注塑机上进行注塑产品。T1 是检验模具中最重要的一个环节。

T1 之后就是修改模具，再精密的模具制作也难免会修改，模具经过修改后就是第二次试模，不管产品经历几次试模改模，其最终的目的就是得到合格的塑胶产品。

当然，频繁试模改模不仅浪费大量的时间，还会造成模具到处是烧焊的痕迹，严重的会造成模具报废。

5.8.6　注塑生产

注塑生产是最后的环节，模具验收完成后就可以进行注塑生产了。模具从开始使用到报废的总时间称为模具的寿命，模具寿命是根据模具使用材料、模具设计水平、制作加工水平来决定的。

如果产品的产量很大，一般都要做好几套同样的模具，称为复模。复模有两个作用，一是新旧交替，这套模坏了，用另一套模，这样就不会耽误注塑时间；二是两套模同时注塑，缩短总注塑时间。

5.9　浇注系统

模具的浇注系统是指模具中从注塑机喷嘴开始到型腔入口为止的流动通道，它主要是在模具中起了一个"桥梁"的作用，它把模具与注塑机连在一起，构成了一个通道，使能流动的塑胶材料对模具进行填充。

5.9.1　浇注系统的构成

浇注系统分为普通流道浇注系统和热流道浇注系统两类。普通流道浇注系统包括主流道、分流道、冷料井和浇口，如图 5-16 所示。

5.9.2　主流道

主流道是指紧接注塑机喷嘴到分流道为止的那一段流道，熔融塑料进入模具时首先经过主流道。一般要求主流道进口处的位置应尽量与模具中心重合。

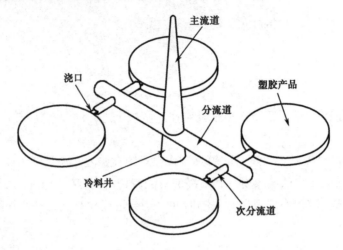

图 5-16　浇注系统

主流道一般由浇口套构成，它的形状大小由注口衬套所决定。它可分为两类：两板模浇口套和三板模浇口套。

5.9.3　分流道

塑料由主流道到浇口那段通道，称为分流道，又分主分流道与次分流道。

分流道的截面形状一般有圆形、U 形、梯形、正方形等，如表 5-5 所示。

表 5-5　分流道的截面形状

名　称	圆　形	U　形	梯　形	正　方　形	正六边形	半　圆　形
分流道截面形状						

由于熔融塑料沿分流道流动时，要求它尽快充满型腔，流动中温度尽可能小，流动阻力尽可能低。同时，将塑料熔体均衡地分配到各个型腔。所以，在流道设计时，应考虑以下几个方面。

（1）流道截面形状的选用。

较大的截面面积，有利于减少流道的流动阻力；较小的截面周长，有利于减少熔融塑料的热量散失。

（2）分流道的截面尺寸。

分流道的截面尺寸应根据胶件的大小、壁厚、形状与所用塑料的工艺性能、注射速率及分流道的长度等因素来确定。

5.9.4 冷料井

冷料井是为除去因喷嘴与低温模具接触，而在料流前锋产生的冷料进入型腔而设置的。

为了防止冷料填充产品型腔而产生的局部应力集中，导致产品强度不够，甚至开裂，在主流道的末端要设计冷料井，分流道较长时，分流道的末端也应设计冷料井。

一般情况下，主流道冷料井圆柱体的直径为 6~12mm，其深度为 6~10mm。对于大型制品，冷料井的尺寸可适当加大。

5.9.5 浇口

浇口又称水口，是由分流道到产品的一小段距离，浇口是浇注系统的关键部分，浇口的位置、类型及尺寸对胶件质量影响很大。

常见的浇口类型有以下几种。

1. 直接式浇口

直接式接口如图 5-17 所示。

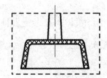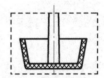

图 5-17　直接式浇口

优点：（1）压力损失小。

（2）制作简单。

缺点：（1）浇口附近应力较大。

（2）需人工剪除浇口（流道）。

（3）表面会留下明显浇口疤痕。

应用：（1）可用于大而深的桶形胶件，对于浅平的胶件，由于收缩及应力的原因，容易产生翘曲变形。

（2）对于外观不允许浇口痕迹的胶件，可将浇口设于胶件内表面。

2. 侧浇口

侧浇口如图 5-18 所示。

优点：（1）形状简单，加工方便。

（2）去除浇口较容易。

缺点：（1）胶件与浇口不能自行分离。

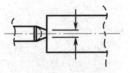

图 5-18　侧浇口

（2）胶件易留下浇口痕迹。

应用：适用于各种形状的胶件，但对于细而长的桶形胶件不予采用。

3．针点浇口

针点浇口如图 5-19 所示。

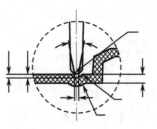

图 5-19　针点浇口

优点：（1）浇口位置选择自由度大。

（2）浇口能与胶件自行分离。

（3）浇口痕迹小。

（4）浇口位置附近应力小。

缺点：（1）注射压力较大。

（2）一般须采用三板模结构，结构较复杂。

应用：常应用于较大的面、底壳。合理地分配浇口有助于减小流动路径的长度，获得较理想的熔接痕分布；也可用于长筒形的胶件，以改善排气。

4．扇形浇口

扇形浇口如图 5-20 所示。

优点：（1）熔融塑料流经浇口时，在横向得到更加均匀的分配，降低胶件应力。

（2）减少空气进入型腔，避免产生银丝、气泡等缺陷。

缺点：（1）浇口与胶件不能自行分离。

（2）胶件边缘有较长的浇口痕迹，须用工具才能将浇口加工平整。

应用：常用来成型宽度较大的薄片状胶件，流动性能较差的透明胶件，如 PC、PMMA 等。

5．潜伏式浇口

潜伏式浇口如图 5-21 所示。

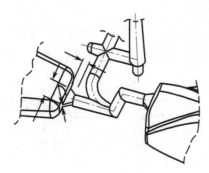

图 5-20　扇形浇口

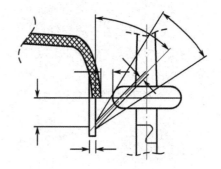

图 5-21　潜伏式浇口

优点：（1）浇口位置的选择较灵活。

（2）浇口可与胶件自行分离。

（3）浇口痕迹小。

（4）两板模、三板模都可采用。

缺点：（1）浇口位置容易脱胶粉。

（2）入水位置容易产生烘印。

（3）需人工剪除胶片。

（4）从浇口位置到型腔压力损失较大。

应用：适用于外观不允许露出浇口痕迹的胶件。对于一模多腔的胶件，应保证各腔从浇口到型腔的阻力尽可能相近，避免出现滞流，以获得较好的流动平衡。

6. 弧形浇口

弧形浇口如图 5-22 所示。

优点：（1）浇口和胶件可自动分离。

（2）无须对浇口位置进行另外处理。

（3）不会在胶件的外观面产生浇口痕迹。

缺点：（1）可能在表面出现烘印。

（2）加工较复杂。

（3）设计不合理容易折断而堵塞浇口。

应用：常用于 ABS、HIPS。不适用于 POM、PBT 等结晶材料，也不适用于 PC、PMMA 等刚性好的材料，防止弧形流道被折断而堵塞浇口。

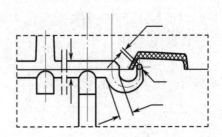

图 5-22　弧形浇口

5.10　分模面

分模面又称分型面，在模具上常表示为 P.L 面，是前模及后模的分界面。开模时，模具沿分型面打开，留在注塑机上不动的那部分称为定模，又称前模；在注塑机滑动的那部分称为动模，又称后模。

分模面是模具设计首先要确定的，分模面的设计至关重要，合理的分模面是塑件能否完好成型的先决条件。

分模面除受排位的影响外，还受塑件的形状、外观、精度、浇口位置、行位、顶出、加工等多种因素影响。一般应从以下几个方面综合考虑。

（1）符合胶件脱模的基本要求，就是能使胶件从模具内取出，分模面位置应设在胶件脱模方向最大的投影边缘部位。

（2）确保胶件留在后模一侧，并有利于顶出且顶针痕迹不显露于外观面。

（3）分模面及分模线不影响胶件外观。应尽量不破坏胶件光滑的外表面。

（4）确保胶件质量，例如，将有同轴度要求的胶件部分放到分模面的同一侧等。

（5）分模面选择应尽量避免形成侧孔、侧凹，若需要行位成型，则力求行位结构简单，尽量避免前模行位。

（6）合理安排浇注系统，特别是浇口位置。

（7）满足模具的锁紧要求，将胶件投影面积大的方向放在前、后模的合模方向上，而将投影面积小的方向作为侧向分模面。另外，分模面是曲面时，应加斜面锁紧。

（8）有利于模具加工。

5.11 顶出系统

顶出系统是将塑胶产品顺利顶出模具的机构，又称脱模机构。

塑胶件脱模是注射成型过程中的最后一个环节，脱模质量好坏将最后决定胶件的质量。当模具打开时，胶件须留在具有脱模机构的那边模具（常在动模）上，利用脱模机构脱出胶件。

顶出系统一般包括上顶出板（面针板）、下顶出板（底针板）、回针、回位弹簧、顶针、推板、防转销等，如图 5-23 所示。

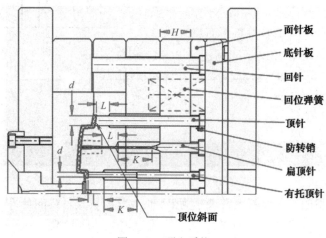

图 5-23　顶出系统

5.11.1　脱模设计原则

（1）为使胶件不致因脱模产生变形，推力布置应尽量均匀，并尽量靠近胶料收缩包紧的型芯，或者难以脱模的部位，如胶件细长柱位，采用司筒脱模。

（2）推力点应作用在胶件刚性和强度最大的部位，避免作用在薄胶位，作用面也应尽可能大一些，如突缘、（筋）骨位、壳体壁缘等位置，筒形胶件多采用推板脱模。

（3）避免脱模痕迹影响胶件外观，脱模位置应设在胶件隐蔽面（内部）或非外观表明，对透明胶件尤其须注意脱模顶出位置及脱模形式的选择。

（4）避免因真空吸附而使胶件产生顶白、变形，可采用复合脱模或用透气钢排气，如顶杆与推板或顶杆与顶块脱模，顶杆适当加大配合间隙排气，必要时还可设置进气阀。

（5）脱模机构应运作可靠、灵活，且具有足够强度和耐磨性，如摆杆、斜顶脱模，应提高滑碰面强度、耐磨性，滑动面开设润滑槽；也可做渗氮处理来提高表面硬度及耐磨性。

（6）弹簧复位常用于顶针板回位；由于弹簧复位不可靠，不可用作可靠的先复位。

5.11.2　顶针、扁顶针介绍

胶件脱模常用方式有顶针、司筒、扁顶针、推板脱模，由于司筒、扁顶针价格较高，推板脱模多用在筒型薄壳胶件，因此，脱模使用最多的是顶针。

当胶件周围无法布置顶针时，如周围多为深骨位，骨深不小于 15mm 时，可采用扁顶针脱模。顶针、扁顶针表面硬度在 HRC55 以上，表面粗糙度在 $R_a1.6$ 以下。

顶针设置时注意以下几个方面。

（1）顶针直径 $\phi \geqslant 2.5$mm 时，选用有托顶针，提高顶针强度。

（2）顶位面是斜面，顶针固定端须加定位销；为防止顶出滑动，斜面可加工多个 R 小槽，如图 5-24 所示。

（3）避免顶针与前模产生碰面，如图 5-25 所示，此结果易损伤前模或出披锋。

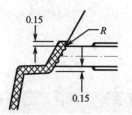

图 5-24　斜面加工小槽

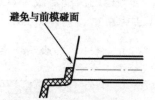

图 5-25　避免与前模碰面

5.12　排气系统

模具内的气体不仅包括型腔里的空气，还包括流道里的空气和塑料熔体产生的分解气体。在注塑时，这些气体都应顺利地排出。

5.12.1　排气不足的危害性

（1）在胶件表面形成烘印、气花、接缝，使表面轮廓不清。

（2）充填困难或局部飞边。

（3）严重时在表面产生焦痕。

（4）降低充模速度，延长成型周期。

5.12.2 排气方法

常用的排气方法有以下几种。

（1）开排气槽。

排气槽一般开设在前模分型面熔体流动的末端，如图 5-26 所示，宽度 $b=(5\sim8)$mm，长度 L 为 8.0～10.0mm。

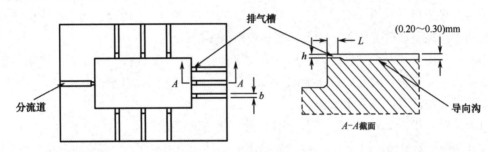

图 5-26　排气槽的设计

排气槽的深度 h 因塑胶不同而有所差别，主要是考虑塑料的黏度及其是否容易分解。黏度低的塑料，排气槽的深度要浅。容易分解的塑料，排气槽的面积要大，各种塑料的排气槽深度可参考表 5-6。

表 5-6　各种塑料的排气槽深度

单位：mm

塑 料 名 称	排气槽深度	塑 料 名 称	排气槽深度
PE	0.02	PA（含玻纤）	0.03～0.04
PP	0.02	PA	0.02
PS	0.02	PC（含玻纤）	0.05～0.07
ABS	0.03	PC	0.04
SAN	0.03	PBT（含玻纤）	0.03～0.04
ASA	0.03	PBT	0.02
POM	0.02	PMMA	0.04

（2）利用分型面排气。

对于具有一定粗糙度的分型面，可从分型面将气体排出。

（3）利用顶杆排气。

胶件中间位置的困气，可加设顶针，利用顶针和型芯之间的配合间隙，或有意增加顶针之间的间隙来排气。

（4）利用镶拼间隙排气。

对于组合式的型腔、型芯，可利用它们的镶拼间隙来排气。

（5）透气钢排气。

透气钢是一种烧结合金，它是用球状颗粒合金烧结而成的材料，强度较差，但质地疏松，允许气体通过。在需排气的部位放置一块这样的合金即可达到排气的目的。

5.13 行位与斜顶

塑料件上凡是阻碍模具开模或者顶出的部位均称为模具倒扣。

模具上处理倒扣的方法有行位（滑块）、斜顶、油缸抽芯、齿轮旋出处理机构。

最常用的是行位与斜顶，以下只介绍行位与斜顶。

5.13.1 行位结构

行位又称滑块，是脱模时侧向抽芯机构，是解决模具倒扣常用的模具机构。从模具前后模来分，行位分为前模行位及后模行位，其中后模行位应用最多。从模具结构来分，行位分为外行位及内行位，其中外行位应用最多。

图 5-27、图 5-28 所示是后模外行位结构图。

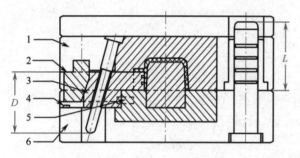

1—A 板；2—锁紧块；3—行位；4—限位钉；5—弹簧；6—B 板

图 5-27 后模外行位剖面图

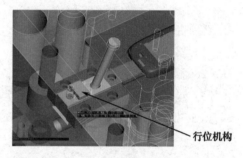

图 5-28 后模外行位立体图

行位机构一般由行位、锁紧块、压块、斜导柱等构成，如图 5-29、图 5-30 所示。

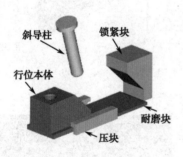

图 5-29 行位分解图

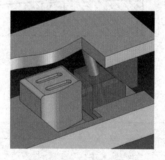

图 5-30 行位装配图

5.13.2 行位的运动原理

如图 5-31 所示，斜导柱已经被固定，行位通过斜导柱孔与斜导柱配合在一起，行位可以上下运动。如果给行位施加一个向下运动的力，根据力的三角形法则，行位在斜导柱的带动下，它不仅会向下运动，还会向斜导柱倾斜的方向运动，从而达到处理倒扣的目的。

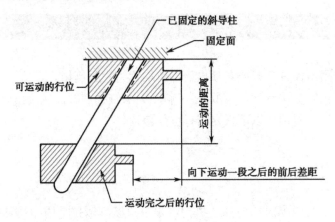

图 5-31　行位的运动原理

5.13.3　斜顶结构

斜顶也是解决模具倒扣的一种机构。与行位的不同点有以下几个方面。

（1）斜顶比行位结构简单。

（2）斜顶一般用在胶件的内部倒扣，行位一般用在胶件的外部倒扣。

（3）斜顶的驱动力来自于顶针板的动作，而行位的驱动力来自于前后模开关的动作。

图 5-32 所示是斜顶结构图，图 5-33 所示是斜顶示意图。

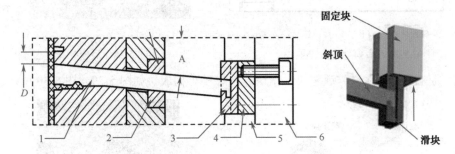

1—斜顶；2—镶块；3—滑块；4—固定块；5—上顶针板；6—下顶针板

图 5-32　斜顶结构图

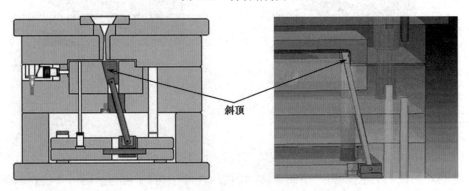

图 5-33　斜顶示意图

5.13.4 斜顶的运动原理

斜顶的运动原理与行位基本相同，如图 5-34 所示，斜顶放置在一个固定不动的模板斜孔中，斜顶与斜孔配合。从下向上给斜顶一个推力，推动斜顶向上运动，斜顶在斜孔和推力的带动下，不仅向上运动，而且向斜顶倾斜方向运动一定距离（如图 5-34 所示的位置差距），从而处理模具倒扣。

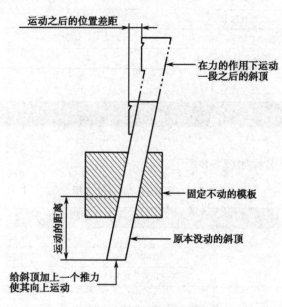

图 5-34　斜顶的运动原理

5.14　常用塑胶缩水率

热塑性塑料由熔融态到凝固态，都要发生不同程度的体积收缩。而结晶形塑料一般比无定形塑料表现出更大的收缩率和收缩范围，且更容易受成型工艺的影响。结晶形塑料的收缩率一般在 1.0%～3.0%，而无定形塑料的收缩率在 0.4%～0.8%。对于结晶形塑料，还应考虑其后收缩，因为它们脱模以后在室温下还可以后结晶而继续收缩，后收缩量随制品厚度和环境温度而定，越厚，后收缩越大。

常用塑胶缩水率如表 5-7 所示。

表 5-7　常用塑胶缩水率

塑 胶 名 称	塑胶中文名	塑 胶 俗 称	常用缩水率/%
ABS	丙烯腈-丁二烯-苯乙烯	ABS	0.50
PC	聚碳酸酯	防弹胶	0.60
PMMA	聚甲基丙烯酸甲酯	亚克力、亚加力、有机玻璃	0.50
PP	聚丙烯	百折胶	1.50

续表

塑 胶 名 称	塑胶中文名	塑 胶 俗 称	常用缩水率/%
PE	聚乙烯	PE	2.0
PVC	聚氯乙烯	PVC	1.0
PA6	聚酰胺 6	尼龙 6	1.5
PET	聚对苯二甲酸乙二醇脂	涤纶	2.0
PC+ABS		PC+ABS	0.5
POM	聚甲醛	赛钢、塑钢	1.5
HIPS	高冲击聚苯乙烯	不碎胶	0.6
GPPS	通用聚苯乙烯	脆胶、硬胶	0.5

5.15 模具钢材

模具钢材各牌号及名称如表 5-8 所示。

表 5-8 模具钢材牌号及应用

厂家名称	钢材类型	钢材名称	应 用
法国奥伯杜瓦	塑胶模具钢	MEK 4	高耐磨高韧性之塑胶模
		X13T6W（236）	高耐磨高耐腐蚀镜面模具
		X13T6W（236H）	高耐磨高耐腐蚀镜面模具
	热作工具钢	SMV3W	压铸模，挤压模，塑料模
		ADC 3	压铸模，挤压模
瑞典一胜百	塑胶模具钢	718S	塑料模之内模件
		718H	塑料模之内模件
		S136	耐腐蚀镜面模具
		S136H	耐腐蚀镜面模具
		OPTIMAX	光学级镜面不锈钢模
		ELMAX	高耐磨耐腐蚀性塑料模具
		CORRAX S336	高耐腐蚀性塑料模具
		RAMAX 168	易切削耐腐蚀塑料模
		CALMAX 635	冷作及塑胶模
	热作工具钢	8407	金属压铸，挤压模
	冷作工具钢	DF2	微变形耐磨油钢，冷冲压模
		XW42	冷挤压成型模，精密五金模
		V10	高寿命精密冲切模
日本大同	塑胶模具钢	P×88	通用塑胶模，良好抛光性能
		NAK55	高性能塑胶模，橡胶模
		NAK80	高抛光性镜面塑胶模
		S-STAR	高镜面度耐腐蚀模具
		S-STAR(A)	高镜面度耐腐蚀模具

续表

厂家名称	钢材类型	钢材名称	应用
日本大同	热作工具钢	DH31-SUPER	金属压铸，挤压模
	冷作工具钢	YK30	冲裁模，弯曲模
		GOA	冷压加工，冲裁模，成型模
		DC11	冷挤压成型，拉伸模
		DC53	冷挤压成型，拉伸模，冲裁模
美国芬可乐	塑胶模具钢	P20HH	塑胶模
		P20LQ	塑胶模
龙记特殊钢	塑胶模具钢	LKM 638	一般塑胶模，模架，下模件
		LKM 2311	一般塑胶模，模架，下模件
		LKM 2312	一般塑胶模，模架，下模件
		LKM 738	一般塑胶模，模架，下模件
		LKM 738H	一般塑胶模，模架，下模件
		LKM 818H	高抛光度及高要求内镶件
		LKM 2711	高硬度高韧性大型塑胶模
		LKM 2083	防酸性良好抛光性塑胶模
		LKM 2083H	防酸性一般抛光性塑胶模
		LKM 2316A	高酸性塑胶模
		LKM 2316	高酸性塑胶模
		LKM 2316ESR	高酸性塑胶模
	热作工具钢	LKM 2344	金属压铸，挤压模
		LKM 2344SUPER	金属压铸，挤压模
	冷作工具钢	LKM 2510	微变形耐磨油钢
		LKM 2379	微变形高耐磨油钢
		LKM 2767	微变形耐磨油钢
日本三菱	塑胶模具钢	MUP	塑胶模
日本新东	塑胶模具钢	PORCERAX II PM-35	塑胶及压铸模，透气钢
BRUSH WELLMAN	合金铍铜	MOLDMAX MM40	需快速冷却的模芯，镶件
日本日立	合金铜	HIT75 MOD	需快速冷却的模芯，镶件
日本三宝	纯红铜	C1100P	铜公工件
龙记纯红铜	电蚀纯红铜	C1100P	铜公工件
美国 ALCOA	合金铝	6061-T6/T651	吹塑模，吸塑模，鞋模，发泡模
		6061-T6511	吹塑模，吸塑模，鞋模，发泡模
		7075-T651	
瑞士 ALCAN	合金钢	7022-T651	
日本大同	黄牌中碳钢	S50C-S55C	
中国舞阳	塑胶模具钢	舞阳 718	

第6章

常用结构材料及注塑缺陷分析

6.1 常用塑胶材料基本知识

6.1.1 塑胶的定义及分类

塑胶就是塑料，是一种以高分子有机物质为主要成分的材料，它在加工完成时呈固态形状，在制造及加工过程中，可以借塑料的流动来塑造形状。塑料为合成的高分子化合物，主要成分是合成树脂，树脂约占塑料总重量的40%~100%。塑料的基本性能主要取决于树脂的本性，但添加剂也起着重要作用。有些塑料基本上是由合成树脂所组成，不含或少含添加剂。

1. 塑料的特点

（1）是高分子有机化合物。

（2）可以多种型态存在，如液体、固体、胶体、溶液等。

（3）可以成型。

（4）种类繁多，不同的单体组成能造成不同的塑料。

（5）用途广泛，产品呈现多样化。

（6）具有不同的性质。

（7）加工方法可多样化。

2. 塑料的优点

（1）大部分塑料的抗腐蚀能力强，不与酸、碱反应。

（2）塑料制造成本低。

（3）耐用、防水、质轻。

（4）容易被塑制成不同形状。

（5）是良好的绝缘体。

（6）部分塑料可以用于制造燃料油和燃料气，这样可以降低原油消耗。

3．塑料的缺点

（1）回收利用废弃塑料时，分类十分困难，而且在经济上不合算。

（2）塑料容易燃烧，部分塑料燃烧时会产生有毒气体。例如，聚苯乙烯燃烧时产生甲苯，少量会导致失明，吸入后有呕吐等症状，PVC 燃烧也会产生氯化氢有毒气体。除了燃烧，高温环境也会导致塑料分解出有毒成分，如苯环等。

（3）塑料是由石油炼制的产品制成的，而石油资源是有限的。

（4）塑料无法被自然分解。

4．塑料的分类

（1）根据塑料受热后的性能表现把塑料分为以下几项。

① 热塑性塑料。热塑性塑料是指加热后会熔化，可流动至模具，冷却后成型，再加热后又会熔化的塑料。即可运用加热及冷却，使其产生可逆变化（液态↔固态），即物理变化。通用的热塑性塑料其连续的使用温度在 100℃以下，聚乙烯、聚氯乙烯、聚丙烯、聚苯乙烯称为四大通用塑料。

② 热固性塑料。热固性塑料是指在受热或其他条件下固化后不溶于任何溶剂，不能用加热的方法使其再次软化的塑料。热固性塑料加热温度过高就会分解。如酚醛塑料（俗称电木）、环氧塑料等。

（2）根据塑料不同的使用特性，通常将塑料分为以下几项。

① 通用塑料。通用塑料一般是指产量大、用途广、成型性好、价格便宜的塑料。通用塑料通常有聚乙烯（PE）、聚丙烯（PP）、聚氯乙烯（PVC）、聚苯乙烯（PS） 等。

② 工程塑料。工程塑料一般指能承受一定外力作用，具有良好的机械性能和耐高、低温性能，尺寸稳定性较好，可以用作工程结构的塑料，如 ABS、聚酰胺、聚砜等。

③ 特种塑料。特种塑料一般是指具有特种功能，可用于航空、航天等特殊应用领域的塑料。如氟塑料和有机硅，具有突出的耐高温、自润滑等特殊功能。增强塑料和泡沫塑料具有高强度、高缓冲性等特殊性能，这些塑料都属于特种塑料。

5．塑料的成型方法

塑料的成型加工是指由合成树脂制造的聚合物制成最终塑料制品的过程。加工方法（通常称为塑料的一次加工）包括压塑（模压成型）、挤塑（挤出成型）、注塑（注射成型）、吹塑（中空成型）、压延、发泡、吸塑等。

（1）压塑又称模压成型或压制成型，压塑主要用于酚醛树脂、脲醛树脂、不饱和聚酯树脂等热固性塑料的成型。

（2）挤塑又称挤出成型，是使用挤塑机（挤出机）将加热的树脂连续通过模具，挤出所需形状的制品方法。挤塑有时也用于热固性塑料的成型，泡沫塑料的成型。挤塑的优点是可挤出各种形状的制品，生产效率高，可自动化、连续化生产；缺点是热固性塑料不能广泛采用此方法加工，制品尺寸容易产生偏差。

（3）注塑又称注射成型。注塑是使用注塑机（对称注射机）将热塑性塑料熔体在高压下注入到模具内经冷却、固化获得产品的方法。注塑也能用于热固性塑料及泡沫塑料的成型。注塑的优点是生产速度快、效率高，操作可自动化，能成型形状复杂的零件，特别适合大量生产；缺点是设备及模具成本高，注塑机清理较困难等。

（4）吹塑又称中空吹塑或中空成型。吹塑是借助压缩空气的压力使闭合在模具中热的树脂型坯吹胀为空心制品的一种方法，吹塑包括吹塑薄膜及吹塑中空制品两种方法。用吹塑法可生产薄膜制品，各种塑料中空瓶、桶、壶类容器及儿童玩具等。

（5）压延是将树脂和各种添加剂经预期处理（捏合、过滤等）后，通过压延机的两个或多个转向相反的压延辊的间隙加工成薄膜或片材，然后从压延机辊筒上剥离下来，再经冷却定型的一种成型方法。压延是主要用于聚氯乙烯树脂的成型方法，能制造薄膜、片材、板材、人造革、地板砖等制品。

（6）发泡成型。在发泡材料（PVC、PE 和 PS 等）中加入适当的发泡剂，使塑料产生微孔结构的过程。几乎所有的热固性和热塑性塑料都能制成泡沫塑料。按泡孔结构分为开孔泡沫塑料（绝大多数气孔互相连通）和闭孔泡沫塑料（绝大多数气孔是互相分隔的），这主要是由制造方法（化学发泡、物理发泡和机械发泡）决定的。

（7）吸塑产品是将平展的塑料硬片材料加热变软后，用真空吸附于模具表面，再冷却成型。吸塑产品应用广泛，主要用于各种产品的包装、托盘等。

6.1.2　ABS

ABS 是工程塑料，应用非常广泛。

1. ABS 的构成

ABS 由丙烯腈、丁二烯、苯乙烯构成，丙烯腈主要提供了耐化学性和热稳定性；丁二烯提供了韧度和冲击强度；苯乙烯则为 ABS 提供了硬度和可加工性。三种材料组合形成了综合性的塑料。

2. ABS 的优点

ABS 具有良好的综合性能，容易配色，强度高，耐冲击强，注塑流动性好，表面易处理，优良的耐热、耐油性能和化学稳定性，尺寸稳定，易机械加工。

3. ABS 的缺陷

（1）不耐有机溶剂，会被溶胀，也会被部分有机溶剂所溶解。
（2）耐热性不够好，普通 ABS 的热变形温度仅为 95～98℃。

4. ABS 的改性

ABS 能与其他许多热塑性塑料共混，改进这些塑料的加工和使用性能。

（1）将 ABS 加入 PVC 中，可提高其冲击韧性、耐燃烧性、抗老化和抗寒能力，并改善其加工性能。

（2）将 ABS 与 PC 共混，可提高抗冲击强度和耐热性。

（3）将 ABS 料中添加阻燃剂能提高防火性能、添加玻璃纤维能增加强度等。

5. 透明 ABS

将 ABS 中丙烯腈成分用甲基丙烯酸甲酯替代，可制出透明塑料，即透明 ABS。

6. 密度

密度为 $1.03 \sim 1.07 \text{g/cm}^3$。

7. 常用表面处理

（1）水镀，需要使用电镀级 ABS，其他 ABS 水镀效果不优良。

（2）真空镀。

（3）喷油，能喷出各种颜色、各种效果。

（4）丝印、移印、烫金等。

8. 连接方式

连接方式包括卡扣、螺丝、热熔、超声、胶水等。

9. 适用范围

游戏机外壳、家电制品、日常生活外壳、电子产品外壳等。

10. 模具注塑常用收缩率

模具注塑常用收缩率为 0.5%。

11. 注塑工艺条件

（1）干燥处理：ABS 材料具有吸湿性，要求在加工之前进行干燥处理。建议干燥条件为 80～90℃下最少干燥 2h。

（2）熔化温度：210～280℃；建议温度：245℃。

（3）模具温度：25～70℃（模具温度将影响塑件粗糙度，温度较低则导致粗糙度较高）。

（4）注射压力：500～1000bar。

（5）注射速度：中高速度。

6.1.3 PP

PP 中文名为聚丙烯，是很常用的塑料之一，称为百折胶。

1．PP 的优点

（1）注塑流动性好，容易配色。

（2）耐冲击强，韧性好、不易断裂。

（3）无毒、无味、密度小。

（4）耐热性好，可在沸水中长期使用。

2．PP 的缺点

（1）成型收缩率大、成型时尺寸易受温度、压力、冷却速度的影响，会出现不同程度的翘曲、变形，厚薄转折处易产生凸陷，因而不适于制造尺寸精度要求高或易出现变形缺陷的产品。

（2）刚性不足，不宜作为受力机械构件。特别是制品上的缺口对应力十分敏感，因而设计时要避免尖角缺口的存在。

（3）耐气候性较差。在阳光下易受紫外线辐射而加速塑料老化，使制品变硬开裂、染色消退或发生迁移。

（4）表面处理效果差。

3．密度

密度为 $0.90g/cm^3$（能浮在水上）。

4．表面处理

因为表面处理效果差，不易融合，故很少作表面处理。如喷油需特殊处理，常用加 PP 水等。

5．连接方式

连接方式分为卡扣、螺丝、热熔、超声等。

6．适用范围

适用于日常用品、医用仪器、食品袋、塑胶瓶、铰链等。

7．常用收缩率

常用收缩率为 1.5%。

8．注塑模工艺条件

（1）干燥处理：如果存储适当则不需要干燥处理。

（2）熔化温度：220～275℃，注意不要超过 275℃。

（3）模具温度：40～80℃，建议使用 50℃。结晶程度主要由模具温度决定。

（4）注射压力：可达到 1800bar。

（5）注射速度：通常，使用高速注塑可以使内部压力减小到最小。如果制品表面出现缺陷，那么应使用较高温度下的低速注塑。

6.1.4 PE

PE 中文名为聚乙烯，是常用的塑料之一。

1．PE 的分类

按制造方法分为低压高密度（HDPE）、中压（MDPE）、高压低密度三种（LDPE）。HDPE 质地坚硬，有良好的耐磨性、耐蚀性和电绝缘性。LDPE 最轻，化学稳定性好，良好的高频绝缘性、耐冲击性和透明性。其中常用的是 HDPE、LDPE。

2．PE 的优点

（1）注塑流动性好，容易配色。
（2）电绝缘性优良。
（3）耐磨性较好。
（4）不透水性、抗化学药品性都较好，在 60℃下几乎不溶于任何溶剂。
（5）耐低温性良好，在-70℃时仍有柔软性。
（6）无毒、无味、密度小。

3．PE 的缺点

耐骤冷骤热性较差，机械强度不高，热变形温度低。LDPE 的柔软性、伸长率、耐冲击性、透光率比 HDPE 好，但机械强度、耐热性能比 HDPE 差。

4．PE 的密度

（1）LDPE 密度为 0.910～0.925g/cm^3。
（2）MDPE 密度为 0.926～0.940g/cm^3。
（3）HDPE 密度为 0.941～0.965g/cm^3。

5．表面处理

因为表面处理效果差，不易融合，故很少作表面处理。

6．连接方式

连接方式为卡扣、螺丝、热熔、超声等。

7．适用范围

（1）LDPE 用于电缆的包皮，耐腐蚀管道等。

（2）HDPE 常用于吹塑成中空制品、薄膜、软管、塑料瓶等。因为无毒无味，通常制作食品袋及各种容器。

8. 模具常用收缩率

模具常用收缩率为 2.0%。

9. HDPE 注塑模工艺条件

（1）干燥处理：如果存储恰当则无须干燥。

（2）熔化温度：220～260℃。对于分子较大的材料，建议熔化温度范围为 200～250℃。

（3）模具温度：50～95℃。

（4）注射压力：700～1050bar。

（5）注射速度：建议使用高速注射。

10. LDPE 注塑模工艺条件

（1）干燥处理：一般不需要。

（2）熔化温度：180～280℃

（3）模具温度：20～40℃。

（4）注射压力：最大可达到 1500bar。

（5）保压压力：最大可达到 750bar。

（6）注射速度：建议使用快速注射速度。

6.1.5 PVC

PVC 中文名为聚氯乙烯，按添加增塑剂的多少可分为硬胶 PVC 与软胶 PVC，是常用的塑料之一。

1. PVC 优点

（1）力学强度高。

（2）电器性能优良，燃烧困难。

（3）对氧化剂、还原剂、耐酸碱的抵抗力强。

（4）尺寸稳定性佳。

2. PVC 缺点

（1）耐温性差。

（2）密度较高。注射时流动性差。

（3）热分解后会产生有害物质。

3. PVC 的密度

PVC 的密度为 $1.38g/cm^3$。

4. PVC 的表面处理

PVC 的表面处理包括喷涂、真空镀、丝印、移印等。

5. 连接方式

连接方式为卡扣、螺丝、热熔、超声、胶水等。

6. 适用范围

（1）硬 PVC 常用于管、棒、板、电器制品等。
（2）软 PVC 用于电线绝缘包皮、密封盖及农用薄膜、日用品、软胶玩具等。

7. 模具常用收缩率

模具常用收缩率为 1.0%。

8. 注塑模工艺条件

（1）干燥处理：通常不需要干燥处理。
（2）熔化温度：185～205℃。
（3）模具温度：20～50℃。
（4）注射压力：可达到 1500bar。
（5）保压压力：可达到 1000bar。
（6）注射速度：为避免材料降解，一般要用低速注射。

6.1.6 PA

PA 中文名为聚酰胺，俗称尼龙，常见型号有 PA6、PA66、PA12 等，是最常见的工程塑胶之一。

1. PA 的优点

（1）强度好，耐冲击性佳。
（2）热性能及力学综合性能良好。
（3）耐磨，具有自润滑性。
（4）缓慢燃烧，并且有自熄性。
（5）可加玻纤、碳纤等改善性能。

2．PA 的缺点

（1）尼龙吸湿性高。

（2）长期使用，尺寸精度有变化。

3．PA 密度

PA 密度为 $1.12\sim1.16\text{g/cm}^3$。

4．PA 的表面处理

PA 的表面处理很少处理。

5．连接方式

连接方式分为卡扣、螺丝、热熔、超声等。

6．适用范围

常用于作轴承、塑胶齿轮、垫圈、汽车工业、仪器壳体等。

7．模具常用收缩率

模具常用收缩率为 1.5%（加玻纤、碳纤后收缩率有改变）。

8．PA6 注塑模工艺条件

（1）干燥处理：由于 PA6 很容易吸收水分，因此，加工前的干燥要特别注意。

（2）熔化温度：230～280℃，对于增强塑料品种的熔化温度为 250～280℃。

（3）模具温度：80～90℃。

（4）注射压力：一般在 750～1250bar 之间（取决于材料和产品设计）。

（5）注射速度：高速（对增强型材料要稍微降低）。

6.1.7　POM

POM 中文名为聚甲醛，俗称赛钢、塑钢，是最常见的工程塑料之一。

1．POM 的优点

（1）POM 具有良好的耐疲劳性和抗冲击强度、适合制造塑胶齿轮类制品。

（2）耐蠕变性好。与其他塑料相比，POM 在较宽的温度范围内蠕变量较小，可用来作密封零件。

（3）耐磨性能好，且具有自润滑性能。POM 具有自润滑性和低摩擦系数，该性能使它可用来作轴承、转轴、塑胶齿轮、防磨条、轴套等。

（4）耐热性较好，且燃烧缓慢。在较高温下长期使用力学性能变化不大，POM 的工作温度可在 100℃以上。

（5）吸水率低。成型加工时，对水分的存在不敏感。

（6）注塑流动性较好。

2．POM 的缺点

（1）凝固速度快，制品容易产生皱纹、熔接痕等表面缺陷。

（2）收缩率大，较难控制制品的尺寸精度。

（3）加工温度范围较窄，热稳定性差，即使在正常的加工温度范围内受热稍长，也会发生聚合物分解。

（4）材料性能略脆。

3．密度

密度为 $1.41\sim1.43\text{g/cm}^3$。

4．POM 的表面处理

POM 的表面处理很少处理。

5．连接方式

连接方式分为卡扣、螺丝、热熔、超声等。

6．适用范围

常用于作轴承、塑胶齿轮、电器制品，凸轮、轴套等。

7．模具常用收缩率

模具常用收缩率为 1.5%。

8．注塑模工艺条件

（1）干燥处理：如果材料存储在干燥环境中，通常不需要干燥处理。

（2）熔化温度：均聚物材料为 190～230℃；共聚物材料为 190～210℃。

（3）模具温度：80～105℃。为了减小成型后收缩率可选用高一些的模具温度。

（4）注射压力：700～1200bar。

（5）注射速度：中等或偏高的注射速度。

6.1.8 PC

PC 中文名为聚碳酸酯，俗称防弹胶。是最常见的透明塑胶之一。

1．PC 的优点

（1）透明度好。透光率可达到 90%。

（2）强度非常好，机械强度高，耐冲击性极佳。其冲击强度是热塑性塑料中最高的一种，比铝、锌还高，称为塑料金属。

（3）表面经硬化处理后硬度高。

（4）耐热性和耐气候性优良。PC 的耐热性比一般塑料都高，热变形温度为 135～143℃，长期工作温度可达 120～130℃，是一种耐热环境的常选塑料。其耐气候性也很好，将 PC 制件置于室外，数年后性能仍保持不变。

（5）成型精度高，尺寸稳定好。成型收缩率基本固定在 0.5%～0.7%，流动方向与垂直方向的收缩基本一致。在很宽的使用温度范围内尺寸可靠性高。

2．PC 的缺点

（1）流动性差，即使在较高的成型温度下，流动亦相对缓慢。

（2）在成型温度下对水分敏感，微量的水分即会引起水解，使制件变色、起泡、破裂。

（3）抗疲劳性、耐磨性较差。

（4）注塑容易产生内部应力。

（5）耐蠕变性不好。

3．密度

密度为 $1.18～1.20g/cm^3$。

4．PC 的表面处理

（1）可作真空镀、喷涂、丝印、移印等。

（2）PC 水镀效果差，表面不能作水镀处理。

5．连接方式

连接方式分为卡扣、螺丝、热熔、超声、双面胶等。

6．适用范围

常用于透明镜片、医疗器械、文具、咖啡壶外壳、光碟等。

7．常用收缩率

常用收缩率为 0.6%。

8．注塑模工艺条件

（1）干燥处理：PC 具有吸湿性，加工前的干燥很重要。建议干燥条件为 100～200℃，时间为 3～4h。加工前的湿度必须小于 0.02%。

（2）熔化温度：260～340℃。

（3）模具温度：70～120℃。

（4）注射压力：尽可能地使用高注射压力。

（5）注射速度：对于较小的浇口使用低速注射，对其他类型的浇口使用高速注射。

6.1.9 PMMA

PMMA 中文名为聚甲基丙烯酸甲酯，又称亚克力、亚加力、有机玻璃。是最常见的透明塑料之一。

1．PMMMA 的优点

（1）透明度高，是常用塑料中透明度最好的，透光率可达到 92%。

（2）经硬化后表面硬度高。

（3）良好的疲劳强度。

（4）环境抵抗性、耐有机溶剂性佳。

（5）广泛的使用温度范围（-40～20℃）。

（6）尺寸稳定性佳。

2．PMMMA 的缺点

（1）加工过程若长时间在高温下易起热分解。

（2）无自熄性。

（3）抗酸性差。

（4）成型收缩率大。

（5）材料性能较脆。

3．密度

密度为 $1.18g/cm^3$。

4．PMMA 的表面处理

可作真空镀、喷涂、丝印、移印、IML 等。

5．连接方式

连接方式分为卡扣、螺丝、热熔、超声、双面胶等。

6．适用范围

常用于镜片、透明装饰品、文具、仪器表外壳、灯罩等。

7．常用收缩率

常用收缩率为 0.6%。

8．注塑模工艺条件

（1）干燥处理：PMMA 材料具有吸湿性，因此，加工前的干燥处理是必须的。建议干燥条件为 90℃，时间为 2～4h。

（2）熔化温度：240～270℃。

（3）模具温度：35～70℃。

（4）注射速度：中等。

6.1.10　PS

PS 中文名为聚苯乙烯，由于很脆，俗称脆胶。是最常见的透明塑料之一。

1．PS 的优点

（1）透明度很高，透光性好，透光率可达 90%以上。

（2）着色性好，易于成型。

（3）尺寸稳定性好。

2．PS 的缺点

（1）材料性能很脆，容易破裂。

（2）抗溶剂性差。

（3）耐温性差，容易燃烧。其制品的最高连续使用温度仅为 60～80℃，不宜制作盛载开水和高热食品的容器。

（4）表面耐磨性较差，容易刮花。

3．密度

密度为 $1.04～1.06g/cm^3$。

4．PS 的表面处理

容易上色，可作真空镀、喷涂、丝印、移印等。

5．连接方式

连接方式分为卡扣、螺丝、热熔、超声、双面胶等。

6．适用范围

常用于镜片、灯罩、文具、透镜、光学仪器零件等。

7．常用收缩率

常用收缩率为 0.7%。

8．注塑模工艺条件

（1）干燥处理：除非存储不当，通常不需要干燥处理。如果需要干燥，建议干燥条件为 80℃、时间为 2～3h。

（2）熔化温度：180～280℃。对于阻燃型材料其上限为 250℃。

（3）模具温度：40～50℃。

（4）注射压力：200～600bar。

（5）注射速度：建议使用快速的注射速度。

6.1.11　PET

PET 中文名为聚对苯二甲酸乙二醇酯，俗称涤纶，是最常见的透明塑料之一。

1．PET 的优点

（1）尺寸稳定性佳。

（2）机械性能优。

（3）透明度高，透光性好，透光率可达 86%。

（4）耐气候性优。

（5）耐有机熔剂、油及弱酸。

（6）耐水性好。

（7）具有自熄性。

2．PET 的缺点

（1）机械性质具有方向性、流动性较高。

（2）结晶速度较慢。

（3）干燥及加工条件要求严格。

（4）材料缩水率大。

3．密度

密度为 1.37g/cm^3。

4．PET 的表面处理

可作真空镀、喷涂、丝印、移印等。

5．连接方式

连接方式分为卡扣、螺丝、热熔、超声、双面胶等。

6．适用范围

常用于镜片、轴承、链条、录音带等，也可以吹塑成中空饮料瓶。

7．常用收缩率

常用收缩率为2.0%。

8．注塑模工艺条件

（1）干燥处理：加工前的干燥处理是必须的，因为PET的吸湿性较强。建议干燥条件为120～165℃、4h的干燥处理。要求湿度应小于0.02%。

（2）熔化温度：对于非填充类型为265～280℃；对于玻璃填充类型为275～290℃。

（3）模具温度：80～120℃。

（4）注射压力：300～1300bar。

（5）注射速度：在不导致脆化的前提下可使用较高的注射速度。

6.1.12　PC+ABS

PC+ABS是常用组合塑胶之一，成分组成为PC70%+ABS30%，每种牌号略有差别。

1．PC+ABS的优点

（1）集合PC、ABS的功能，具有两者的综合特性。如ABS的易加工特性和PC的优良机械特性、热稳定性。

（2）增加ABS耐热尺寸安定性。

（3）改善PC低温。

2．PC+ABS的缺点

（1）价格比ABS贵，但比PC便宜。

（2）材料强度性能比PC差，但比ABS强。

（3）流动性比ABS差。

3．密度

密度为$1.18g/cm^3$。

4．PC+ABS的表面处理

可作真空镀、喷涂、丝印、移印等。

5. 连接方式

连接方式分为卡扣、螺丝、热熔、超声、双面胶等。

6. 适用范围

常用于手机外壳、数码产品类外壳、电子产品外壳、电脑设备外壳。

7. 常用收缩率

常用收缩率为 0.5%。

8. 注塑模工艺条件

（1）干燥处理：加工前的干燥处理是必须的。湿度应小于 0.04%，建议干燥条件为 90～110℃，时间为 2～4h。

（2）熔化温度：230～300℃。

（3）模具温度：50～100℃。

（4）注射压力：取决于塑件。

（5）注射速度：尽可能高。

6.1.13 PC+GF

GF 是玻璃纤维，玻璃纤维是比较硬的材料，塑料件加玻纤的主要作用是增加强度。塑料加入玻璃纤维可加强其刚性、耐热性及尺寸安定性，还可以增强冲击强度、拉伸强度、改善对缺口敏感等。大部分塑料可添加玻纤，尤其是强度不够或者易变形的加玻纤能很好地改善强度。

PC 添加的玻纤的范围为 10%～30%，常用 30%。

1. PC+GF 的优点

（1）高冲击强度、高韧性、高刚性。

（2）耐热、难燃，耐磨。

（3）耐蠕变性大大增加，尺寸稳定。

（4）抗应力的能力增强。

（5）改善 PC 的缩水。

2. PC+GF 的缺点

（1）注塑流动性更差。

（2）塑胶表面易浮纤。

（3）增加注塑难度和提高模具要求。

（4）比纯 PC 硬，难变形，扣位拆装较困难。

3．适用范围

常用于手机外壳、电子产品外壳、耐磨耐晒制品、高冲击制品。

6.2　常用金属材料基本知识

6.2.1　金属材料的简述

金属就是自然界中，凡具有导电、导热、有光泽和正的电阻温度系数的物质。如铁、钢、铝、铜等。金属材料就是金属经冶炼及各种加工制成的具有一定截面形状和几何尺寸的材料。金属材料分为黑色金属与有色金属，黑色金属通常是指铁、铬、锰及其合金，有色金属是指除黑色金属以外的其他金属材料。

纯金属就是由单一金属组成的物质，纯是相对而言，再纯的五金料也含有其他物质。合金是由两种或两种以上金属（或金属与非金属）融合而成并具有金属特性的物质，如钢和生铁是铁碳的合金、黄铜是铜锌的合金、铝与镁形成铝镁合金等。

6.2.2　不锈钢

1．不锈钢材料简述

能抵抗空气、蒸汽、水等弱腐蚀，并能抵抗酸、碱、盐等化学介质强腐蚀的钢称为不锈钢（Stainless Steel）。

在自然界中，所有金属与大气中的氧气发生反应，如铁生成铁锈等。不锈钢属于钢材，为什么不生锈呢？因为不锈钢成份中含铬，铬是使不锈钢获得耐蚀性的基本元素，当钢中含铬量达到 12%左右时，铬与腐蚀介质中的氧作用，在钢表面形成一层很薄的氧化膜，可阻止钢的基体被进一步腐蚀。

2．不锈钢分类

不锈钢通常按基体组织分为以下几个方面。

（1）铁素体不锈钢。含铬 12%～30%。其耐蚀性、韧性和可焊性随含铬量的增加而提高，耐氯化物应力腐蚀性能优于其他种类不锈钢。

（2）奥氏体不锈钢。含铬大于 18%，还含有 8%左右的镍及少量钼、钛、氮等元素。综合性能好，可耐多种介质腐蚀。

（3）奥氏体—铁素体双相不锈钢。兼有奥氏体和铁素体不锈钢的优点，并具有超塑性。

（4）马氏体不锈钢强度高，但塑性和可焊性较差。

3．不锈钢常用牌号

不锈钢按成分可分为 Cr 系（400 系列）、Cr-Ni 系（300 系列）、Cr-Mn-Ni（200 系列）及析出硬化系（600 系列）。

常用的有 300 系列，即铬-镍系，属于奥氏体不锈钢。

（1）301——延展性好，用于成型产品。也可通过机械加工使其迅速硬化。焊接性好，抗磨性和疲劳强度优于 304 不锈钢。

（2）302——耐腐蚀性同 304，由于含碳相对要高因而强度更好。

（3）303——通过添加少量的硫、磷使其较 304 更易切削加工。

（4）304——即 18/8 不锈钢。GB 牌号为 0Cr18Ni9，应用非常广泛。

（5）316——继 304 之后，第二个得到最广泛应用的不锈钢种，主要用于食品工业、制药行业和外科手术器材，添加钼元素使其获得一种抗腐蚀的特殊结构。由于较之 304 具有更好的抗氯化物腐蚀能力，因而也作"船用钢"来使用。

4．不锈钢适用范围

（1）用于日常生活制品、食品器具等。如锅、餐具等。

（2）耐腐蚀，如常期置于大气中的桥梁、公路用制品等。

（3）电子产品壳料及装饰件。

（4）其他。

5．不锈钢钣金的厚度

不锈钢钣金的厚度有 0.03～4.0mm 各种厚度。

6．不锈钢的表面处理

不锈钢表面耐腐蚀，很少作处理。由于不锈钢表面光滑，表面处理效果也不优良，如果需要作处理，不锈钢表面最好不是光面。

（1）电镀。不锈钢比较难镀，为增加附着力，电镀时要特殊处理，如表面喷砂等。

（2）喷涂和烤漆。

（3）电泳。主要为黑色。

（4）喷砂。喷砂也可作为其他工艺的前工序，可增加表面处理的附着力。

（5）电解氧化、氧化黑色等。

6.2.3 铝

1．铝材料简述

铝的密度很小，仅为 2.7g/cm^3，是一种轻金属，颜色为银白色。在金属品种中，仅次于钢铁，为第二大类金属。

2．铝的主要优点

（1）密度小，重量轻。虽然比较软，但可制成各种铝合金，如硬铝、超硬铝、防锈铝、铸铝等。这些铝合金广泛应用于飞机、汽车、火车、船舶等制造工业。

（2）导电性能优良。导电性仅次于银、铜，虽然导电率只有铜的2/3，但密度只有铜的1/3，所以输送同量的电，铝线的质量只有铜线的1/2。铝表面的氧化膜不仅有耐腐蚀的能力，而且有一定的绝缘性，所以铝在电器制造工业、电线电缆工业和无线电工业中有广泛的用途。

（3）铝是热的良导体，导热能力比铁大 3 倍，工业上可用铝制造各种热交换器、散热材料和炊具等。

（4）铝的表面因有致密的氧化物保护膜，不易受到腐蚀，常被用来制造化学反应器、医疗器械、冷冻装置、石油精炼装置、石油和天然气管道等。

（5）耐低温，铝在温度低时，它的强度反而增加而无脆性，因此它是理想的用于低温装置材料，如冷藏库、冷冻库、南极雪上车辆、氧化氢的生产装置。

3．铝的缺点

（1）纯铝质软，强度稍差，不能用于主要承受件。

（2）铝很难电镀。

4．铝合金

铝合金是以铝为基材的合金总称。主要合金元素有铜、硅、镁、锌、锰，次要合金元素有镍、铁、钛、铬、锂等。

铝合金是工业中应用最广泛的一类有色金属结构材料，在航空、航天、汽车、机械制造、船舶及化学工业中已大量应用。

铝合金按化学成分可分为铝硅合金、铝铜合金、铝镁合金、铝锌合金和铝稀土合金。常用的有铝硅合金、铝镁合金。

5．铝适用范围

（1）日常生活制品，如锅等。

（2）电子产品的装饰件。

（3）电工产品，如铝线。

（4）机电产品，航空、航海等产品。

（5）其他。

6．铝的常用表面处理

（1）氧化。通常是阳极氧化，能氧化成各种颜色。

（2）机械拉丝。铝材较软，能拉直纹、太阳纹、乱纹、斜纹等。

（3）高光切边，批花等。

（4）铝很难电镀。

6.2.4 铜

1．铜材料简述

铜是应用非常广泛的有色金属，在我国有色金属材料的消费中仅次于铝。经常用于电气、轻工、机械制造、建筑工业、国防工业等领域。纯铜的密度是 $8.9g/cm^3$，是最好的纯金属之一。

2．铜材料的优点

（1）导电性能好。常用于各种电缆和导线、电动机和变压器的开关，以及 PCB 等。

（2）耐腐蚀能力强，在干燥的空气里很稳定。

（3）强度好、极坚韧、耐磨损。

（4）导热性好，常用于模具行业。如铜电极等。

（5）装饰性好，常做成各种铜质装饰品。

3．铜材料的缺点

（1）密度大、重量较重。

（2）铜在潮湿的空气里，其表面会生成一层铜绿。

（3）能溶于硝酸和热浓硫酸，略溶于盐酸，容易被碱侵蚀。

4．铜合金

铜合金是以铜为基材的合金总称。主要合金元素有锌、镍、铍、磷、锡等。

黄铜主要是铜与锌的合金。青铜主要是铜与锡的合金。白铜主要是铜与镍的合金。铍铜主要是铜与铍的合金。紫铜是指纯铜，其铜含量高达 99%以上。

5．铜适用范围

铜用于各行各业，非常广泛。

（1）电气工业。常用于各种电缆和导线等。

（2）电动机。如电动机线圈等。

（3）电子工业，PCB 上铜铂等。

（4）其他。

6．铜的常用表面处理

（1）电镀。电镀最常用，性能很好。

（2）喷涂。

（3）机械拉丝。

6.2.5 镍

1．镍材料简述

镍是一种银白色的金属，具有磁性。镍的密度是 8.9g/cm^3。

2．镍材料的优点

（1）具有良好的机械强度和延展性。

（2）不锈特性。镍能在潮湿空气中表面形成致密的氧化膜，能阻止本体金属继续氧化。

（3）抗腐蚀能力强，对盐酸、硫酸、有机酸和碱性溶液的浸蚀有较好的抵抗作用。

（4）表面易处理。

3．镍材料的缺点

（1）比重大。

（2）镍会引起人体皮肤过敏。

（3）细镍丝可燃，特制的细小多孔镍粒在空气中会自燃。

4．镍适用范围

（1）镍大量用于制造合金。在钢中加入镍，可以提高机械强度。

（2）电镀行业，镀在其他金属上可以防止生锈，也用于金属件表面装饰。

（3）镍网用于酸、碱环境条件下筛分和过滤。

（4）化学工业中镍用作加氢反应的催化剂。

5．超薄镍片

超薄镍片用电铸工艺制造。

（1）超薄件只能作出两种效果，一种为光面；另一种为麻面，且表面必须只能为平面。

（2）超薄件只能镀出两种颜色，通过镀光亮镍可镀出银色，通过镀金可作金色（金色时间长、极易退色）。

（3）产品厚度可控制在 0.05～0.18mm 间，最佳厚度为 0.10mm。背面可贴双面胶或刷 3M7533 液体胶（厚度为 0.02mm）。

6．镍的常用表面处理

（1）电镀。电镀最常用，性能很好。

（2）喷涂。

（3）机械拉丝。

（4）氧化。

6.2.6 锌合金

1. 锌合金简述

锌合金是以锌为基材加入其他元素组成的合金。常加的合金元素有铝、铜、镁、镉、铅、钛等。锌合金熔点低，流动性好，易熔焊、钎焊和塑性加工，在大气中耐腐蚀，残废料便于回收和重熔；但蠕变强度低，易发生自然时效引起尺寸变化。加工方式常有压铸或压力成型。按制造工艺可分为铸造锌合金和变形锌合金。

2. 锌合金优点

（1）比重大。

（2）铸造性能好，可以压铸形状复杂、薄壁的精密件，铸件表面光滑。

（3）可进行表面处理，如电镀、喷涂、喷砂等。

（4）熔化与压铸时不吸铁，不腐蚀压型，不粘模。

（5）有很好的常温机械性能和耐磨性。

（6）熔点低，在385℃时熔化，容易压铸成型。

3. 锌合金缺点

（1）抗腐蚀性差。当合金成分中杂质元素铅、镉、锡超过标准时，会导致铸件老化而发生变形，表现为体积胀大，机械性能特别是塑性显著下降，时间长了甚至破裂。铅、锡、镉在锌合金中溶解度很小，集中于晶粒边界而成为阴极，富铝的固溶体成为阳极，在水蒸气（电解质）存在的条件下，促成晶粒之间电化学腐蚀。压铸件因晶粒之间腐蚀而老化。

（2）时效作用。锌合金的组织主要由含铝和铜的富锌固溶体和含锌的富铝固溶体所组成，它们的溶解度随温度的下降而降低。但由于压铸件的凝固速度极快，因此到室温时，固溶体的溶解度大大地饱和了。经过一定时间之后，这种过饱和现象会逐渐解除，而使铸件的形状和尺寸略起变化。

（3）锌合金压铸件不宜在高温和低温（0℃以下）的工作环境下使用。锌合金在常温下有较好的机械性能。但在高温下的抗拉强度和低温下的冲击性能都显著下降。

4. 锌合金适用范围

（1）家装行业。如锌合金门窗等。

（2）日常生活制品。

（3）装饰制品。工艺品等。

（4）电子产品外壳。玩具制品等。

（5）汽车配件、机电配件、机械零件、电器元件等。

（6）其他。

5．锌合金的常用表面处理

（1）电镀。电镀最常用，性能很好。

（2）喷涂及烤漆。

（3）机械拉丝。

6.3　常用软胶材料基本知识

6.3.1　软胶材料简述

软胶材料是柔软性材料的总称，软胶材料手感柔和舒服。软胶材料有橡胶也有塑料，如天然橡胶 NR、硅橡胶、TPU、软质 PVC 等。

软胶材料的软硬程度可调整，用度来表示其软硬的程度，度数越高越硬。手机中常用的 USB 塞及螺丝塞材料常用 TPU，硬度是 80 度左右。

软胶材料应用非常广泛，各行各业都有涉及。

（1）玩具行业，软件公仔玩具很多就是用软质 PVC。

（2）医用医疗行业，软胶套主要材料就是硅胶等。

（3）作为密封性零件用于防水防尘，如 O 形圈等。

（4）用于缓冲抗震。手机中的缓冲垫等。

（5）其他。

6.3.2　硅胶

1．硅胶简介

硅胶主要成分是二氧化硅，化学性质稳定，可以耐受酸性介质的侵蚀，不燃烧。硅胶按其性质及组成可分为有机硅胶和无机硅胶两大类，无机硅胶是一种高活性吸附材料；有机硅胶产品的基本结构单元是由硅—氧链节构成的，侧链则通过硅原子与其他各种有机基团相连。

2．硅胶的优点

（1）高机械强度。

（2）无毒、无味。

（3）硅胶软硬可调。其柔软性常用于密封及抗震。

（4）硅胶有很强的吸附能力，可应用于干燥剂。

（5）价格比 TPU 低。

3．硅胶的缺点

（1）韧性稍差，容易撕裂。

（2）耐强碱、氢氟酸性能差。

4．硅胶的应用范围

硅胶的应用非常广泛，常用于建筑、电子电气、纺织、汽车、机械、皮革造纸、化工轻工、金属和油漆、医药医疗。

5．硅胶的常用表面处理

（1）喷涂。

（2）丝印。

6.3.3　TPU

1．TPU 简介

TPU 是 Thermoplastic Urethane 的简称，中文名称为热塑性聚氨酯弹性体，TPU 是由二苯甲烷二异氰酸酯（MDI）、甲苯二异氰酸酯（TDI）和大分子多元醇、扩链剂共同反应聚合而成的高分子材料。

TPU 模塑成型工艺有多种方法：注塑、吹塑、压缩成型、挤出成型等，其中以注塑最为常用。

2．TPU 的优点

（1）硬度范围广：通过改变 TPU 各反应组成的配比，可以得到不同硬度的产品，而且随着硬度的增加，其产品仍保持良好的弹性和耐磨性。

（2）机械强度高：TPU 制品的承载能力、抗冲击性及减震性能突出。

（3）耐寒性突出：TPU 的玻璃态转变温度比较低，在-35℃仍保持良好的弹性、柔顺性和其他物理性能。

（4）加工性能好：TPU 可采用常见的热塑性材料的加工方法进行加工，如注塑、挤出、压延等。同时，TPU 与某些高分子材料共同加工能够得到性能互补的聚合物合金。

（5）耐油、耐水、耐霉菌。

（6）再生利用性好。

（7）高耐磨性。

（8）韧性好，抗撕裂性强。

3．TPU 与硅胶的比较

（1）TPU 比硅胶韧性好。
（2）TPU 比硅胶成本高。
（3）TPU 柔软度没有硅胶好。

4．TPU 的适用范围

TPU 的应用非常广泛，常用于建筑、电子电气、纺织、汽车、机械、皮革造纸、化工轻工、金属和油漆、医药医疗等。

6.4 胶件注塑常见问题分析及解决方法

塑胶零件经模具注塑后第一次试模时经常会出现一些问题，常见问题有缩水、拉伤、变形、多胶、少胶、夹水线、披锋等缺陷。

6.4.1 缩水

1．缩水的概念

缩水就是胶件表面形成局部凹陷、空洞的现象。常发生在骨位处、螺丝柱位处等胶位比较厚的地方。

2．对产品的影响

（1）影响外观。
（2）影响结构。由于凹陷产生尺寸变化，从而对附近的结构有影响。

3．原因分析

（1）结构设计上，胶件壁厚不均匀或者胶件太厚。
（2）模具设计上，流道太细、模具温度过高等。
（3）在注塑上，保压时间不够，注塑压力太小，注塑速度太慢等。

4．解决方法

（1）在结构设计上胶厚尽量均匀，在胶厚不均匀处要圆滑过渡，同时注意掏胶。
（2）改善模具设计。
（3）增加保压时间，加大注塑压力及调快注塑速度等。
图 6-1 所示为胶件缩水实物图片。

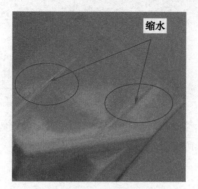

图 6-1　胶件缩水实物图片

6.4.2　披锋

1. 披锋的概念

披锋俗称毛边，在分型面上有少量的料溢出，形成飞边。常发生的地方有分模面、行位夹线处、斜顶位处、镶件位处等。

2. 对产品的影响

（1）影响外观。披锋在分型面上溢出，对外观影响很大，容易刮手。

（2）影响装配。尤其是在重要的配合面上。

3. 原因分析

（1）原料问题。原料温度高、胶料流动性过强等。

（2）模具问题。模具分型面配合不良、模具硬度及强度不够等。

（3）注塑问题。注塑速度太快、注塑压力过大、锁模力不足等。

4. 解决方法

（1）改善原料，提高模具配合精度等。

（2）注塑上减慢注塑速度，减小注塑压力，增大锁模力等。

图 6-2 所示为模具分模面披锋实物图片。

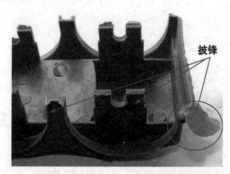

图 6-2　胶件分模面披锋实物图片

6.4.3 塑胶变形

1．塑胶变形的产生

胶件注塑时，模具内塑料受到高压而产生内部应力。脱模后，出现变形弯曲、翘曲等情况。平板式产品最容易产生变形。

2．对产品的影响

（1）影响外观
（2）影响装配。胶件变形会造成尺寸的改变，直接影响装配。

3．原因分析

（1）结构设计上，胶件强度不够、胶件太薄或者太过于平整。
（2）模具问题，水口设置不合理，胶件顶出不合理等。
（3）注塑问题，保压时间长，注塑压力过大等。

4．解决方法

（1）结构上适当增加骨位，适当增加胶厚，不要设计成平板式产品，避免大面积平面。
（2）水口设置时要充分考虑胶件变形的可能性。
（3）注塑上减小注塑压力，缩短保压时间等。

6.4.4 多胶及少胶

1．多胶及少胶的概念

多胶是指设计时不需要的胶位却多做，少胶是指设计时需要胶位的却没有做出来。尤其是在有顶针的地方容易多胶。

2．原因分析

（1）模具设计与加工上多做或者漏做。
（2）模具顶针长度不够，在胶件的顶针处多出胶位。
（3）注塑时因注射压力不足或模腔内排气不良等原因，使塑料无法达到模具的某一角落而造成的射料不足。

3．解决方法

（1）如果少胶，模具厂改模修整。
（2）如果多胶，只要不影响装配与外观，可以不用修改。

图 6-3 所示为胶件少胶实物图片。

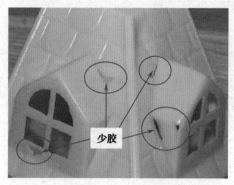

图 6-3　胶件少胶实物图片

6.4.5　顶白

1．顶白的概念

顶白是指胶件外表面被顶针顶出白色痕迹。

2．对产品的影响

影响外观。

3．原因分析

（1）模具问题。顶针太长，顶针不平衡等。

（2）注塑问题。注塑压力过大，顶出速度太快，注塑速度太快等。

4．解决方法

（1）调整顶针长度，修整顶针配合面。

（2）注塑上减小注塑压力，减慢顶出速度及注塑速度等。

图 6-4 所示为胶件顶白实物图片。

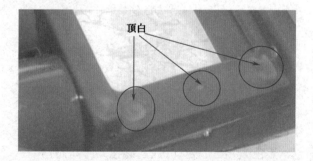

图 6-4　胶件顶白实物图片

6.4.6　胶件拖伤及拉伤

1．胶件拖伤及拉伤的概念

胶件拖伤及拉伤是指胶件在脱模过程中摩擦模具，沿出模方向在胶件外观上留下痕迹的现象。

2．对产品的影响

影响外观。

3．原因分析

（1）结构设计上，产品拔模斜度不够。

（2）模具加工上，模具抛光不良等。

（3）注塑上模具温度太低，过量使用脱模剂等。

4．解决方法

（1）加大产品拔模斜度，提高模具抛光要求。

（2）注塑上提高模具温度，尽量少使用脱模剂等。

图 6-5 所示为胶件拉伤实物图片。

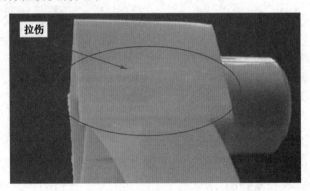

图 6-5　胶件拉伤实物图片

6.4.7　烧焦

1．烧焦的概念

烧焦是由于模具排气不良熔体因高温或受热时间长造成塑料中的高分子发生碳化而使产品发生变色（黄褐色、黑色）、表面破坏（胶料碳化）等状态。

2．对产品的影响

（1）在外观面上，影响外观。

（2）在结构配合面上，影响结构。

3．原因分析

（1）模具排气不良，水口设置不合理。

（2）塑料温度太高，注塑速度太快或者压力过大。

4．解决方法

（1）改善模气排气，水口设置应合理可靠。

（2）降低塑料温度，注塑上减小注塑压力，减慢注塑速度等。

图 6-6 所示为胶件烧焦实物图片。

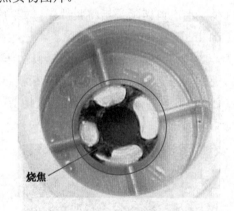

图 6-6　胶件烧焦实物图片

6.4.8　夹水线

1．夹水线的概念

夹水线又称熔接痕，是指塑料在注塑时由于多个水口或在经过槽、孔等位置，发生两个方向以上的流动后相结合时造成的熔接线。

2．对产品的影响

影响外观，严重时影响结构。

3．原因分析

（1）原料上。原料流动速度慢，原料烘干不足等。

（2）模具上。冷料井不够大，水口设置不合理，模具排气不良等。

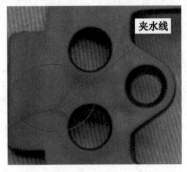

图 6-7　胶件夹水线实物图片

（3）注塑上。模具温度过低，料温过低，注塑压力太小等。

4．解决方法

（1）夹水线很难完全解决，尽量避免。

（2）结构上，在易产生夹水线的地方加骨位。

（3）改善模气排气，水口设置合理可靠。

（4）提高塑料温度，注塑上增大注塑压力等。

图 6-7 所示为胶件夹水线实物图片。

6.4.9　水口切除不良

水口料俗称尾料、浇口料。水口料切除是指将胶件浇口处的残料去除，水口切除不良就是切除水口料时出现的胶料凹凸、破裂、漏加工现象。

水口料的切剪方法为模具自动切除及人工切除，模具自动切除一般适应于小水口（模具三板模结构），人工切除一般适应于较大的水口（模具二板模结构）。

解决方法：如果影响装配及外观，重新切剪，不能重新切剪的胶件作报废处理。

图 6-8 所示为人工切剪水口料图片。

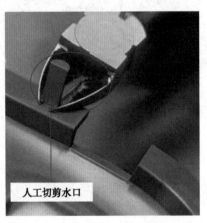

图 6-8　人工切剪水口料图片

6.5　塑料的简单识别方法

塑料的简单识别方法如表 6-1 所示。

表 6-1　塑料的简单识别方法

	燃烧难易	清焰后是否继续燃烧	火焰颜色	塑料状态	有无臭味	成型品特征
压克力树脂	易燃	燃烧	黄色 两端青色	软化	丙烯聚合物臭味	不如玻璃冰冷可弄弯
PS树脂	易燃	燃烧	橙黄色 黑烟	软化	苯乙烯聚合物臭味	敲击时有金属声音，多为透明品
尼龙树脂	徐徐燃烧	不燃烧	顶端黄色	熔融掉下	独特臭味	有弹性
PVC树脂	难燃	不燃烧	黄色 下端绿色	软化	氯的臭味	软质为橡胶状，其他可为各种硬度
PP树脂	易燃	燃烧	黄色	迅速完全燃烧	独特臭味	乳白色
PE树脂	易燃	燃烧	顶端黄色 下端青色	熔融掉下	石油臭味	柔软，乳白色，有色者多为中间色
电木树脂	易燃	燃烧	黄色	膨起裂缝	酚醛臭味	颜色多为黑褐色
尿素树脂	徐徐燃烧	不燃烧	黄色，两端青绿色	膨起裂缝 白化	尿素、福尔马林臭味	颜色多为鲜艳美丽
美耐米树脂	难燃	不燃烧	淡黄色	膨起裂缝 白化	尿素、福尔马林臭味	表面甚为坚硬，光泽比尿素树脂好
不饱和聚酯树	易燃	燃烧	黄色 黑烟	稍微膨起 白化	苯乙烯聚合物臭味	多利用玻璃纤维补强

第7章
常用表面处理知识

7.1 喷涂

喷涂是最常见的表面处理，无论塑料还是五金都适用。喷涂一般包括喷油、喷粉等，常见的是喷油。

1．涂料

喷涂的涂料俗称油漆，涂料是由树脂、颜料、溶剂、其他添加剂构成的其作用如下：

（1）树脂的作用是将颜料与颜料连接并赋予涂膜光泽与硬度，分为天然树脂和合成树脂。

（2）颜料的作用是将涂层显示出想要的颜色，分为体质颜料、着色颜料、特殊颜料。

（3）溶济的作用是溶解树脂让涂料容易流动，分为真溶济、助溶济、填充剂。

（4）其他添加剂主要作用是增强涂料的稳定性，分为安定剂、分散剂、防沉剂等助剂。还可以添加稀释剂，其主要作用是稀释涂料，使涂料稀释到可以作业的浓度并可以降低涂料的成本。

2．喷涂工艺流程介绍

大部分塑料喷涂一般有两道油漆，表面呈现的颜色称为面漆，最表面的透明涂层称为保护漆。其工艺流程如下：

（1）前期清洁。如静电除尘等。

（2）喷涂面漆。面漆一般是表面能看到的颜色。

（3）烘干面漆。分为室温自然干燥、专用烤炉烘干。

（4）冷却面漆。专用烤炉烘干需要冷却。

（5）喷涂保护漆。保护漆一般是用来保护面漆的，大部分是透明的油漆。

（6）固化保护漆。

（7）QC检查。检查是否满足要求。

3．喷涂方法

喷涂方法分为手工喷涂与自动喷涂。

（1）手工喷涂由于人为因素原因，造成涂层厚度和品质不容易控制，主要应用于小批量生产及颜色样板的制作。

（2）自动喷涂通过自动涂装线来实现，有全自动与半自动之分。全自动有多个喷枪头，通过调整不同的角度来达到均匀的涂层厚度。自动喷涂品质可靠，颜色及厚度均匀，适合于大批量生产。

4．涂层厚度

涂层厚度主要影响以下几个方面：

（1）影响颜色的品质，不同厚度表面呈现颜色的差异也不同。

（2）涂层厚度影响耐磨的能力及附着力。

（3）涂层厚度影响结构。在一些胶件配合的地方，如按键等。过厚影响装配，过薄容易磨损掉。

（4）影响成本。过厚会增加油漆的用量，从而增加成本；过厚还会影响喷涂时间，间接增加生产成本。

所以，在喷涂时，必须控制涂层的厚度。

（1）喷二道油漆，面漆涂层厚度一般为 8.0～12μm。

（2）保护漆涂层厚度一般为 8.0～15μm。

（3）如果喷三道油漆，面漆前面一道称为底漆，底漆的作用是用来加强面漆的金属光泽，如银色；也可以用来掩盖塑胶注塑颜色，增强面漆，一般与面漆颜色差不多。底漆厚度一般为 3.0～6.0μm。

5．喷涂品质检查

喷涂完成的产品都要通过检查，要求如下所述。

（1）外观要求：喷涂层要均匀，不允许有缺油、流油、尖点、划花及锈迹等缺陷。

（2）附着力百格测试：在喷涂层表面用刀片划行距和列距都为 1.0mm 的方格，共为 10行 10列，划破喷涂层，然后用 3M 胶纸贴实于此面上快速垂直撕开 1 次，喷涂层不得脱落。

（3）防锈试验：把喷涂件放入（45±5）℃，水液 pH=7～8 的试验箱中，经 24h 后取出，工件外表面及里面均不出现明显锈迹。

（4）喷涂层硬度测试：喷油用 HB 铅笔，不削尖利，以一般手写力度与测试面成约 45°角在喷涂层面上划一次，然后用布沾水擦干净后观察，其表面只许有轻微划痕，但不可划破、露底。

6．橡胶油

橡胶油又称弹性漆、手感漆，橡胶油是一种双成份高弹性的手感油漆，用该油漆喷涂后的产品具有特殊柔软的触感及高弹性表面手感；耐冲击性、可恢复性、手感柔和、漆膜均匀滑爽和耐化学品性强是该产品的最佳特性。橡胶油干燥快速，施工方便。所喷涂的产品外观雾面透明、舒适高档，使得所装饰的产品表面效果高贵典雅。

橡胶油的缺陷是成本高，耐用一般，用久了容易脱落。

橡胶油广泛应用于通信产品、视听产品、MP3、手机外壳、装饰品、装饰盒、休闲娱乐产品、游戏机手柄、工艺礼品、美容器材等。

7．UV 油漆

UV 就是紫外线（Ultra-Violet Ray）的英文简称。常用的 UV 波长应用范围为 200～450nm。UV 油漆需要在紫外线光照射下才能固化。

UV 油漆的特点：

（1）透明光亮，UV 油漆的光亮度要通过添加剂来调整。

（2）硬度高。

（3）固定速度快，生产效率高。

（4）常温固化，不产生热变形，且环保。

UV 油漆的作用：

（1）保护面漆，防止面漆刮伤磨坏。

（2）加硬表面。

（3）加亮表面。

7.2　水镀

水镀是一种电化学的过程，通俗的理解就是将需要电镀的产品零件浸泡在电解液中，再通以电流，以电解的方式使金属沉积在零件表面形成均匀、致密、结合力良好的金属层的表面加工方法。

1．电镀的作用

无论是水镀还是真空镀，电镀的主要作用如下所述。

（1）装饰表面。塑件电镀可以让塑胶件表面产生金属的光泽。

（2）防腐蚀。如螺丝表面电镀为了防止生锈。

（3）防磨损。如电镀硬铬可加硬电镀件的表面，使电镀件更耐磨。

（4）提高电性能。如镀铜与镀金能提高导电性能。

2．水镀的工艺流程

水镀的工艺流程包括镀前处理、电镀、镀后处理三个过程。镀前处理主要作用为清洁产品零件表面，为电镀作准备。

（1）镀前工艺流程大致为去应力→脱脂、水洗→粗化、水洗→中和、还原→浸酸、水洗→敏化、水洗→活化、水洗→化学镀、水洗→电镀。

（2）电镀工艺流程大致为镀前处理品→活化→镀底层→镀表面层→水洗→烘干。

镀后处理一般为钝化处理及除氢处理等。

3．水镀适应的材料及镀层介绍

能进行水镀的常用塑胶材料不多，最常见的是 ABS，最好的是电镀级别的 ABS，其他的常用塑料如 PP、PC、PE 等都很难水镀。

（1）常见的镀层有铜、镍、铬。

铜：一般用于镀底层，俗称打铜底。

镍：银色，主要用于普通表面或者作为镀铬的前道工序。

铬：亮银色，用于高亮表面。

（2）常见的表面颜色有金色、银色、黑色、枪色。

金色：可通过镀真金及镀六价铬（假金）来实现。

银色：可通过镀镍、铬、银来实现。

黑色：可通过镀黑铬、黑锌来实现。

枪色：可通过镀合金来实现。

（3）常见的电镀效果有高光、亚光、雾面、混合等。

高光：产品表面形成高亮的效果，常见的是银色。实现前提为塑胶模具需要进行高抛光处理，注塑出来的胶件通过镀光铬来实现效果。

亚光：产品表面形成一般光亮的效果。实现前提为塑胶模具进行一般的抛光处理，注塑出来的胶件通过镀亚铬来实现效果。

雾面：产品表面形成朦胧的效果。实现前提为塑胶模具进行表面蚀纹或者喷砂处理，注塑出来的胶件通过镀亚铬来实现效果。

混合：在同一胶件上实现两种不同的效果，如高光与亚光并存等。这些胶件一般通过电铸模具注塑出胶件，然后通过电镀来实现效果。

（4）水镀能不能作彩镀？可以实现，但工艺复杂，不良率高，故较少做彩镀。

彩色水镀工艺大致流程为水镀成品→活化→水洗→封孔→彩色电镀→喷洗→水洗→烘干→品质检查→包装→入库。

4．镀层厚度

影响镀层的因素很多，水镀层厚度有小于 1.0μm、大于 0.1mm，电镀厂商技术水平影响镀层的厚度，在进行结构设计时，一般将镀层按 0.03mm 来计算。

如果结构对镀层有特殊要求，在电镀前要明确告之电镀厂商，以免电镀层过厚从而影响结构。

5. 局部电镀的实现

为什么需要局部电镀？原因有如下几项：

（1）水镀会让塑胶产品材质性能发生改变，通过将塑胶产品变硬变脆，而在产品上有些结构部位是不需要水镀的，如螺丝柱、扣位、热熔柱等，需要局部电镀。

（2）产品外观工艺要求，有些地方不需要电镀处理。

（3）特殊应用场所，因为电镀会导电，有些地方是不需要导电的，所以需要局部电镀。

局部电镀的实现如下所示：

（1）在不需要电镀的地方涂绝缘油墨。

（2）在不需要电镀的地方作退镀处理。

（3）二次注塑。先注塑一部分作电镀处理，然后将电镀好的胶件放进模具中进行第二次注塑。

（4）如果外观工艺允可，需要电镀的部分与不需要电镀的部分拆成两个不同的零件。

6. 电镀塑胶件结构设计的要求

无论是水镀与真空镀，良好的电镀前提为塑胶件设计要合理，满足电镀工艺的基本要求。

（1）材料的选择。能真空镀的塑胶材料很多，一般无特殊要求。如果作水镀，塑胶材料要选用电镀级 ABS。

（2）塑胶件外观表面不能有缺陷，因为电镀不能掩盖其缺陷，只会让缺陷放大。如塑胶件表面有缩水现象，未电镀前不太明显，但电镀后缩水现象会很清楚。

（3）塑胶件外观表面不要有尖角利边，尖角利边容易造成镀层贴合不牢而脱落。表面最好用倒圆角处理。

（4）塑胶件外观面最好不要有超过 0.50mm 高的凸台及 0.30mm 深的凹槽，且过渡边缘作倒圆角处理。

（5）塑胶件如果有盲孔，盲孔的深度不要超过直径的 1/2，以免盲孔过深底部电镀效果差或电镀不到位。

（6）塑胶件结构强度要好，不易变形。因为水镀时，工作温度较高，如果结构强度差，变形是不可避免的。

（7）结构强度差容易变形的塑料件，产品设计时要有可靠的固定结构，以便固定时纠正水镀后的变形缺陷。

（8）小型塑胶产品注意设计挂台。因为水镀是将产品直接浸泡在水里，如果水口不能作为挂台，产品不设计挂台是很难定位的。

7.3　真空镀

真空镀属于电镀的一种，是在高度真空的设备里，在产品表面镀上一层细薄的金属镀层的一种方法。真空镀最早在国外得到应用，近几年，在国内得到了很大的发展，并广泛应用于各个行业。

1. PVD 介绍

PVD 是物理气象沉积，通过物理现象将气体沉积在物体表面，整个过程没有发生化学反应，属于物理变化。

真空镀属于 PVD 的一种应用。实际上，PVD 应用最多的是真空镀，甚至将 PVD 等同于真空镀。

2. 真空镀分类

真空镀根据方法不同分为蒸发镀及溅射镀、离子镀。

（1）蒸发镀是在真空度不低于 10～2Pa 的环境中，用电阻加热、电子束和激光轰击等方法把要蒸发的材料加热到一定温度，使材料中分子或原子的热振动能量超过表面的束缚能，从而使大量分子、原子蒸发或升华，并直接沉淀在基片上形成薄膜。

通俗的说，就是在高真空下环境下给金属加热，使其熔融、蒸发，冷却之后在样品表面形成金属薄膜的方法。

蒸发镀被镀金属材料包括金、银、铜、锌、铬、铝等，其中应用的最多的是铝。

（2）溅射镀是利用气体放电产生的正离子，在电场的作用下用高速运动轰击作为阴极的靶，使靶材中的原子或分子溢出来而沉淀到被镀工件的表面，形成所需要的薄膜。

溅射镀的材料广泛，任何物质均可以溅射，尤其是高熔点、低蒸汽压的元素和化合物；溅射膜与基板之间的附着性好；薄膜密度高；膜厚可控制和重复性好等。

与蒸发镀相比，溅射镀缺点是设备比较复杂、需要高压装置、速度比蒸发镀慢。

（3）离子镀是将蒸发镀和溅射镀相结合的一种方法，这种方法的优点是得到的膜与基板间有极强的附着力，有较高的沉积速率，膜的密度高。

3. 真空镀的应用场所

真空镀应用非常广泛，主要领域如下所述。

（1）通信产品行业。如手机、电话机等。

（2）数码产品、IT 行业。如笔记本电脑、MP5、GPS、数码相机等。

（3）玩具行业。尤其是对环保有严格要求的玩具。

（4）灯具行业。应用很多。

（5）化妆品行业。如化妆品盖等。

（6）其他行业。

4. 真空镀的工艺流程

真空镀大致工艺流程为产品表面清洁→去静电→喷底漆→烘烤底漆→真空镀膜→喷面漆→烘烤面漆→品质检查→包装。

一般真空电镀的做法是在素材上先喷一层底漆，再作电镀。由于素材是塑料件，在注塑时会残留气泡、有机气体，而在放置时会吸入空气中的水分。另外，由于塑料表面不够平整，直接电镀的工件表面不光滑，光泽低，金属感差，并且会出现气泡，水泡等不良状况。喷上一层底漆以后，会形成一个光滑平整的表面，并且杜绝了塑料本身存在的气泡、水泡的产生，使得电镀的效果得以展现。

5. 真空镀适应的材料及颜色

真空镀由于是气象沉积，一般能喷涂的塑胶材料都能实现真空镀，如 ABS、PC、PMMA、PET、PS 等。

真空镀表面颜色不受限制，通过镀不同的金属体现不同的表面通颜色，还能作五颜六色的彩镀，举例如下。

（1）银色：可镀铬、铝、镍等来实现。

（2）金色：可镀金、钛的氮化物与金合金。

（3）黑色与枪色：镀钛与碳的化合物。

（4）局部电镀方便，真空镀可利用夹具来遮挡不需要电镀的区域。

6. 真空镀层厚度

真空镀膜非常薄，一般为 $0.5 \sim 2.0 \mu m$。

由于镀层很薄，容易磨损，所以真空镀膜的表面还需喷一道 UV 油漆。

真空镀的产品表面处理层厚度主要包括底漆、真空镀膜、UV 油漆，总厚度控制在 0.02mm 左右。

7. NCVM

真空镀能做到镀层不导电，简称为 NCVM。

NCVM 在通信行业应用非常广泛，一些手机塑胶件由于外观的要求需要电镀效果，但是金属对手机天线射频信号会产生干扰，从而影响手机接收信号的能力，而 NCVM 由于不导电从而避免了这种干扰。

8. 真空镀的优缺点

真空镀的优缺点是相对水镀而言的，其优点主要表现如下：

（1）可电镀的塑胶材料多。

（2）可做彩镀，颜色丰富。

（3）电镀时不改变塑料性能，局部电镀方便。

（4）不产生废液，环保。

（5）能做不导电真空镀。

（6）电镀效果比水镀光亮鲜艳。

（7）真空镀生产率比水镀高。

其缺点表现如下：

（1）真空镀不良率比水镀高。

（2）真空镀价格比水镀高。

（3）真空镀膜表面不耐磨，需要过 UV 保护，水镀一般不用过 UV。

7.4 电铸

电铸是利用金属的电解沉积原理来精确复制某些复杂或特殊形状工件的特种加工方法。

1．电铸原理

基本工作原理：把预先按所需形状制成的原模作为阴极，用电铸材料作为阳极，一同放入与阳极材料相同的金属盐溶液中，通以直流电。在电解作用下，原模表面逐渐沉积出金属电铸层，达到所需的厚度后从溶液中取出，将电铸层与原模分离，获得与原模形状相对应的金属复制件。

2．电铸应用场所

电铸的主要用途是精确复制微细、复杂和某些难于用其他方法加工的特殊形状工件。例如，制作纸币和邮票的印刷版、唱片压模、铅字字模、金属艺术品复制件、反射镜、表面粗糙度样块、微孔滤网、表盘、电火花成型加工用电极、高精度金刚石磨轮基体等。

用电铸工艺制作铭牌、标牌，能实现很多复杂的表面效果。

电铸广泛应用于塑胶模芯的制作，有些装饰用的塑料件表面有很多微细的纹路，而这些纹路通过普通的模具加工难以实现，这就需要用电铸来制作模具的模芯。通过电铸，在同一件塑胶产品表面可同时有拉丝、CD 纹、高光亮面、亚光雾面等效果，但实现这些效果塑料产品需要电镀。

3．电铸产品工艺流程

（1）电铸产品工艺流程：电铸前处理→电铸过程→电铸后加工。

（2）电铸前处理大致流程：选择芯模→表面清洁→除油→镀覆分离层→镀覆导电层→水洗清洁。

（3）电铸大致流程：制作芯模→复制一级模具→复制二级模具→复制三级模具→复制量产模具→电铸生产→电铸件脱模→电铸后加工→品质检查→成品入库。

电铸后加工包括对电铸零件的修饰及表面处理等。

4．电铸的金属及镀层厚度

电铸的金属通常有铜、镍和铁三种，有时也用金、银、铂镍—钴、钴—钨等合金，但以镍的电铸应用最广。

电铸层厚度一般为 0.02～6mm，也有厚达 25mm 的。电铸件精确度高，与原模的尺寸误差仅几微米。

5．电铸与电镀的关系

（1）电铸与电镀同属于电沉积技术，电铸是电镀的特殊应用。

（2）电镀是研究在工件上镀覆防护装饰与功能性金属镀层的工艺，而电铸是研究电沉积拷贝的工艺，以及拷贝与芯模的分离方法、厚层金属与合金层的使用性能与结构。

通俗的说，电镀是一种表面处理方式，而电铸是一种制造方式。

6．超薄电铸

一般把厚度低于 0.20mm 厚的电铸件称为超薄电铸，超薄电铸一般用于 LOGO、小型装饰件（如手机听筒镍网装饰件、喇叭镍网等）。

（1）超薄件只能做出两种效果，一种为光面；另一种为麻面，且表面必须只能为平面。

（2）超薄件只能镀出两种颜色，通过镀光亮镍可镀出银色，通过镀金可出金色。

（3）产品厚度可控制在 0.05～0.18mm，最佳厚度为 0.10mm，背面可贴双面胶或刷 3M7533 液体胶（厚度为 0.02mm）。

（4）超薄件的开发周期为图纸确认后 3～5 天出样，量产周期为样品确认后 7 天。

7．电铸铭牌

电铸铭牌美观、高档、实用，广泛应用于制作公司 LOGO、产品标签等。在设计电铸铭牌时结构上要注意以下几项：

（1）浮雕或隆起部分边缘处应留有拔模斜度，最小为 10°，并随产品高度增加，拔模斜度也相应增大。字体的拔模斜度应在 15° 以上。

（2）铭牌的理想高度在 3mm 以下，浮雕或凸起部分在 0.40～0.70mm 之间。

（3）字体的高度或深度不超过 0.30mm。若采用镭射效果则高度或深度不超过 0.15mm。

（4）板材的平均厚度为（0.22±0.05）mm，若产品超过此高度则应作成中空结构，并允许产品高度有 0.05mm 的误差；由于板材厚度是均匀结构，产品表面的凸起或凹陷部分背面也有相应变化。

（5）产品的外型轮廓使用冲床加工，为防止冲偏伤到产品，其外缘切边宽度平均为 0.07mm 防止产品冲切变形，尽量保证冲切部分在同一平面或尽量小的弧度，避免用力集中而造成产品变形。冲切是只能在垂直产品的方向作业。

（6）铭牌表面效果，可采用磨砂面、拉丝面、光面、镭射面相结合的方式。光面多用于图案或者产品的边缘，产品表面应该避免大面积的光面，否则，易造成划伤；磨砂面和拉丝面多用于铭牌底面，粗细可进行调整；在实际的生产中，磨砂面的产品要比拉丝面的产品不良率低，镭射面多用于字体和图案，也可用于产品底面，建议镭射面采用下凹设计，因长时间磨损镭射面极易褪色。另带有镭射效果的产品不能用带有弧面的产品。

（7）若产品表面需要喷漆处理，应该提供金属漆的色样。由于工艺的限制，应允许最终成品的颜色与色样有轻微的差异。

（8）若铭牌装配时为嵌入的结构，请提供机壳的正确尺寸及实样。若铭牌的尺寸过大过高，应在机壳上相应的部位加上支撑结构。

7.5　IML

1．IML 工艺简述

IML 的中文名称是模内镶件注塑，是把薄膜印刷好经过冲压成型，剪切后放置到塑胶模具内注塑后附在胶件表面的一种工艺。所以，IML 既是一种表面处理工艺，又是产品成型制造工艺。其工艺非常显著的特点是胶件表面是一层硬化的透明薄膜，中间是印刷图案层，底面是塑胶层，由于油墨夹在中间，可防止产品表面被刮花，耐摩擦，并可长期保持颜色的鲜明不易褪色。

2．IML 工艺生产工序

IML 工艺生产工序流程：原始胶片→切片→表面处理（如真空镀等）→平面印刷→油墨干燥固定→贴保护膜→冲定位孔→成型→剪切外围形状→材料注塑→后期加工→品检。

工艺具体说明如下。

（1）原始胶片：大部分是 PET 的片材。

（2）切片：把卷状的薄膜胶片裁剪成已设计好尺寸的方形块，供印刷、成型工序用。

（3）表面处理：做特殊的表面处理，如真空镀等。

（4）平面印刷：将符合要求的图标、文字制造成菲林网，在裁剪好的薄膜方形块上印刷图标、文字。

（5）油墨干燥固定：把印刷好的薄膜方块放置在高温烤炉里干燥，目的是固定 IML 油墨。

（6）贴保护膜：避免在冲定位孔工序时弄花已印刷好的薄膜表面，有时需贴上单层或双层保护膜。

（7）冲定位孔：热成型的定位孔一定要冲准。剪切工序的定位孔有时也要事先冲孔。

（8）成型：把印刷好的薄膜加热后，用高压机或铜模在预热状态下成型。

（9）剪切外围形状：把成型好的立体薄膜的废料剪切掉。

（10）材料注塑：把成型后跟前模立体形状一模一样的薄膜放到前模上，注塑出 IML 成品。

（11）后期加工：根据需要是否贴保护膜等。

（12）品检：品质检查是否符合设计要求。

3. IML 产品的构成

IML 产品的构成如图 7-1 所示。

（1）第一层是薄膜，常用材料有 PET、PC 片材。其中，PET 应用最为广泛，因为 PET 的成型及加工都较优良，其表面光泽度、耐磨性也不错。常用厚度有 0.10mm、0.125mm、0.15mm、0.175mm、0.188mm。

（2）中间一层是油墨，为印刷的原料，要求耐磨、耐高温、调配、丝印作业方便。

（3）第三层为基材，常用塑胶材料有 PC、PC+ABS、ABS、PMMA 等。

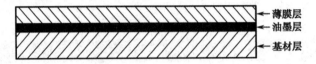

← 薄膜层
← 油墨层
← 基材层

图 7-1   IML 产品的构成

4. IML 工艺的优点及缺点

IML 工艺优点：

（1）可作各种图案及颜色，且图案定位精确，适合作需要精确定位的视窗镜片类产品。

（2）在生产中可以随意更改印刷图案及颜色。

（3）图案设计灵活，可作立体感强的效果。

（4）外表光洁美观，薄膜覆盖产品表面，防刮花，耐磨损。

（5）IML 生产数量很灵活，适合多品种小量生产

IML 工艺缺点：

（1）前期周期长。

（2）胶片容易出现脱落、扭曲变形等情况。

（3）手工放薄膜，生产效率低。

（4）产品不良率高。

（5）价格稍贵。

5. IML 产品的应用

IML 产品应用领域如下。

（1）通信业：手机视窗镜片、壳体、装饰件、电池盖等。

（2）家电业：电饭煲、洗衣机、微波炉、空调器、电冰箱、油烟机、消毒柜、热水器等带操作按键的控制装饰面板。

（3）电子业：MP3、MP4 面壳、VCD、DVD、电子词典、数码相机、摄像机、医疗器械等的装饰面壳及标志。

（4）汽车业：仪表盘、空调面板、内饰件、车灯外壳、标志等。

（5）电脑业：键盘、鼠标面壳、笔记本电脑装饰面壳。

（6）其他业：化妆品盒、礼品盒、装饰盒、玩具、塑料制品、运动和休闲用具等。

6．IML 产品结构设计要点

（1）总体厚度不小于 1.20mm，总厚度包括薄膜及油墨、基材，如图 7-2 所示。

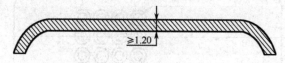

图 7-2　IML 产品的总厚度

（2）局部胶厚不小于 0.80mm，胶位变化的地方需倒大斜角过渡，以防胶件表面出现缩水痕，如图 7-3 所示。

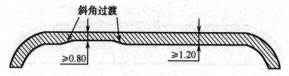

图 7-3　IML 产品的局部胶厚

（3）通孔直径不小于 1.00mm，孔与孔之间的胶宽不小于 1.00mm，孔离胶壳边缘不小于 1.20mm，如图 7-4 所示。

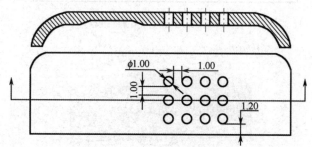

图 7-4　IML 产品的通孔设计

（4）通槽宽度不小于 1.00mm，槽与槽之间的胶宽不小于 1.00mm，槽离胶壳边缘不小于 1.20mm，如图 7-5 所示。

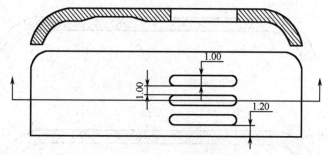

图 7-5　IML 产品的通槽设计

（5）盲孔深度不大于 0.30mm，且倒 C 角过渡，如图 7-6 所示。

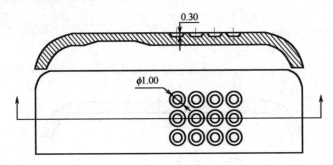

图 7-6   IML 产品的盲孔设计

（6）表面凸台高度不大于 0.30mm，且倒 *C* 角过渡，如图 7-7 所示。

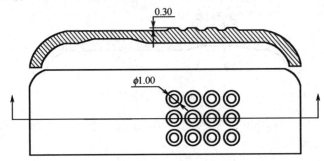

图 7-7   IML 产品的凸台设计

（7）表面所有尖角及利边倒圆角不小于 *R*0.20mm，如图 7-8 所示。

图 7-8   IML 产品的表面处理

（8）IML 镜片产品的总高度建议不大于 4.00mm，壳体及装饰件产品总高度建议不大于 6.00mm，如图 7-9 所示。

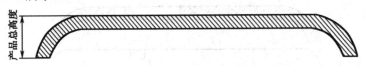

图 7-9   IML 产品的总高度设计

（9）IML 产品侧面出模角度不小于 5°，如图 7-10 所示。

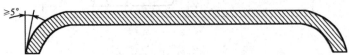

图 7-10   IML 产品的侧面设计

7.6　丝印

丝印即丝网印刷，是一种古老且应用很广的印刷方法。

1. 丝印基本原理

丝印的基本原理是在需要丝印区域的网板上制作出很多微小的孔，通过刮刀将油墨在网板上进行刮动，油墨通过网孔漏印到承印物体表面上。网板上其余部分的网孔堵死，不能透过油墨，在承印物体表面上没有印上油墨。

2. 丝印工艺流程

丝印工艺流程大致为出丝印图档→制作菲林→晒网板→承印物清洁→丝印→烘干→品质检查→成品入库。

网板制作是最关键的环节，网板制成后不能再修改，如果丝印图案要修改，先修改菲林，再重新制作网板。

3. 丝印应用场所及颜色种类

（1）丝印应用非常多，各种产品上的 LOGO、标签、文字及颜色单一的图案，都可以通过丝印来实现。

（2）丝印一般只适用于平面或者小弧面的印刷，因为网板张力有限，弧度稍大的曲面网板不能变形就无法丝印到油墨。

（3）圆桶丝印是用特制的丝印机在回旋体物件上丝印，如矿泉水瓶、化妆品瓶等。

（4）丝印分手工丝印与机器自动丝印。手工丝印是指丝印过程全部由人工操作完成；自动丝印分为半自动与全自动丝印。

（5）丝印的颜色不限，颜色是根油墨来定的，但每一次丝印只能印一种颜色，如果要有多种颜色，就只有多制作网板，丝印多次。

一般来说，手工丝印在同一处位置丝印颜色不要超过三种，否则，会出现多次丝印时定位困难，难以达到想要的效果。

7.7　移印

移印是指用一块柔软橡胶，将需要印刷的文字或者图案转印到曲面或略为凹凸面的塑料产品表面。

1. 移印基本原理

移印的基本原理是在移印机器上，先将油墨放入雕刻有文字或图案钢板内，随后通过油墨将文字或图案复印到橡胶上，再利用橡胶将文字或图案转印至塑料产品表面，最后通过热处理或紫外线光照射等方法使油墨固化。

2．移印工艺流程

移印工艺流程大致为出移印图档→制作菲林→晒钢板→承印物清洁→移印→烘干→品质检查→成品入库。

3．移印应用场所及颜色种类

（1）移印一般应用于不规则曲面及弧度较大的曲面。
（2）移印一般不适用于大面积的印刷。
（3）移印一次只能印一种颜色。

4．移印与丝印的区别

（1）移印适合不规则曲面及弧度较大的曲面，而丝印适合于平面及小弧面。
（2）移印要晒钢板，丝印用的是网板。
（3）移印是转印，而丝印是直接漏印。
（4）两者使用的机械设备差异较大。

7.8　水转印

水转印俗称水贴花，是指通过水的压力，将水溶性薄膜上的图案及花纹转印到承印物上。

1．水转印基本原理

首先将需要的图案及花纹丝印或者印刷到水溶性薄膜上，然后将水溶性薄膜放置于水中，通过活化剂让油墨与薄膜脱离，然后将承印物放置于油墨上，通过水的压力将油墨附在承印物上。

2．水转印的工艺流程

水转印工艺流程大致为薄膜印刷→承印物清洁→承印物喷涂底漆→烘干→放膜于水中→喷活化剂→转印→清除薄膜→烘干→检查→喷保护漆→烘干→品质检查→包装→入库。

3．水转印应用场所

水转印应用于如下：
（1）汽车行业，内部及外部零件装饰。
（2）玩具行业，外观面装饰。
（3）数码产品行业。

（4）通信产品行业，手机、电话机外观装饰。

（5）其他行业。

4．水转印与 IML 的对比

水转印效果与 IML 效果有点类似，但又有各自的优缺点，如下所示。

（1）水转印适合无规则的花纹及图案，IML 适合于规则的花纹及图案。

（2）水转印图案在承印物上很难精确定位，IML 图案在产品上能精确定位。

（3）水转印表面要喷 UV 漆保护不然易磨损，IML 油墨夹在中间不会损坏。

（4）水转印工艺流程比 IML 简单。

（5）水转印生产不良率比 IML 低。

7.9　烫金

烫金俗称烫印，是一种不用油墨的特种印刷工艺。

1．烫金的基本原理

烫金是指在一定的温度和压力下，将文字及图案从电化铝箔转印到塑料制品的表面的一种加工工艺。

其工艺主要是利用热压转移的原理。在合压作用下电化铝与烫印版、承印物接触，由于电热板的升温使烫印版具有一定的热量，电化铝受热使热熔性的染色树脂层和胶黏剂熔化，染色树脂层黏力减小，而特种热敏胶黏剂熔化后黏性增加，铝层与电化铝基膜剥离的同时转印到了承印物上，随着压力的卸除，胶黏剂迅速冷却固化，铝层牢固地附着在承印物上完成一烫印过程。

烫金必备的条件有温度、压力 、电化铝箔、烫金版。

要想获得理想的烫印效果，烫印所用的电化铝箔必须符合下列要求：底层涂色均匀，没有明显色差、色条和色斑；底胶涂层均匀，平滑、洁白无杂质，没有明显条纹、砂点和氧化现象；光泽度好；牢固度强；清晰度高；型号正确。

2．烫金的特点

（1）烫金件表面呈现出强烈的金属光泽，色彩鲜艳夺目、永不褪色。

（2）图案清晰、耐磨。

3．烫金的工艺流程

烫金的工艺流程大致为：烫印准备→装版→垫版→烫印工艺参数的确定→试烫→签样→正式烫印。

4．烫金的应用场所

（1）高档、精美的包装装潢商标、挂历和书刊封面等印刷品。

（2）公司 LOGO、产品标签等。

（3）书籍封面、商标图案、宣传广告、纸张、皮革、棉布等。

（4）烫金具有防伪性能，采用全息定位烫印商标标识，防假冒、保名牌。

7.10　烤漆

烤漆是指喷漆或刷漆后，不让工件自然固化，而是将工件送入烤漆房，通过电热或远红外线加热，使漆层固化的过程。

1．烤漆的工艺流程

烤漆的工艺流程大致为：产品清洗→产品除尘→调漆→喷漆→烤漆房烤干→冷却→喷UV 漆→UV 固化→品质检查→包装→入库。

2．烤漆与普通喷漆的区别

烤漆是喷漆的一种，普通喷漆是喷完漆后可自然晾干或者进低温烤炉烘干。烤漆最重要的是烤，经过烤漆，让漆层的紧密性加强，不易脱落，且漆膜均匀，色彩饱满。

3．钢琴烤漆

钢琴烤漆，是烤漆工艺的一种，是非常复杂的烤漆工艺。

钢琴烤漆首先需要在产品上进行外观清洁，再喷底漆，进高烤炉烘烤，冷却后抛光打磨光滑。然后反复喷涂 3～5 次底漆，每次喷涂后，都要用水砂纸和磨布抛光；最后，再喷涂 1～3 次亮光型的面漆，然后使用高温烘烤，使漆层固化。

钢琴烤漆由于工序复杂，造成工艺成本很高，一般适应于高档产品：

（1）通信类。如高档手机的外壳。

（2）钟表类产品的外壳。

（3）木质类产品。如木质工艺品，木质家具等。

（4）高档数码产品。

与普通的烤漆相比，钢琴烤漆有以下两大特点。

（1）钢琴烤漆有很厚的底漆层。实际上，真正钢琴漆的表层，如果用力敲碎，像搪瓷一样碎裂，而不是像普通的漆层一样剥落。

（2）钢琴烤漆是多次烤漆工艺，经过了高温固化过程。由于这种差别，与普通的烤漆相比，钢琴烤漆在亮度、致密性特别是稳定性上要远远高得多，如果不发生机械性的损坏，钢琴漆表层经过多年后依然光亮如新。

7.11　氧化

氧化本义是指物体与空气中氧的产生化学反应，称为氧化反应，这是自然现象。这里描述的氧化是指五金产品的表面处理工艺，是通过人为控制的一种电氧化反应，应用较多的是阳极氧化。

1. 阳极氧化的基本原理

阳极氧化是指金属或合金的电化学氧化，基本原理就是将金属或合金的产品作为阳极，采用电解的方法使其表面形成氧化物薄膜。

阳极氧化像电镀的逆向过程，工件为电解电路的阳极，不是将一层材料加到工件表面上，而是进行内部的反应，在工件表面形成保护性的薄膜，属于去材料的一种工艺。

2. 阳极氧化的工艺流程

铝阳极氧化的工艺流程大致为：碱洗→水洗→漂白→水洗→活化→水洗→铝氧化→水洗→染色→水洗→封闭→水洗→干燥→品质检查→入库。

3. 氧化的作用

（1）氧化会在产品的表面生成一层保护性的氧化薄膜。

（2）氧化能提高产品表面耐腐蚀性、增强表面耐磨性及硬度。

（3）氧化时可进行着色，让产品表面呈现五颜六色的颜色。

（4）可用于表面绝缘，氧化膜电绝缘性好，是高电阻的绝缘膜。

4. 二次氧化

在产品表面进行遮挡或者退氧的方式，让产品进行两次氧化，称为二次氧化。

二次氧化的作用为：

（1）在同一件产品上呈现两种不同的颜色，两种颜色可以接近，也可以差异较大。

（2）产品表面凸出 LOGO 的制作。产品表面凸出的 LOGO 可以冲压成型，也可以通过二次氧化得到。

5. 氧化适应的材料

（1）氧化属于五金产品的表面处理工艺，塑胶产品不存在氧化的概念。

（2）金属材料中，阳极氧化应用最多的是铝，且最好是纯铝。铝阳极氧化能作各种颜色，高光及亚光等不同效果。

（3）铝镁合金也可以氧化，但表面效果没有纯铝好。压铸的铝合金氧化困难，因为材料含有其他杂质。

（4）不锈钢可以氧化，但表面着色没有铝丰富，最常见的颜色是金色、蓝色、绿色、紫色、黑色五种。

（5）其他金属。

7.12 机械拉丝

机械拉丝是通过机械加工的方法在产品表面磨擦出痕迹的工艺。

1．机械拉丝的类型

机械拉丝有直纹、乱纹、螺纹、波纹和太阳纹等几种。

直纹拉丝是指在铝板表面用机械磨擦的方法加工出直线纹路。具有刷除铝板表面划痕和装饰铝板表面的双重作用。直纹拉丝有连续丝纹和断续丝纹两种。连续丝纹可用百洁布或不锈钢刷通过对铝板表面进行连续水平直线磨擦（如在有现装置的条件下手工技磨或用刨床夹住钢丝刷在铝板上磨刷）获取。改变不锈钢刷的钢丝直径，可获得不同粗细的纹路。断续丝纹一般在刷光机或擦纹机上加工制得。制取原理：采用两组同向旋转的差动轮，上组为快速旋转的磨辊，下组为慢速转动的胶辊，铝或铝合金板从两组辊轮中经过，被刷出细腻的断续直纹。

乱纹拉丝是在高速运转的铜丝刷下，使铝板前后左右移动磨擦获得的一种无规则、无明显纹路的亚光丝纹。这种加工，对铝或铝合金板的表面要求较高。

波纹一般在刷光机或擦纹机上制取。利用上组磨辊的轴向运动，在铝或铝合金板表面磨刷，得出波浪式纹路。

太阳纹也称旋纹，采用圆柱状毛毡或研石尼龙轮装在钻床上，用煤油调和抛光油膏，对铝或铝合金板表面进行旋转抛磨所获取的一种丝纹。多用于圆形标牌和小型装饰性表盘的装饰性加工。

螺纹是用一台在轴上装有圆形毛毡的小电动机，将其固定在桌面上，与桌子边沿成60°左右的角度。另外，做一个装有固定铝板压茶的拖板，在拖板上贴一条边沿齐直的聚酯薄膜来限制螺纹宽度。利用毛毡的旋转与拖板的直线移动，在铝板表面旋擦出宽度一致的螺纹纹路。

五金板材的拉丝效果是通过大型砂轮拉丝实现，最常见的是拉直纹。

2．机械拉丝适应的材料

（1）机械拉丝属于五金产品的表面处理工艺。

（2）塑胶产品不能直接进行机械拉丝，水镀后的塑胶产品也可以通过机械拉丝来实现纹路，但镀层不要太薄，否则，容易拉坏。

（3）金属材料中，机械拉丝的最常见的就是铝和不锈钢，由于铝的表面硬度及强度比不锈钢低，机械拉丝效果比不锈钢好。

（4）其他五金产品。

7.13 镭雕

镭雕也称激光雕刻，是通过激光束的光能在产品表面烧出图案或者文字的一种表面处理工艺。

1．激光简介

激光的最初中文名称为镭射、莱塞，是英文名称 laser 的音译。激光是通过激光器产生的，具有三大特点：

（1）单色性好。激光是一种单色光，频率范围极窄，发散角很小，只有几毫弧，激光束几乎就是一条直线。

（2）相干性高。激光器发出的光可以向同一方向传播，可以用透镜把它们会聚到一点上，把能量高度集中起来，称为相干性高。

（3）方向性强。激光的方向性比现在所有的其他光源都好很多，几乎是一束平行线，就算距离远激光分散也极小。

2．镭雕应用场所

镭雕几乎能适应所有的材料，五金、塑料都是常用领域。

（1）字符的雕刻。手机按键字符大部分是通过镭雕实现的。

（2）图案及花纹的雕刻。直接在五金产品上雕刻图宁案及花纹。

（3）激光拉丝。在五金产品上雕刻出直纹的效果。

（4）LOGO、标签的雕刻。

3．激光拉丝

激光拉丝也称镭雕，是指在五金产品上雕刻出直纹的效果。

激光拉丝一般在五金产品平面上加工，如果在斜面上加工倾斜角则不能超过 45°。

4．激光拉丝与机械拉丝的区别

两者主要区别如下：

（1）机械拉丝是通过机械加工的方式做出纹路，而激光拉丝是通过激光的光能烧出纹路。

（2）相对来说，机械拉丝纹路不是很清晰，而激光拉丝纹路清晰。

（3）机械拉丝表面触摸无凹凸感，而激光拉丝表面触摸有凹凸感。

7.14 高光切边

高光切边是通过高速的 CNC 机器在五金产品的边缘切削出一圈光亮的斜边。

高光切边应用场所如下所示：

（1）属于五金产品的表面处理工艺。

（2）金属材料中，高光切边应用最多就是铝，因为铝材料相对较软，切削性能优良，且能获得很光亮的表面效果。

（3）加工成本高，一般用于金属件的边缘切削。

（4）手机、电子产品、数码产品应有较多。

7.15 批花

批花是通过机械加工的方式在产品表面的切削出纹路的方法。

批花应用场所如下所示。

（1）属于五金产品的表面处理工艺。

（2）金属铭牌，上面的产品标签或者公司 LOGO 有倾斜或者直体丝状条纹。

（3）五金产品表面一些有明显深度的纹路。

7.16 喷砂

喷砂是将工件放进密闭的喷砂机器中，采用压缩空气为动力，形成高速喷射束将砂料高速喷射到被需处理工件的表面，使工件表面的外表面或形状发生变化。

常用的砂料有铜矿砂、石英砂、金刚砂、铁砂、钢珠、玻璃砂等。

1. 喷砂的作用

（1）改变金属表面的光洁度和应力状态，提高表面粗糙度。

（2）去除金属表面锈迹、毛刺、氧化层。

（3）在金属表面产生雾面的外观效果。

（4）使金属表面的机械性能得到改善，提高金属的抗疲劳性，增加与涂层之间的附着力，延长涂膜的耐久性，有利于涂料的流平和装饰。

2. 喷砂主要应用场所

（1）喷砂主要应用五金产品的表面处理，如不锈钢、铝合金、锌合金、铸铁等。

（2）塑胶产品与玻璃、木制品等都有应用。

（3）工件喷涂与电镀、工件黏结前处理。喷砂能把工件表面的锈皮等一切污物清除，并在工件表面建立起十分重要的基础图式（即毛面），而且可以通过调换不同粒度的磨料，达到不同程度的粗糙度，大大提高工件与涂料、镀料的结合力。或使黏结件黏结更牢固，质量更好。

（4）铸造件毛面、热处理后工件的清理与抛光。喷砂能清理铸锻件、热处理后工件表面的一切污物（如氧化皮、油污等残留物），并将工件表面抛光提高工件的光洁度，能使工件露出均匀一致的金属本色，使工件外表更美观，好看。

（5）机加工件毛刺清理与表面美化。喷砂能清理工件表面的微小毛刺，并使工件表面更加平整，消除毛刺的危害，提高工件的档次。喷砂能在工件表面交界处打出很小的圆角，使工件显得更加美观、更加精密。

（6）改善零件的机械性能。机械零件经喷砂后，能在零件表面产生均匀细微的凹凸面，使润滑油得到存储，从而使润滑条件改善，并减少噪声，提高机械使用寿命。

（7）装饰作用。对于某些特殊用途工件，喷砂可随意实现不同的反光或亚光。如不锈钢工件、木制家具表面亚光化，磨砂玻璃表面的花纹图案，以及布料表面的毛化加工等。

（8）模具表面的咬花。

7.17 腐蚀

腐蚀即腐蚀雕刻，是指利用化学材料在金属表面腐蚀出图案或者文字。

1．腐蚀的应用场所

（1）属于五金产品的表面处理工艺。

（2）装饰表面，能在金属表面制作一些线条比较细腻的图案及文字。

（3）腐蚀加工，能加工出微小的孔及槽。

（4）模具蚀纹咬花。

2．模具蚀纹咬花

模具蚀纹咬花是指将所需花色及纹路以化学蚀刻的技术，将模芯（大多为前模面）进行蚀刻的动作。

（1）咬花的作用就是增强塑胶产品的外观效果，如磨砂面、皮纹面、雾面等。

（2）咬花根据外观的要求可深可浅，越深的咬花塑胶件拔模斜度越大。

7.18 抛光

抛光是利用其他的工具或者方法对工件表面进行光亮处理，主要目的得到光滑表面或镜面光泽，有时也用来消除光泽（消光）。

1．抛光方法

目前常用的抛光方法有以下几种。

（1）机械抛光。

机械抛光是切削、材料表面塑性变形去掉被抛光后的凸部而得到平滑面的抛光方法，一般使用油石条、羊毛轮、砂纸等，以手工操作为主，特殊零件如回转体表面，可使用转台等辅助工具，表面质量要求高的可采用超精研抛的方法。超精研抛是采用特制的磨具，在含有磨料的研抛液中，紧压在工件被加工表面上，作高速旋转运动。利用该技术可以达到 $Ra0.008\mu m$ 的表面粗糙度，是各种抛光方法中最高的。光学镜片模具常采用这种方法。

（2）化学抛光。

化学抛光是让材料在化学介质中表面微观凸出的部分较凹部分优先溶解，从而得到平滑面。这种方法的主要优点是不需复杂设备，可以抛光形状复杂的工件，可以同时抛光很多工件，效率高。化学抛光的核心问题是抛光液的配制。化学抛光得到的表面粗糙度一般为 $Ra10\mu m$。

（3）电解抛光。

电解抛光基本原理与化学抛光相同，即选择性的溶解材料表面微小凸出部分，使表面光滑。与化学抛光相比，可以消除阴极反应的影响，效果较好，表面光亮度提高，$Ra<1\mu m$。

（4）超声波抛光。

将工件放入磨料悬浮液中并一起置于超声波场中，依超声波的振荡作用，使磨料在工件表面磨削抛光。超声波加工宏观力小，不会引起工件变形，但工装制作和安装较困难。超声波加工可以与化学或电化学方法结合。在溶液腐蚀、电解的基础上，再施加超声波振动搅拌溶液，使工件表面溶解产物脱离，表面附近的腐蚀或电解质均匀；超声波在液体中的空化作用还能够抑制腐蚀过程，利于表面光亮化。

（5）流体抛光。

流体抛光是依据高速流动的液体及其携带的磨粒冲刷工件表面达到抛光的目的。常用方法：磨料喷射加工、液体喷射加工、流体动力研磨等。流体动力研磨是由液压驱动，使携带磨粒的液体介质高速往复流过工件表面。介质主要采用在较低压力下流过性好的特殊化合物（聚合物状物质）并掺上磨料制成，磨料可采用碳化硅粉末。

（6）磁研磨抛光。

磁研磨抛光是利用磁性磨料在磁场作用下形成磨料刷，对工件磨削加工。这种方法加工效率高，质量好，加工条件容易控制，工作条件好。采用合适的磨料，表面粗糙度可以达到 $Ra0.1\mu m$。

2．抛光的应用场所

（1）一般来说，凡是表面需要光亮的产品，都要经过抛光处理。

（2）塑胶产品不直接抛光，而是对模具进行抛光。

第二部分

实例——完整的产品结构设计过程

第 8 章

ID 图及 PCB 堆叠分析

这是一款电子 GPS 终端产品，来源于实际工作中成功上市的案例，但稍作改动。GPS 是全球定位系统的英文简称，能提供全天候的定位、授时、测速功能。GPS 已被广泛应用于航天、航空、航海、运输、测量、勘探等诸多领域。GPS 终端产品是 GPS 必不可少的一部分，普遍应用于汽车、手机导航，是目前很流行、很实用的一款电子产品。

1. 开发指令单

表 8-1 是 GPS 新产品开发指令单，由市场部下发给开发部。

表 8-1 新产品开发指令单（开发部）

项目名称	汽车导航 GPS					
客户名称	自产自销					
要求完成日期	××××年××月××日					
文件抄送部门	采购部、总经理室、电子技术部（硬件、软件）					
研发内容说明： 1. 根据 ID 图、产品设计功能规格书、PCB 堆叠板评估产品可行性； 2. 设计整机结构						
相关物件	ID 图、产品功能规格书、PCB 堆叠板					
项目负责人	×××	日期	×××	审核	×××	日期	×××

2. ID 图

ID 图是外观设计师根据产品要求设计出来的外观效果图。ID 图至关重要，有时能决定产品的市场受欢迎程度及产品销量。

图 8-1、图 8-2 是这款产品的 ID 图。

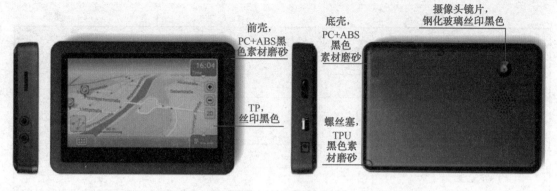

图 8-1 ID 图一

图 8-2 ID 图二

3. 产品功能规格书

表 8-2 是产品功能规格书，产品功能规格书是设计产品的重要文件，规定产品的外形尺寸及功能等。

表 8-2 产品功能规格书

配　置	描　述
产品类型	PND 便携机
项目名称	汽车导航 GPS
整机尺寸	120mm×84mm×16.5mm
系统平台	Android 4.0
屏幕尺寸	TFT 4.3 英寸
屏幕分辨率	480mm×272mm
触摸屏	电容触摸屏，5 点触控
侧键	共 4 个（音量键 2 个、拍照键 1 个、电源开关键 1 个）
是否支持音乐播放	支持
是否支持 TV	不支持
是否支持拍照	支持，200W
是否支持摄像	支持
是否支持视频播放	支持
是否支持收音机	支持

续表

配　　置	描　　述
喇叭	K 类功放
USB 接口	5PIN
HMDI 接口	支持
AV 接口	支持
电源 DC 接口	支持
USB 接口	不支持
内存卡类型	TF 卡
支持最大内存卡	16G
WIFI	支持
3G 上网	支持 3G 扩展
蓝牙	支持
电子书	支持
游戏功能	支持
电子相册功能	支持
电池	内置锂电池
待机时间	>8h
是否支持车充	支持
内置内存	512M
是否带支架	不带支架，机壳上有支架扣位
输入法	手写
是否支持移动通信	不支持

8.2　ID 图分析

　　分析 ID 图是结构设计的第一步，只有认识 ID 图，才能做好后续结构。GPS 产品外形简单，主要结构件一般是由前壳组件与底壳组件构成。

　　技巧提示：ID 是 Industrial Design 的简称，中文翻译是工业设计。工业设计就是以工业产品为主要对象，综合运用工学、美学、心理学、经济学等知识，对产品的功能、结构、形态及包装等进行整合优化的创新活动。工业设计的核心是产品设计，广泛应用于轻工、纺织、机械、电子信息等行业。

　　ID 图是 ID 设计的输出文件，一般为 JPG 档案。

8.2.1 分析前壳组件

1. 前壳分析

前壳为塑料，材料是 PC+ABS，产品的加工方式是塑胶模具注塑成型，颜色为黑色，表面处理为注塑素材，表面磨砂纹，如图 8-3 所示。

图 8-3 前壳分析

技巧提示：产品外壳材料的选择要根据价格定位及使用场所等综合考虑，常用的外壳塑胶材料为 ABS、PC、HIPS、PC+ABS 等。

带显示屏幕类的电子产品常用外壳塑胶材料为 PC+ABS，如手机、笔记本电脑、平板电脑、高档 MP4、GPS 等。

2. 触摸屏（TP 镜片）分析

触摸屏能实现触摸功能，此款产品为电容式触摸屏，能实现 5 点触控。触摸屏的外观显示区域是透明的，其他背面丝印黑色油墨，如图 8-4 所示。

图 8-4 触摸屏分析

8.2.2 分析底壳组件

1. 底壳分析

底壳为塑料，材料是 PC+ABS，产品的加工方式是塑胶模具注塑成型，颜色为黑色，表面处理为注塑素材，表面磨砂纹，如图 8-5 所示。

底壳，
PC+ABS黑
色素材磨砂

图 8-5 底壳分析

2. 摄像头镜片分析

摄像头镜片需要透光，材料一般为 PMMA 或者钢化玻璃，像素高的多半采用钢化玻璃，加工方式为切割成型，表面处理除拍照视角区透明外，其他地方颜色为丝印黑色油墨，如图 8-6 所示。

摄像头镜
片，钢化玻
璃丝印黑色

图 8-6 摄像头镜片分析

3. 螺丝塞分析

在底壳四个角落处各有一个螺丝塞，主要作用是遮丑及防尘。螺丝塞材料为 TPU，产品的加工方式是塑胶模具注塑成型，颜色为素材黑色，表面是磨砂效果，如图 8-7 所示。

4. 底壳的背面其他分析

底壳外形简单，四周有一圈较小的斜边。
底壳背面在摄像头镜片下面有小孔，是喇叭出音的地方。

螺丝塞，
TPU黑色
素材磨砂

图 8-7 螺丝塞分析

底壳背面其他分析如图 8-8 所示。

喇叭孔

图 8-8 底壳背面其他分析

5. 底壳的左侧面分析

底壳左侧面有一些接口，包括一个 HMDI 接口，一个 USB 接口，一个电源 DC 插座。
电源 DC 插座是输入电源的接口，为 GPS 提供电源及给电池充电。
底壳的左侧面分析如图 8-9 所示。

图 8-9 底壳的左侧面分析

6. 底壳的右侧面分析

底壳右侧面有内存卡插入孔，包括一个 AV 插座，一个耳机插座。
内存卡插入孔为 TF 卡插入孔、弹出式 TF 卡插座。
底壳的右侧面分析如图 8-10 所示。

图 8-10 底壳的右侧面分析

7．底壳的上侧面分析

（1）底壳上侧面有四个按键，靠左侧一个是电源开关键。靠右侧有三个，分别是拍照键、音量调节+、音量调节-。

（2）电源开关键为开机、待机及关机键。

（3）拍照键是用来摄像头拍照及摄像。

（4）音量调节按键是用来调节喇叭声音大小，又分音量调节+、音量调节-。调节键在操作时还可以用来移动菜单与图标。

底壳的上侧面分析如图 8-11 所示。

图 8-11　底壳的上侧面分析

8.3　PCB 堆叠

1．电路板堆叠介绍

PCB 的英语全称是 Printed Circuit Board，中文名称为印制电路板，又称印刷电路板、印刷线路板。是重要的电子部件，是电子元器件的支撑体，是电子元器件电气连接的提供者。由于它是采用电子印刷术制作的，故称为印刷电路板，简称电路板。

堆叠就是堆积叠加，英语翻译是 Stacking。PCB 堆叠就是将各种不同功能的电子元器件堆积叠加在一起，组合成一个会产生更多功能的组件。图 8-12 所示为本书实例产品堆叠板的正面，图 8-13 是堆叠板的背面。

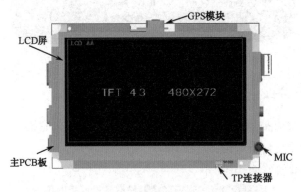

图 8-12　堆叠板正面

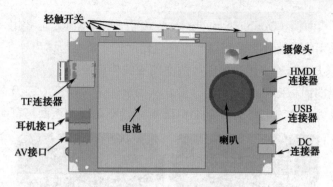

图8-13 堆叠板背面

> **技巧提示**：电子产品电路板必不可少，而开发全新产品，电路板是没有的，大部分电路板是需要结构设计人员堆叠的，作为结构设计人员，要具备基本的电子元器件知识。在实际工作中，电路板堆叠需要与电子技术工程师反复沟通来完成。
>
> 不同的电子产品的电路板涉及的电子料并不一样，只要满足产品功就可以择优选取。

2. 常用电路板堆叠元器件介绍

根据 GPS 产品功能规格书的要求，GPS 电路堆叠板主要包括主 PCB（母板）、LCD 屏、GPS 模块、TP 连接器、MIC、轻触开关、摄像头、喇叭、电池、HDMI 连接器、USB 连接器、TF 连接器、DC 电源插座、耳机接口、AV 接口等。

3. 主 PCB

主 PCB 是堆叠的母板，所有电子元器件围绕主 PCB 叠加。

PCB 根据电路层数分为单面板、双面板和多层板。常见的多层板一般为 4 层板或 6 层板，复杂的多层板可达几十层。

（1）单面板。单面板（Single-Sided Boards）是最简单的电路板，在最基本的 PCB 上，电子元器件集中在其中一面，而电路的导线则集中在另一面上。因为导线只出现在其中一面，所以这种 PCB 称为单面板（Single-Sided）。

单面板加工简单，价格便宜，广泛应用于简单电路的产品，如玩具、小家电等。图 8-14 所示为单面板的正面与背面。

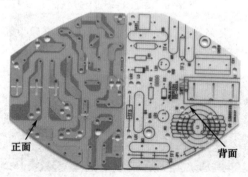

图8-14 单面板的正面与背面

（2）双面板。双面板（Double-Sided Boards）两面都有布线，但要用上两面的导线，必须要在两面间有适当的电路连接才可以。这种电路间的"桥梁"称为导孔（via）。导孔是在 PCB 上，充满或涂上金属的小洞，可以与两面的导线相连接。

双面板的布线的面积比单面板大了一倍，从而解决了单面板中因为布线交错的难点，适合用在比单面板更复杂的电路上。如图 8-15 所示是双面板的正面与背面。

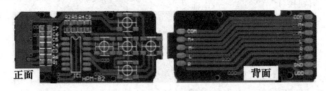

图 8-15   双面板的正面与背面

（3）多层板。多层板（Multi-Layer Boards）是有多层布线的电路板，多层板是为了增加可以布线的面积，解决在有限的外形尺寸限制条件下能容纳更复杂的电路。

多层板通过定位系统及绝缘黏结材料交替在一起，且导电图形按设计要求进行互连的印制线路板就成为四层、六层印制电路板，也称多层印刷线路板。板子的层数并不代表有几层独立的布线层，在特殊情况下会加入空层来控制板厚，通常层数都是偶数，并且包含最外侧的两层。大部分的主板都是 4～8 层的结构，不过技术上理论可以做到近 100 层的 PCB。

多层板设计及加工虽然复杂，但随着电子元器件向小型化、高度集成化发展，多层板应用越来越广泛，如手机 PCB、电脑 PCB 等。如图 8-16 所示是手机 PCB 的多层板。

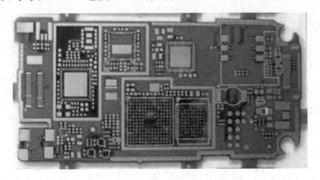

图 8-16   手机 PCB 的多层板

（4）PCB 的厚度根据需求来设计，单面板及双面板厚度建议不小于 0.40mm，多层板厚度建议不小于 0.80mm。本书产品实例中的 PCB 为 4 层板，厚度为 1.00mm。如图 8-17 所示。

图 8-17   PCB 厚度

（5）在设计 PCB 时，为方便壳体固定，要预留螺丝柱位置，螺丝柱孔直径不小于ϕ4.00mm，螺丝柱位置个数根据 PCB 的大小来定，常用为 4～8 个，如图 8-18 所示。

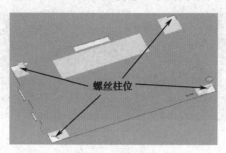

图 8-18　螺丝柱位

（6）在主 PCB 上多作露铜区（接地区域），以便于金属件接地防 ESD，如图 8-19 所示。电路板接地是抑制噪声和防止干扰的重要措施，电子工程师在设计电路板时，尤其要考虑 ESD 与 EMC 的防治。

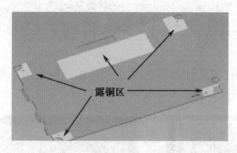

图 8-19　主 PCB 板上的露铜区

技巧提示： ESD 是 Electro-Static Discharge 的英文缩写，中文含义为静电释放。两个带不同静电电平的物体，通过直接接触或静电电场的作用会使两物体的静电电荷发生位移，当静电电场达到一定能量，介质被击穿而产生放电，这就是 ESD 的全过程。两种物体之间摩擦时，一种丢失电子，一种收集电子。丢失电子即为正充电。静电是一个物体上的非移动的充电，有静电的物体会在适当条件下释放掉充电，回到中性（人体有时接触门把手时产生火花，就是一种静电放电）这种冲电释放就是 ESD，即静电放电。

EMC 包括 EMI（电磁干扰）及 EMS（电磁耐受性）两部分，EMI 电磁干扰是指机器本身在执行应有功能的过程中产生的不利于其他系统的电磁噪声；而 EMS 指机器在执行应有功能的过程中不受周围电磁环境影响的能力。

（7）主 PCB 外边缘最好不要有尖角，所有尖角倒圆角 $R\geq0.50$mm，如图 8-20 所示。

图 8-20　外缘尖角倒圆角处理

（8）主 PCB 设计结构定位孔，方便后续结构设计定位，建议定位孔直径尺寸不小于 1.80mm，如图 8-21 所示。

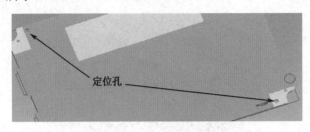

图 8-21　结构定位孔

4．LCD 屏

LCD 是英文 Liquid Crystal Display 的缩写，中文名为液晶显示器，主要作用就是显示图像及文字。

（1）LCD 的构造原理是在两片平行的玻璃中放置液态的晶体，两片玻璃中间有许多垂直和水平的细小电线，通过通电与否来控制杆状水晶分子改变方向，将光线折射出来产生画面。

（2）LCD 屏根据颜色的种类分为单色显示屏与彩色显示屏。如图 8-22 所示是单色显示屏，如图 8-23 所示是彩色显示屏。

图 8-22　单色显示屏

图 8-23　彩色显示器

（3）LCD 屏的尺寸规格。根据屏幕宽度和高度的比例来区分 LCD 屏有两大类，一种是 4：3 的标准屏，一种是 16：9 的宽屏。16：9 也有几个"变种"，如 15：9 和 17：10，由于其比例和 16：9 比较接近，因此，这三种屏幕比例的液晶显示器都可以称为宽屏。

（4）LCD 屏的重要尺寸说明：如图 8-24 所示。

AA 区：活动区域，是指有效的显示区域。

VA 区：视角区域，是指最大显示区域。

两者关系：*VA*>*AA*，一般单边约大于 1.00mm。

常用尺寸规格有 3.0 英寸、3.4 英寸、4.3 英寸、5.3 英寸等。

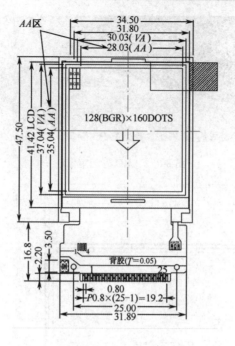

图 8-24 LCD 屏尺寸

技巧提示：3.0 英寸就是指 LCD 屏 *AA* 区的对角线的长度是 3.0 英寸。

（5）屏与主板连接通过 FPC（软排线）焊接在主板上，如图 8-25 所示。

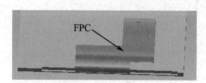

图 8-25 屏的焊接 FPC

（6）LCD 屏底部与 PCB 间隙为 0.30mm，因为屏下面要避让 FPC 及需要贴导电布接地，如图 8-26 所示。

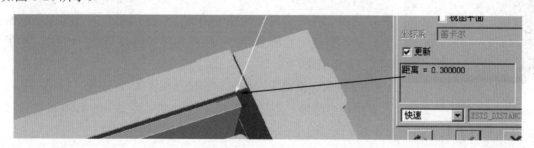

图 8-26 LCD 屏底部与 PCB 板的距离

（7）LCD 屏通过四个定位柱在 PCB 上限位，间隙为 0.10mm，如图 8-27 所示。

（8）本书实例中的 LCD 屏的尺寸是 4.3 英寸，显示分辨率为 480mm×272mm，宽屏为 16：9。如图 8-28 所示。

图 8-27　LCD 屏的定位柱

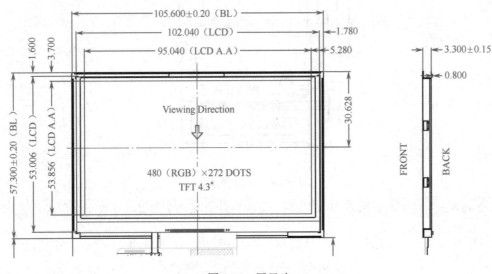

图 8-28　屏尺寸

5. GPS 模块

GPS 产品能实现导航，是依靠 GPS 模块，GPS 模块集成了 RF 射频芯片、基带芯片和核心 CPU，并加上相关外围电路而组成的一个集成电路。

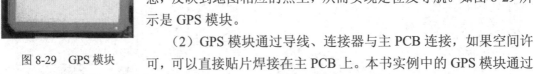

（1）GPS 通过天空上的卫星接收信号，然后通过 GPS 特定的通道传输到 GPS 产品上，GPS 产品系统平台里装有一套导航软件，导航软件带有电子地图，GPS 定位模块得到的经纬度坐标信息，反映到地图相应的点上，从而实现定位及导航。如图 8-29 所示是 GPS 模块。

（2）GPS 模块通过导线、连接器与主 PCB 连接，如果空间许可，可以直接贴片焊接在主 PCB 上。本书实例中的 GPS 模块通过导线与主 PCB 连接，如图 8-30 所示。

图 8-29　GPS 模块

6. 触摸屏 FPC 连接器

触摸屏 FPC 连接器是用来连接触摸屏，通过贴片焊接在主板上，如图 8-31 所示。

（1）触摸屏 FPC 连接器规格很多种，根据 FPC 的线宽来选择连接器。

图 8-30　GPS 模块通过导线焊接

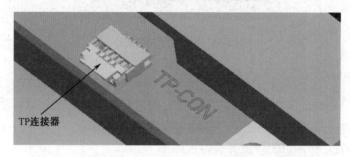

图 8-31　触摸屏 FPC 连接器

（2）放置触摸屏 FPC 连接器时要考虑到整机的装配顺序，放置到 PCB 的正面还是反面都要方便触摸屏 FPC 的连接。

7．话筒

话筒的英文全称是 Microphone，简写为 MIC，又称麦克风、受话器，俗称咪头，是接收声音的元器件，MIC 款式及种类很多，如图 8-32 所示是两种常见的 MIC。

图 8-32　MIC 实物图

（1）MIC 与主 PCB 连接方式常用引线焊接或者直接焊在主 PCB 上，如图 8-33 所示是引线焊接式。

图 8-33　引线焊接

（2）MIC 外表面包了一层软胶，包含软胶在内的外形尺寸很多种，根据需求选用，常用外形尺寸有 ϕ4.60mm、ϕ4.80mm 等，厚度常用 2.00mm、1.80mm 等。

（3）MIC 需在壳体上限位及封音腔，放置 MIC 时，要预留结构设计空间。

（4）MIC 要远离带有磁性的电子元器件，如电动机、喇叭等，以免影响效果。

（5）本书实例中的 MIC 外形尺寸直径为 ϕ4.80mm，厚度为 1.80mm，与主 PCB 连接方式为插件焊接式，如图 8-34 所示。

图 8-34　MIC 插件焊接式

8．轻触开关

轻触开关一种电子开关，使用时，轻轻按开关按钮就可使开关接通，当松开手时开关即断开，其内部结构是靠金属弹片受力弹动来实现连通及断开的。轻触开关种类及外形很多，图 8-35 所示为几种常用的轻触开关。

图 8-35　轻触开关的种类

（1）轻触开关由于接触电阻小、按动有清脆的声音、手感明显、高度规格齐全等方面的原因，在电子产品方面得到广泛的应用。如影音产品、数码产品、遥控器、通信产品、家用电器、安防产品、玩具、电脑产品、健身器材、医疗器材、验钞笔等。

（2）轻触开关种类很多，根据实际需求选用。轻触开关的行程 0.50mm 左右手感比较好，耐用时间相对较长。

（3）本书实例中的轻触开关行程 0.40mm，操作力度为 180gf，使用寿命大于 30 万次，通过贴片与主 PCB 连接。如图 8-36 所示。

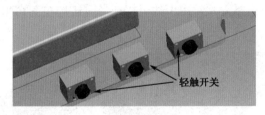

图 8-36　轻触开关

9．摄像头

摄像头英文是 Camera，是一种视频输入设备，主要作用就是拍照与摄像。如图 8-37 所示是几种常见的小型摄像头。

图 8-37　摄像头实物照片

（1）摄像头的工作原理大致表现：景物通过镜头生成的光学图像投射到图像传感器表面上，然后转为电信号，经过模数转换后变为数字图像信号，再送到数字信号处理芯片中加工处理，再通过接口传输到系统中处理，通过显示器就可以看到图像了。

（2）摄像头与主板常用 B-B 连接器直接连接或 FPC 加 B-B 连接器、FPC 直接焊接等。如图 8-38 所示是 B-B 连接器直接连接。

（3）摄像头如果在支架上定位，单边间隙为 0.10mm，如有 FPC，注意 FPC 的走线。

（4）摄像头像素常有 30 万、130 万、200 万、320 万等。一般而言，像素越大，摄像头外形尺寸越大。30 万像素外形尺寸一般是 5.00mm 或 6.00mm，厚度常有 3.00mm、3.70mm、4.00mm 等。如图 8-39 所示是一款摄像头的外形尺寸。

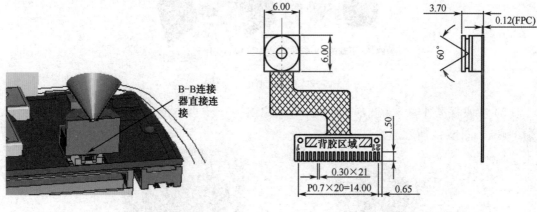

图 8-38　B-B 连接器直接连接　　　　　　　　　图 8-39　摄像头的外形尺寸

（5）摄像头有视角区，结构设计时不能遮挡。

（6）摄像头有拍照方向，不能放错方向。

（7）本书实例中的摄像头外形尺寸为 8.00mm×8.00mm，200 万像素，与主 PCB 连接方式为摄像头底部 B-B 连接器直接连接，如图 8-40 所示。

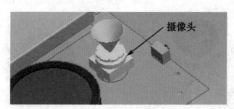

图 8-40　摄像头位置

10．喇叭

喇叭英文是 Speaker，又称扬声器，是处理声音的元器件，主要作用就是声音输出，应用于需要发声的产品中。如图 8-41 所示是几种常见的小型喇叭。

图 8-41　喇叭实物照片

（1）喇叭按其工作原理，可以分为电磁式、电动式、压电式、静电式、离子式、气流变换式、气流调制式等。

电动式喇叭又称动圈式扬声器，它是应用电动原理的电声换能器件，由于结构简单、生产容易，本身需要的空间小，价格便宜，是目前运用最多、最广泛的喇叭。如图 8-42 所示是一款电动式喇叭的分解图。

图 8-42　电动式喇叭分解图

（2）喇叭根据外形分为圆形、椭圆形（又称跑道形）、四方形、锥形等。图 8-43 所示为圆形喇叭，图 8-44 所示为跑道形喇叭。

图 8-43　圆形喇叭　　　　　　　图 8-44　椭圆形喇叭

（3）喇叭与主板常用引线焊接或者弹片连接等，如图 8-45 所示是焊接引线。图 8-46 所示为弹片连接。

图 8-45　引线焊接　　　　　　图 8-46　弹片连接

（4）喇叭常用外形尺寸规格很多，设计时根据需要选用。图 8-47 是一款喇叭的外形尺寸。

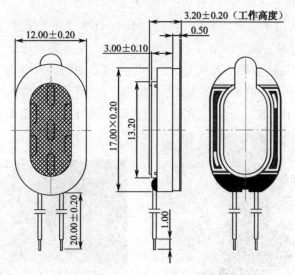

图 8-47 喇叭的外形尺寸

（5）喇叭上表面有一层泡棉，用来密封音腔，一般自由高度为 0.50mm，工作高度为 0.30mm。如图 8-48 所示。

（6）喇叭顶面与底面可作背胶，也可不作背胶。

（7）喇叭的焊接引线可根据需要定作长度。

（8）喇叭底部要有支撑部件，最好密封后音腔。

（9）本书实例中的喇叭为电动式喇叭、双磁、圆形、直径为 ϕ25.00mm、工作高度为 5.20mm，与主 PCB 连接方式为弹片连接式。如图 8-49 所示。

图 8-48 喇叭上表面泡棉

图 8-49 弹片连接

11. HDMI 连接器

HDMI 接口是英文 High Definition Multimedia Interface 的缩写，中文翻译为高清晰度多媒体接口，是一种数字化视频及音频接口技术，是适合影像传输的专用型数字化接口，可同时传送音频和影像信号，最高数据传输速度为 5Gbps。

HDMI 不仅可以满足 1080P 的分辨率，还能支持 DVD Audio 等数字音频格式，支持八声道 96kHz 或立体声 192kHz 数码音频传送。

HDMI 支持 EDID、DDC2B，因此，HDMI 的设备具有"即插即用"的特点，信号源和显示设备之间会自动进行"协商"，自动选择最合适的视频/音频格式。

HDMI 接口广泛应用于电视、DVD、手机、MP4、GPS 等带有图像与声音的电声产品中。

（1）HDMI 连接器是实现 HDMI 连接的硬件，分为母头连接器与公头连接器。一般而言，焊接在 PCB 上的为母头连接器，插头上为公头连接器。如图 8-50 所示是母头连接器。

（2）本书实例中的 HDMI 连接器为母头连接器，外形尺寸为宽 11.20mm×长 7.50mm×厚 3.20mm，PIN 引脚为 19PIN，与主 PCB 连接方式为插件焊接。如图 8-51 所示。

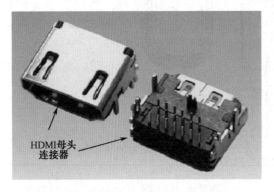

图 8-50　HDMI 母头连接器

图 8-51　实例中的 HDMI

12. USB 连接器

USB 是英文 Universal Serial Bus 的缩写，中文翻译为通用串行总线，是连接外部装置的一个串口汇流排标准。USB 接口是输入及输出的重要通道。

USB 开发初期主要应用于电脑上，但随着各种电子数码产品的普及，一些较小型的电子产品由于外形小而需要采用更小的 USB 接口，比电脑上的 USB 接口更小的连接器便诞生了，这种小型的 USB 连接器称为 Mini USB 接口，其中，Mini 5PIN 接口应用尤其广泛。

（1）USB 连接器是实现 USB 连接的硬件，分为母头连接器与公头连接器，一般而言，焊接在 PCB 上的为母头连接器，插头上的为公头连接器。图 8-52 所示为母座连接器。

（2）USB 连接器与插头的配合长度参照规格书设计，如图 8-53 所示。

图 8-52　USB 母座连接器

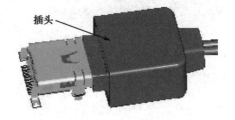

图 8-53　USB 连接器与插头的配合

技巧提示：插头外形尺寸最好选用标准件，否则，就要定做。

（3）USB 连接器要突出 PCB 外边 1.00mm 左右，防止整机结构设计时插头与壳体干涉，如图 8-54 所示。

图 8-54　USB 连接器的突出部分

（4）本书实例中的 USB 连接器为母头连接器，Mini 款 PIN 引脚为 5PIN，与主 PCB 连接方式为贴片焊接。如图 8-55 所示。

图 8-55　实例中的 USB 母座连接器

13．TF 卡连接器

TF 卡又称 microSD，是一种极细小的快闪存储器卡。因它具有体积极小、存储容量大等优点，主要用于手机、GPS 设备、便携式音乐播放器和一些快闪存储器盘中使用。它的外形尺寸为 15mm×11mm×1mm。

TF 卡连接器（TF 卡座）主要作用就是固定 TF 卡及读取 TF 卡信息。

（1）TF 卡连接器类型常有掀盖式、弹出式、拔插式等，如图 8-56 所示。

掀盖式　　　　　　弹出式　　　　　　拔插式

图 8-56　TF 卡连接器的类型

（2）TF 卡连接器通过贴片焊接在 PCB 上。

（3）放置 TF 卡连接器时注意要方便装取 TF 卡，尤其是弹出式的连接器，TF 卡的弹出行程要足够。

（4）本书实例中的 TF 卡连接器为弹出式，与主 PCB 连接方式为贴片焊接。如图 8-57 所示。

图 8-57　实例中的 TF 卡座

14．DC 连接器

DC 连接器是手机电源接口，通过弹片或者贴片焊接、插脚焊接与主 PCB 连接，DC 连接器种类及款式很多，如图 8-58 所示是常见的几种。

图 8-58　DC 连接器

（1）DC 连接器结构设计时需在壳体上限位，要特别注意。

（2）DC 连接器要突出 PCB 外缘，同时注意 DC 连接器插头不能与壳体干涉。

（3）本书实例中的 DC 连接器通过贴片焊接方式与主板连接，如图 8-59 所示。

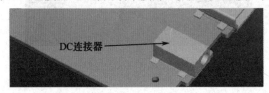

图 8-59　实例中的 DC 连接器

15．音频接口与 AV 接口

音频接口是用来连接声音的硬件，常用的有两种，一种为输入声音；另一种为输出声音。输入的插孔用来连接录音设备（如麦克风），输出的插孔用来连接声音播放设备（如音箱、耳机等）。AV 接口是一种视频输入口，主要用来传输视频数据。

（1）音频接口常用有两种尺寸规格，分别为 2.50mm 和 3.50mm，2.50mm 一般用于手机等小型电子产品，3.50mm 用于电脑上比较多。音频接口种类及款式很多，如图 8-60 所示是常见的几种。

图 8-60　音频接口

（2）本书实例中的音频接口为耳机接口，规格为 3.50mm，与主 PCB 连接方式为贴片焊接式，如图 8-61 所示。AV 接口外形与尺寸与耳机接口一样。

16．屏蔽罩

屏蔽罩主要作用就是对主板中各种电子元器件起屏蔽作用，防止电磁干扰（EMI）。

（1）屏蔽罩根据固定方式分为可拆卸式与不可拆卸式。可拆卸式有两个部件，其中焊接在主板上的是支架；另一部分是盖子，盖子可拆卸，方便维修硬件。不可拆卸式只有一个支架焊接在主板上。图8-62所示为可拆卸式屏蔽罩。

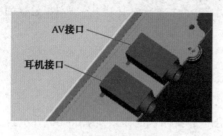

图8-61　实例中的音频接口

图8-62　屏蔽罩的支架与盖子

（2）屏蔽罩的支架需要焊接，材料常用洋白铜、马口铁等。盖子不用焊接，材料选用马口铁、洋白铜、不锈钢。屏蔽罩支架与盖子厚度均为0.20mm，盖子也可以适当做薄一点。

技巧提示：不锈钢不粘锡，不能做支架，只能做盖子。

（3）为了元器件散热，屏蔽罩上可开圆孔，直径为$\phi 1.00\sim\phi 1.50$mm，建议做到$\phi 1.20$mm，如图8-63所示。

图8-63　屏蔽罩上的散热孔

（4）屏蔽罩是钣金材料，通过五金模加工而成，设计屏蔽罩要符合钣金设计原理，注意做工艺缺口。

（5）屏蔽罩要求平整，平面度控制在0.12mm内。

17. 电池连接器

电池连接器主要作用就是连接主板与电池，通过贴片焊接在主板上。

（1）电池连接器的常用类型有立式、卧式、刀片式等，如图8-64所示。

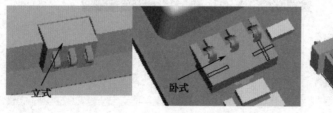

图8-64　电池连接器类形图

（2）电池连接器外形尺寸设计时参照规格书。

（3）立式电池连接器要限位，间隙为 0.30～0.50mm，立式电池连接器后方要加挡骨位，间隙为 0.20mm，防止受到外力撞击松脱而产生断电现象。

（4）电池连接器弹片弹性要好。刀片式强度要够，不能有歪斜。

（5）本书实例中的电池连接器为刀片式，与主 PCB 通过贴片焊接，如图 8-65 所示。

18．电池

电池是主板的电源，通过电池连接器给主板提供电量。

（1）电池容量的大小取决于电芯的容量，电芯越大，电池容量越大。

（2）电池接触点的正负极与主板一致，在电池上要标识清楚，如图 8-66 所示。

图 8-65　实例中的电池连接器

图 8-66　电池正负极标识

（3）电池常用的是锂电池。

（4）根据电池外形计算最大电池容量公式（单位：mm）：（长-3.00）×（宽-1.40）×（厚-0.20）×0.11（系数）。

> ✿ **技巧提示**：以上公式相减后的数值就是电芯的外形尺寸，各大电芯制造厂商有标准电芯尺寸，设计时最好采用标准尺寸电芯。

（5）本书实例中的电池为内置锂电池，不可拆换。通过刀片式连接器与主 PCB 连接。如图 8-67 所示。

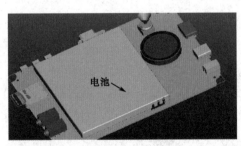
图 8-67　实例中的电池

第**9**章

结构建模

9.1 结构建模简述

1. 什么是建模

建模就是构建模型，在产品结构设计中，建模指的是构建三维外观模型，通过专业的三维设计软件对看得见但摸不着的 ID 平面图进行立体的呈现。

建模是很细致的工作，构建的模型要能符合 ID 图的要求，包括外形的长宽高尺寸、外形的细部特征等都要体现出来。

完成后的外观建模相当于一台模型机的外形，外观一样但没有功能，构建外观模型时对里面的结构部分可以不用设计，但所有的外观细节都要表现出来，图 9-1 所示为构建好的外观模型。

图 9-1　外观建模

2. 建模软件介绍

结构设计时要体现出实实在在的产品，就要通过图形体现，包括二维及三维图形。当然，软件是必不可少的，现在设计类软件很多，如 Pro/ENGINEER（简称 Pro/E）、UG、SolidWorks、CATIA 等，做结构设计，选择合适的软件才能事半功倍。目前，结构设计最常用的三维设计软件是 Pro/E，Pro/E 的主要特点就是参数式设计，最大优点是易于操作，方便修改，是结构设计中的首选软件。而二维软件最常用的就是 AutoCAD，AutoCAD 一直是二维软件中的佼佼者，功能强大，操作简单，易学。

Pro/ENGINEER 软件是美国参数技术公司（PTC）旗下的 CAD/CAM/CAE 一体化的三维软件。在目前三维造型软件领域中占有着重要地位，Pro/Engineer 作为当今世界机械 CAD/CAE/CAM 领域的新标准而得到业界的认可和推广。是现今主流的 CAD/CAM/CAE 软件之一，特别是在国内产品设计领域占据重要位置。

技巧提示：Pro/ENGINEER 和 WildFire 是 PTC 官方使用的软件名称，但在中国用户所使用的名称中，有各种不同的称呼，如 Pro/E、破衣、野火等都是指 Pro/ENGINEER 软件。Pro/E 有很多版本，早期的 2001 版和野火 2.0 版，较新的野火 4.0 版及 5.0 版，还有最近出的版本 Creo1.0、Creo2.0，越新的版本对电脑硬件要求越高，新版本的普及需要时间，目前最常用的是野火 4.0。

本书实例中所使用的软件版本是野火 4.0，图 9-2 所示是野火 4.0 的操作界面。

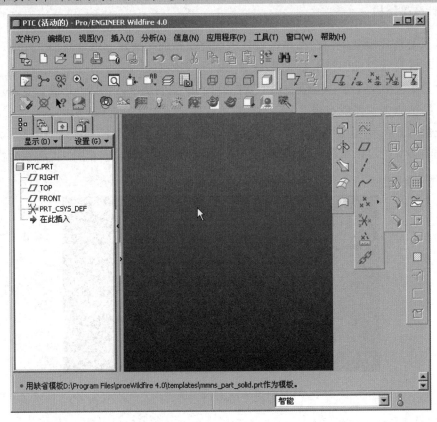

图 9-2　Pro/E 野火 4.0 操作界面

二维软件中 AutoCAD 一直是领航者，用来出工程图非常方便，很多工程师就是用 Pro/E 设计三维，而用 AutoCAD 绘制工程图。

AutoCAD（Auto Computer Aided Design）是美国 Autodesk 公司首次于 1982 年生产的自

动计算机辅助设计软件，用于二维绘图、修改编辑、设计文档和基本三维设计。现已经成为国际上广为流行的绘图工具。

AutoCAD 软件优点很多，在平面绘制图形上有几乎完善的功能，强大的图形编辑能力，支持多种数据格式交换，用户还可以进行二次开发与定制功能。虽然 AutoCAD 软件提供了三维图形绘制工具，但不够完善，与其他三维软件相比，功能少、可操作性差，只适合简单的三维图形设计。

AutoCAD 软件广泛应用于机械、服装、模具、建筑、电子等行业。

技巧提示：AutoCAD 软件版本更新很快，几乎一年更新一次，目前最新的版本是 AutoCAD 2013 版。各个版本都有人使用，AutoCAD 2004、AutoCAD 2008 版是应用较多的版本。图 9-3 所示是 AutoCAD 2008 版的操作界面。

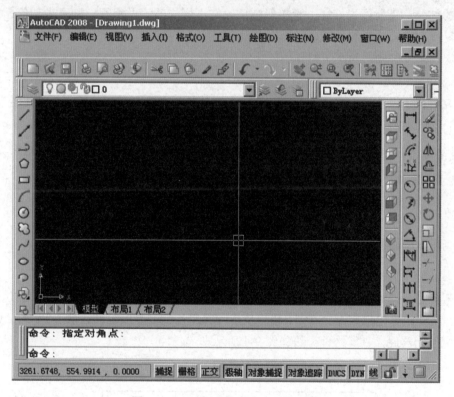

图 9-3 AutoCAD 2008 版的操作界面

9.2 产品模板介绍及自顶向下的设计理念

1. 模板介绍

产品结构设计中所讲的模板是指一系列的文件档案名称的集合，在 Pro/E 软件中，模板是指一系列没有特征的组件构成的三维装配档案。如图9-5所示是本书实例中的三维档案模板。

模板可以自己建立，也可以套用以前产品的模板，模板中的零件可以增删，少了就添加元件，没有用上的就可以删掉。

2. 自顶向下的设计理念

自顶向下就是从上往下设计，是交互式设计软件的一大特色，也是一种与传统设计方式不同的设计理念。Pro/E软件把自顶向下的设计发挥到极致，在Pro/E软件中是如何实现自顶向下设计的呢？

（1）首先创建一个顶级组件，也就是总装配图，后续工作是指围绕这个构架展开。

（2）给这个顶级组件创建一个骨架，骨架相当于地基，骨架在自顶向下设计理念中是最重要的部分，骨架做得好坏，直接影响后续好不好修改。做得好，则事半功倍，做得不好，不仅没有起到地基的作用，反而影响设计进度。

（3）创建子组件，并在子组件中创建零件，所有子组件与零件装配方式按默认（缺省）装配。

（4）所有子组件的主要零件参照骨架绘制，其外形大小与装配位置由骨架来控制。

（5）零件如需改动外形尺寸与装配位置，只需改动骨架，重生零件即可。

> **技巧提示**：自顶向下的设计最大的好处在于方便修改，骨架模型能控制整个产品的外形尺寸及零部件位置，读者在学习过程中要反复揣摩，并学会这种实用且先进的设计方法，以便提高在实际工作中的效率。

3. GPS产品模板构成分析

本书实例中的GPS产品构件不多，可分为三级组件，一级组件为总装配图；二级组件分为骨架模型、前壳组件、底壳组件、堆叠板组件；三级组件中前壳组件包括前壳、TP屏等零件；底壳组件包括底壳、侧键、摄像头镜片等零件；堆叠板组件包括主PCB、LCD屏、电池等电子元器件，基本构件分级如图9-4所示。

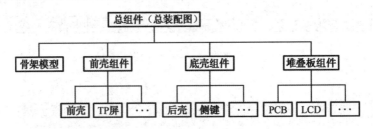

图9-4 GPS产品组件构成表

图9-5所示为本书产品中的三维档案模板。

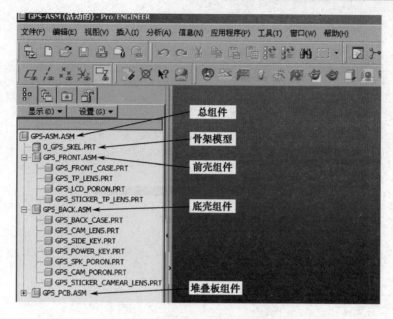

图 9-5　GPS 产品的三维档案模板

9.3　创建产品模板

构建产品模板从第一级总组件开始，依次是骨架模型、前壳组件、底壳组件，堆叠板组件。

1. 创建总组件文件

（1）打开 Pro/E 软件，新建一个装配图，命名为 GPS_ASM，如图 9-6 所示。

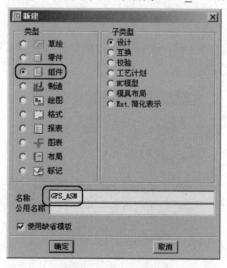

图 9-6　创建总组件

（2）总组件创建完成如图 9-7 所示，注意单位是 mm。

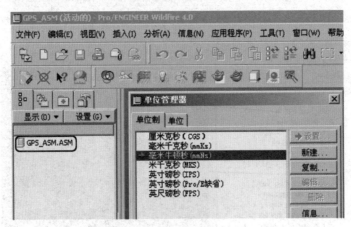

图 9-7　总组件创建完成

2. 创建骨架文件

（1）单击【插入】下拉菜单，选择【元件】→【创建】，弹出【元件创建】对话框，如图 9-8 所示。也可以直接单击创建图标。

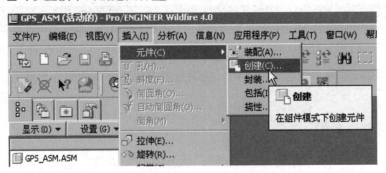

图 9-8　元件创建

（2）弹出【元件创建】对话框后，选择【骨架模型】，将名称改为"0_GPS_AM_SKEL"，然后单击【确定】按钮，如图 9-9 所示。

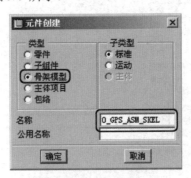

图 9-9　骨架模型改名

技巧提示：为什么在骨架文件名前加"0"？因为骨架模型文件频繁使用，加"0"能让骨架模型文件在打开文件时始终排在最前面，如图9-10所示。

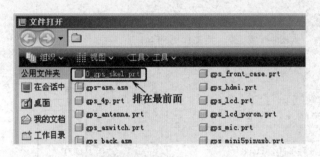

图9-10 骨架文件排在最前面

（3）选择【复制现有】，然后在 Pro/E 软件安装目录下打开【templates】文件夹，选择模板文件"mmns_part_solid.prt"，最后单击【确定】按钮，如图9-11所示。

图9-11 复制模板文件

（4）完成后的骨架模型如图9-12所示。

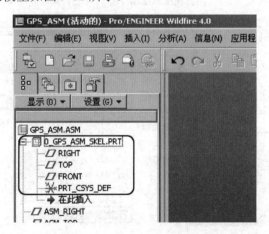

图9-12 完成后的骨架模型

技巧提示：构建骨架模型时为什么要选择模板文件"mmns_part_solid.prt"？这么做的好处就是新建文件后默认的基准自动显示出来，免去了重新建构的麻烦，如图9-13所示。

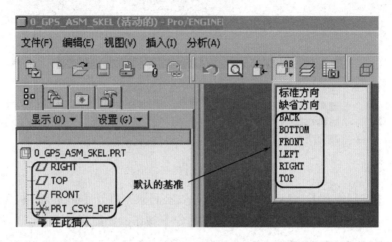

图9-13　默认的基准

3. 创建前壳组件

图9-14　创建前壳子组件

（1）单击【插入】下拉菜单，选择【元件】→【创建】，弹出【元件创建】对话框，也可以直接单击创建图标。

（2）弹出【元件创建】对话框后，选择【子组件】，将名称改为"GPS_FRONT"，然后单击【确定】按钮。如图9-14所示。

（3）选择【复制现有】，然后在 Pro/E 软件安装目录下打开【templates】文件夹，选择模板文件"mmns_asm_design.asm"，最后单击【确定】按钮，如图9-15所示。

图9-15　复制组件模板文件

（4）随后弹出【元件装配】对话框，将约束类型选择【缺省】，如图 9-16 所示。

（5）完成后的前壳组件如图 9-17 所示。

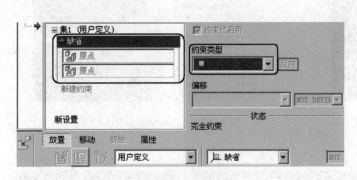

图 9-16　采用默认装配

图 9-17　前壳组件文件创建完成

4．创建前壳组件中的零件

（1）首先打开"GPS_FRONT.ASM"文件，选择【元件】→【创建】，弹出【元件创建】对话框，也可以直接单击创建图标。

（2）弹出【元件创建】对话框后，选择【零件】，将名称改为"GPS_FRONT_CASE"，然后单击【确定】按钮。如图 9-18 所示。

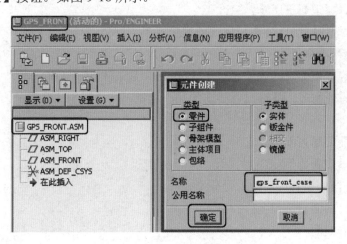

图 9-18　创建前壳子零件

（3）选择【复制现有】，然后在 Pro/E 软件安装目录下打开【templates】文件夹，选择模板文件"mmns_part_solid.prt"，最后单击【确定】按钮。

（4）随后弹出元件装配对话框，将约束类型选择【缺省】。

（5）完成后的前壳组件如图 9-19 所示。

技巧提示：创建好的文件注意保存，可参照以上的方法将前壳其他子零件创建完成，并将底壳组件及子零件创建完成，完成后如图 9-20 所示。

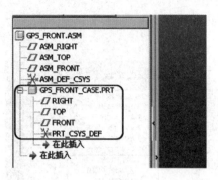

图 9-19　前壳子零件创建完成

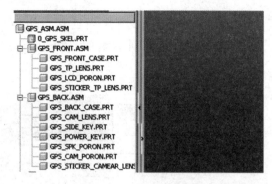

图 9-20　所有组件及零件创建完成

9.4　构建骨架模型

9.4.1　构建骨架的基本要求

骨架在自顶向下的设计中占有重要作用，做骨架步骤要清晰明了，方便修改，线与面之间的参照与参考要正确，切忌同一个线与面相互参照。

构建骨架基本要求如下所示：

（1）外形要尽量贴近 ID 外形，外观曲面模具不走行位（行位又称滑块，是模具解决倒扣的机构），拔模角不少于 3°。

（2）要求前壳能偏面（抽壳）不少于 3.00mm，底壳不少于 3.00mm。

（3）尺寸要方便修改，外形尺寸要能加长、加宽、加厚至少 2.00mm，零件重生后而特征不失败。

（4）零碎曲面要尽可能少。

做骨架的基本步骤如下：

（1）参照 ID 图构建外形曲线。

（2）构建前壳曲面。

（3）构建底壳曲面。

（4）构建公共曲面。

（5）绘制前壳其他曲线。

（6）绘制底壳其他曲线。

（7）绘制左右前后侧面曲线。

9.4.2　跟踪草绘构建外形曲线

（1）打开骨件文件"0_GPS_AM_SKEL"，用草绘曲线命令▧，以 FRONT 面为草绘平面，草绘一个矩形，用来确定外形的长宽，长度尺寸从中心线为界两侧分开标，利于修改。尺寸标注如图 9-21 所示。

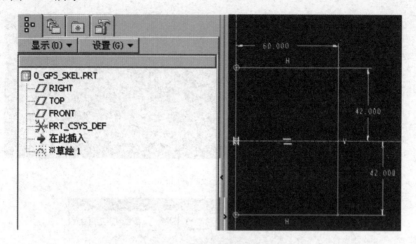

图 9-21 构建长宽曲线

（2）用草绘曲线命令，以 RIGHT 面为草绘平面，再画一个长方形，确定机子的厚度，注意两侧要参考上一步描的曲线，如图 9-22 所示。

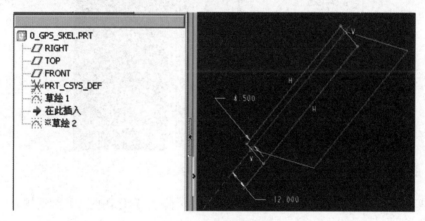

图 9-22 构建厚度曲线

（3）用曲面填充命令，将 FRONT 面向上平移 15.0mm 新建基准面为草绘平面，参照第一步建的长宽的线构建一个平面，如图 9-23 所示，完成后如图 9-24 所示。

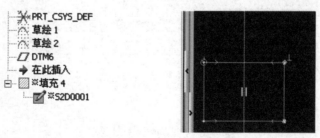

图 9-23 填充一个平面

（4）从下拉菜单选择【插入】→【造型】，也可以直接单击造型图标，弹出造型操作窗口，下拉菜单中多出【造型】一栏，如图 9-25 所示。

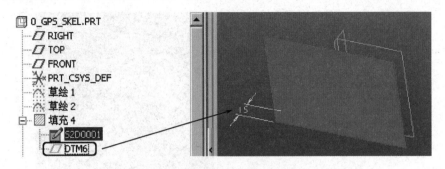

图 9-24　完成后的曲面

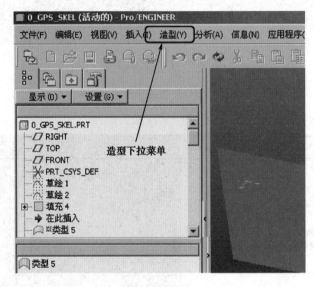

图 9-25　造型操作界面

（5）从下拉菜单选择【造型】→【跟踪草绘】，弹出【跟踪草绘】对话框，如图 9-26 所示。

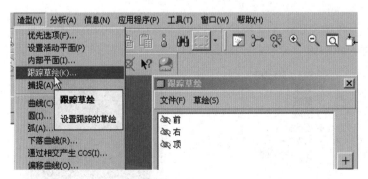

图 9-26　【跟踪草绘】对话框

（6）单击添加草绘，选取上一步做的填充曲面。如图 9-27 所示。

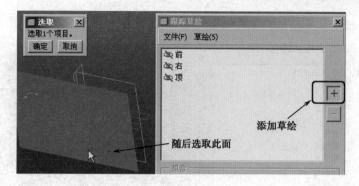

图 9-27 选取填充曲面

（7）选取 FRONT 外观图像文件，如图 9-28 所示。

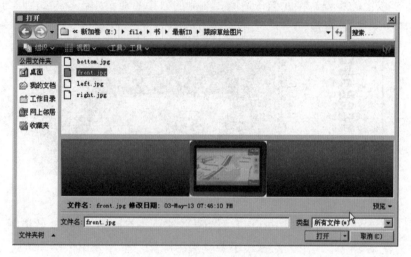

图 9-28 选取 FRONT 图像

（8）通过移动、缩放调节条将图像调整到与曲面重合，还可以通过透明调节条设置透明度，如图 9-29 所示。

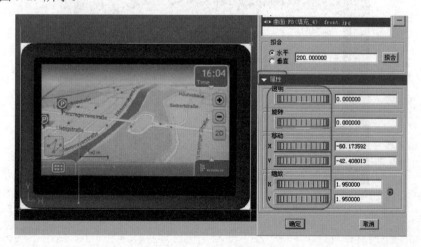

图 9-29 调整图像与曲面重合

（9）将填充曲面隐藏，完成后的效果如图 9-30 所示。

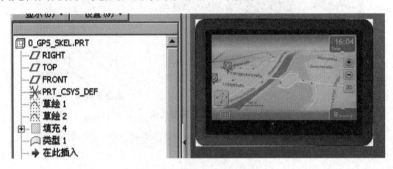

图 9-30 完成贴图后的效果

（10）重复以上的步骤，将底面、左侧、右侧的效果图通过跟踪草绘贴到曲面上，最终的完成效果图如图 9-31 所示。

图 9-31 四个面完成的贴图效果

（11）用草绘曲线命令，以 FRONT 面为草绘平面，参照贴好的 ID 效果图，画出外形拐角曲线。为便于修改，拐角处的弧线不要直接用圆弧，也不要用倒圆角方式建立，应用倒椭圆弧角或者锥圆弧。尺寸标注要便于修改，标注方法如图 9-32 所示。

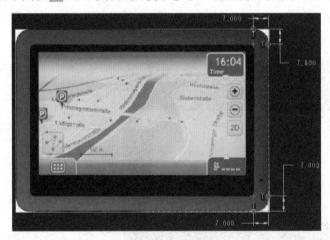

图 9-32 构建拐脚曲线

（12）用草绘曲线命令，以 RIGHT 面为草绘平面，参照贴好的 ID 效果图，画出前壳侧面曲线，注意拔模角度要画出。尺寸标注要便于修改，标注方法如图 9-33 所示。

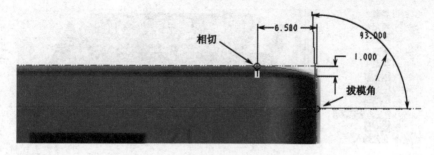

图 9-33 构建前壳侧面曲线

（13）用草绘曲线命令 ，以 RIGHT 面为草绘平面，参照贴好的 ID 效果图，画出底壳侧面曲线，注意拔模角度要画出。尺寸标注要便于修改，标注方法如图 9-34 所示。

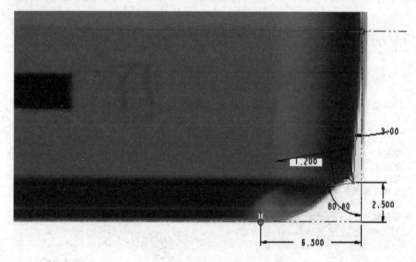

图 9-34 构建底壳侧面曲线

（14）用草绘曲线命令 ，以 TOP 面为草绘平面，参考上面几步绘制的曲线，画出另一侧面曲线，注意拔模角度要画出。尺寸标注要便于修改，标注方法如图 9-35 所示。

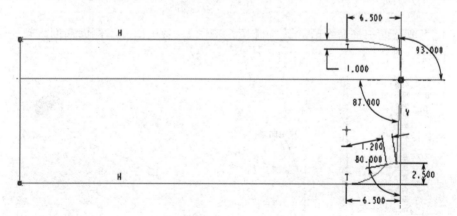

图 9-35 构建另一侧曲线

（15）外形曲线构建完成后的外形曲线如图 9-36 所示。

图 9-36　构建完成后的外形曲线

技巧提示： 在构建曲线时，参照一定要选择正确，不能随便选线作参照，非必需的参照一律不要。标注的每一个尺寸要方便修改。

9.4.3　构建前壳曲面

由于产品呈对称性，在构建前壳及底壳曲面时都只需要构建 1/2。

（1）用可变截面扫描命令 ，选择【恒定剖面】，做出前壳上侧面曲面，轨迹选择如图 9-37 所示。

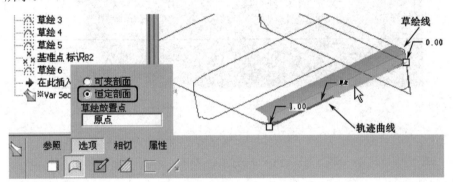

图 9-37　扫描前壳上侧面

（2）用可变截面扫描命令 ，选择【恒定剖面】，做出前壳下侧面曲面，轨迹选择如图 9-38 所示。

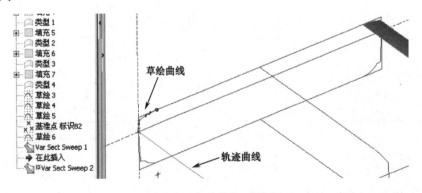

图 9-38　构建前壳下侧面

（3）用可变截面扫描命令 ，选择【恒定剖面】，做出前壳右侧面曲面，轨迹选择如图 9-39 所示。

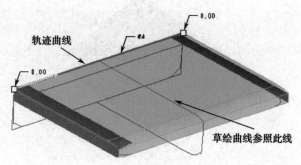

图 9-39 构建前壳右侧面

（4）将上面作的三个曲面合并，注意主曲面的选择，完成后如图 9-40 所示。

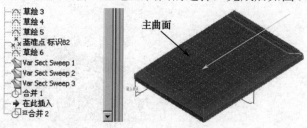

图 9-40 合并三个曲面

技巧提示：曲面合并时注意选择曲面的顺序，选择的第一个曲面是比较重要的曲面，即主曲面，隐藏面组只需将主曲面隐藏即可。

（5）前壳主体曲面构建完成，但拐角是圆弧，需要用曲面剪切命令切除拐角多余部分再构建圆弧。

用拉伸命令 ，以 FRONT 面为草绘平面，选择拉伸曲面 去除材料 ，裁剪前壳多余拐角部分，标注尺寸如图 9-41 所示。

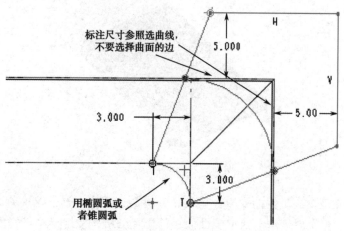

图 9-41 切拐脚多余部分

（6）上、下拐角都要切除多余曲面，完成后如图 9-42 所示。

图 9-42　切拐脚完成后

（7）用边界混合命令 作出前壳上拐角曲面，注意有三个面要设置相切，如图 9-43 所示。

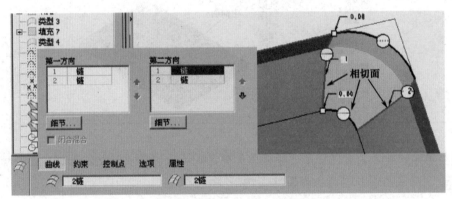

图 9-43　构建上拐脚曲面

（8）用第六步的方法作出下拐角曲面，并将所有的曲面合并，前壳曲面完成后如图 9-44 所示。

图 9-44　前壳曲面构建完成

（9）检查前壳是否满足偏面要求，单击【分析】→【几何】下拉菜单，选取【半径】，随后弹出【半径检测】对话框，对前壳曲面进行半径分析，发现最小半径能满足偏面要求。如图 9-45 所示。

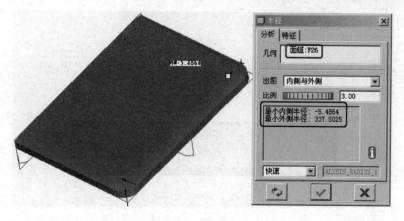

图 9-45　检测前壳曲面

9.4.4　构建底壳曲面

（1）用构建前壳一样的方法构建底壳曲面，完成后如图 9-46 所示。

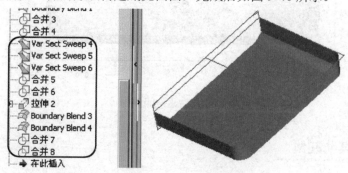

图 9-46　完成后的底壳曲面

（2）用半径分析工具检查底壳是否满足偏面要求，发现最小半径能满足偏面要求。如图 9-47 所示。

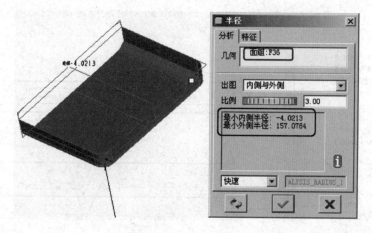

图 9-47　分析底壳曲面

9.4.5 构建公共曲面

（1）用拉伸命令，选择曲面拉伸，以 RIGHT 面为草绘平面，拉伸一个前壳与底壳的分界面，拉伸高度为 65.00mm。尺寸标注如图 9-48 所示。

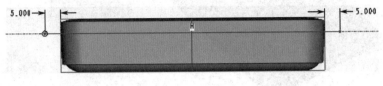

图 9-48 分界面尺寸

（2）用曲面填充命令，以 RIGHT 面为草绘平面，构建一个中间的曲面，尺寸标注如图 9-49 所示。

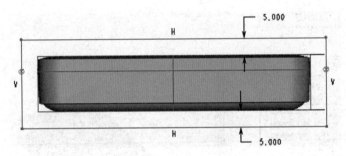

图 9-49 构建中间曲面

9.4.6 构建其他曲线

大面构建完成之后下一步是构建细节线条。描线之前，新建一个层将曲面隐藏，防止在描线时参照到曲面。

构建曲线的步骤：先描前壳线条→底壳→右侧面→左侧面→上侧面。

（1）将 FRONT 面朝上平移 15.0mm 新建基准面，用来作为前壳描线的草绘平面，如图 9-50 所示。

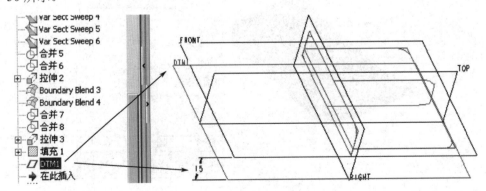

图 9-50 建前壳描线的基准面

（2）用草绘曲线命令，以上一步建立的基准面为草绘平面，参照跟踪草绘贴的 ID 图，构建出 TP 屏的外围线。尺寸标注要便于修改，标注方法如图 9-51 所示。

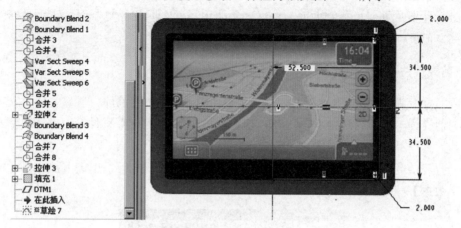

图 9-51　构建 TP 屏的外围线

（3）用同样的方法构建出其他所有的线条，构建完成后的曲线如图 9-52 所示。

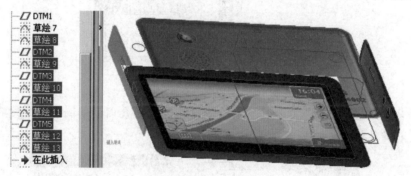

图 9-52　构建完成后的曲线

> **技巧提示**：构建曲线时尺寸及位置先尽量照 ID 效果图，后续结构中还要根据 PCB 堆叠精确调整。

9.5　构建前壳组件

1. 从骨架模型中拆分零件的基本要求

骨架模型构建完成之后，就要把各组件的零件拆分出来，拆件就是要把所有外观面包括细节特征都要做出来。拆件基本要求如下所述。

（1）拆件顺序依次为前壳组件、底壳组件、侧按键组件。

（2）子组件拆件从外到里依次拆件，先大件再小件。

（3）两零件之间的间隙按"留大件偏小件"规则，在拆大件时，不用留间隙，与其配合的小件再留出间隙。

（4）拆件要从骨架里复制曲面与曲线，不要用零件之间相互复制面与线用来拆件，小零件除外，但零件之间相互尽量少参照，以免重生失败。

2．前壳拆件

前壳组件分为前壳及 TP 屏镜片，先拆前壳，其次是 TP 屏镜片。

（1）前壳为塑料，材料是 PC+ABS，前壳料厚根据第 4 章塑料件结构设计的基本原则进行设计，此产品为中型塑胶零件，前壳厚度取为 2.00mm。

（2）打开前壳组件中的前壳零件"GPS_FRONT_CASE.PRT"，单击下拉菜单【插入】→【共享数据】→【复制几何】，如图 9-53 所示。

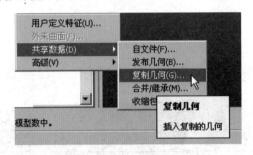

图 9-53　选择复制几何命令

（3）在弹出的复制几何对话框中，首先将【仅限发布几何】单击取消，然后单击打开【参照】，选取骨架模型，如图 9-54 所示。

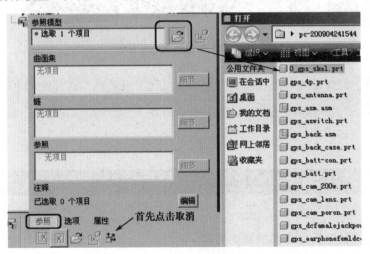

图 9-54　选取骨架模型

（4）骨架模型采用【缺省】设置，然后单击【确定】按钮。如图 9-55 所示。

（5）接着单击【曲面集】里的【选取项目】，从骨架模型中复制需要的曲面。如图 9-56 所示。

图 9-55　选取缺省放置

图 9-56　选取项目

（6）复制完成后的曲面如图 9-57 所示。

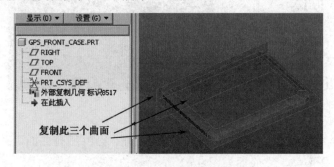

图 9-57　复制完成后的曲面

（7）用同样的方法复制前壳所需的曲线，在选择时单击【链】里的【单击此处添加项目】，完成后如图 9-58 所示。

图 9-58　复制需要的两条曲线

技巧提示：曲面曲线为什么要分开复制呢？主要就是方便后续作图参考，互不影响，也可单独隐藏。

（8）将外部复制进来的三个曲面各偏距 0.00mm，方便以后修改，然后将从骨架复制进来的曲面隐藏，完成后如图 9-59 所示。

技巧提示：注意此步用的命令不是复制（Ctrl+C），而是偏距命令，复制命令不能修改数据，偏距命令可以很方便地修改偏移数据。

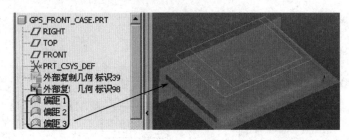

图 9-59　偏距各曲面

（9）前壳胶件厚度方向曲面偏距为 2.00mm，如图 9-60 所示。

图 9-60　厚度偏距

（10）用曲面合并命令 🔾，以前壳的顶面为主曲面，合并所有曲面，并用实体化命令 🖂 将合并后的曲面生成实体，完成后如图 9-61 所示。

图 9-61　合并后生成实体

（11）将外观边倒圆角 R1.00mm。如图 9-62 所示。

图 9-62　外观边倒圆角

（12）剪切 TP 屏镜片位置深度为 1.65mm，反面补胶厚度为 1.35mm。TP 镜片四周与前壳间隙为 0.10mm，如图 9-63 所示。

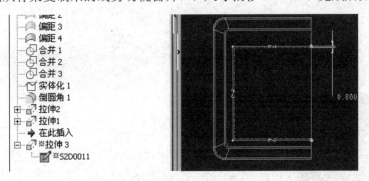

图 9-63 剪切 TP 屏镜片位置

> ☀ **技巧提示：** 触摸屏镜片厚度为 1.45mm，比前壳表面低 0.05mm，用双面胶固定于前壳，双面胶厚为 0.15mm，前壳剪切位置深度为 0.05mm+1.45mm+0.15mm=1.65mm。

（13）参照从骨架复制来的线剪切视窗开口，尺寸偏移 0.80mm，完成后如图 9-64 所示。

图 9-64 切视窗开口

（14）选取实体曲面，然后复制（Ctrl+C）曲面。如图 9-65 所示。

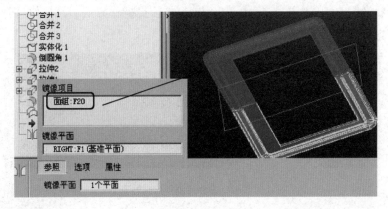

图 9-65 复制实体曲面

（15）镜像复制的面组，如图 9-66 所示。

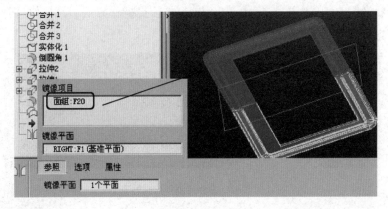

图 9-66 镜像面组

（16）将镜像的面组用实体化命令 ◻ 生成实体，至此前壳拆件完成，如图 9-67 所示。

图 9-67　完成后的前壳

技巧提示：拆件时先做一半实体，然后再镜像另一半，注意镜像时选择面组，避免选到复制特征，同时设置将原面组隐藏。

图 9-68　拆 TP 镜片

3．TP 屏镜片拆件

TP 镜片由于结构的特殊性，厚度不能太薄，常用厚度为 1.00～1.60mm，本例中厚度为 1.45mm。触摸屏通过双面胶固定于前壳上。拆件方法与前壳基本相同，但四周要留出与间壳的间隙 0.10mm。完成后如图 9-68 所示。

9.6　构建底壳组件

底壳组件包括底壳、摄像头镜片、侧键子零件等。

1．底壳拆件

（1）底壳材料是 PC+ABS，厚度为 2.00mm。与前壳拆件方法一样，先从骨架复制进来需要的曲线与曲面，完成后如图 9-69 所示。

图 9-69　复制曲面与曲线

（2）偏距曲面，完成后如图 9-70 所示。

图 9-70　偏距曲面

（3）合并上一步复制的曲面，并生成实体，完成后如图 9-71 所示。

图 9-71　合并曲面并生成实体

（4）外观边线倒圆角，完成后如图 9-72 所示。

图 9-72　外观边线倒圆角

（5）复制实体曲面并镜像，最后生成实体，完成后如图 9-73 所示。

图 9-73　底壳拆件完成

（6）去材料切摄像头镜片位置，深度为 1.00mm，完成后如图 9-74 所示。

技巧提示：摄像头镜片厚度为 0.65mm，比前壳表面低 0.20mm，用双面胶固定于底壳，双面胶厚为 0.15mm，底壳剪切位置深度为 0.20mm+0.65mm+0.15mm=1.00mm。

图 9-74　切摄像头镜片位置

（7）去材料切喇叭出音孔，圆孔直径为 1.00mm，完成后如图 9-75 所示。

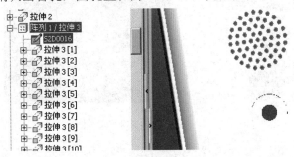

图 9-75　切喇叭出音孔

（8）左侧切避开端口位置，尺寸如图 9-76 所示。

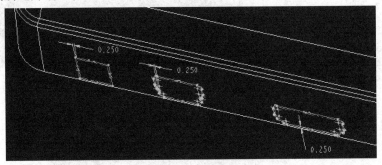

图 9-76　左侧切避开端口位置

（9）右侧切避开端口位置，尺寸如图 9-77 所示。

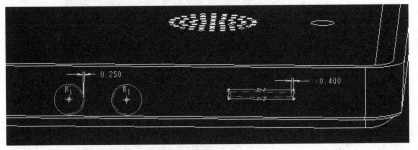

图 9-77　右侧切避开端口位置

壳体避开连接器端口的间隙一般取 0.20～0.50mm，稍精密模具常用值为 0.25mm，玩具类产品间隙应不小于 0.30mm。

（10）外观孔边倒角处理，倒直角为 0.30mm，如图 9-78 所示。

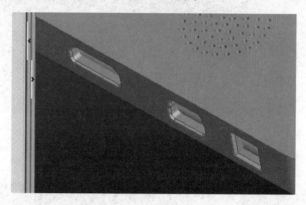

图 9-78 外观件孔边倒直角处理

2. 摄像头镜片拆件

摄像头镜片材料为钢化玻璃，常用厚度一般有三种：0.50mm、0.65mm、0.80mm。摄像头镜片表面是平的，四周与壳体间隙为 0.07mm，通过双面胶固定在壳体上。摄像头镜片属于小件，可参照底壳上的开孔位置直接画出，无需参考骨架。摄像头镜片要求丝印黑边，丝印界线也要画出来。完成后如图 9-79 所示。

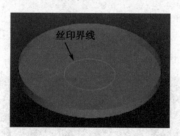

图 9-79 摄像头镜片的丝印界线

丝印界线的尺寸大小在拆件时应参照 ID 效果图来确定，做结构时还要精确调整。

3. 侧按键拆件

侧按键的键帽不需要透明，外形尺寸不大，需要做表面处理，材料选用 ABS 料即可。由于按键行程为 0.40mm，键帽需高出壳体面 0.60mm，四周与壳体的间隙为 0.10～0.15mm。本书取间隙为 0.15mm，以免卡键。具体如图 9-80 所示。

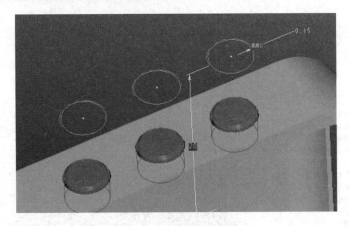

图 9-80　侧键键帽拆件

9.7　装配 PCB 堆叠板

外观拆件完成后，下一步是装配 PCB 堆叠板。

> **技巧提示**：在实际工作中，PCB 堆叠板的来源可由第三方提供（如专业的 GPS 主板方案公司），也可以由结构工程师自己做三维结构堆叠，再由电子硬件工程师设计电路。本书实例中的 PCB 堆叠板来源于实际工作中成功上市的案例，但稍做改动，在光盘附带的文件中有提供，读者不用做三维结构堆叠。

（1）首先在 PCB 堆叠板上做定位基准。定位基准在 LCD 屏上做两个曲面。打开 LCD 屏，在 LCD 屏的 AA 区中心拉伸两个曲面，如图 9-81 所示。

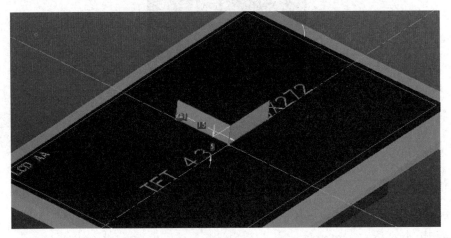

图 9-81　LCD 屏上做两个曲面基准

（2）打开总装配图，用装配命令将 PCB 堆叠板装配到总装配中，首先装配第一个基准 Z 向（厚度方向），距离为 2.75mm，如图 9-82 所示。

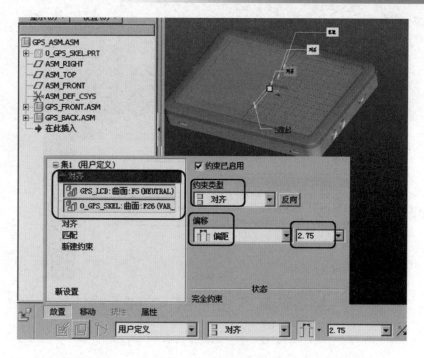

图 9-82　装配 Z 方向

（3）用装配命令 装配第二个基准 Y 向（纵向），装配距离为重合，如图 9-83 所示。

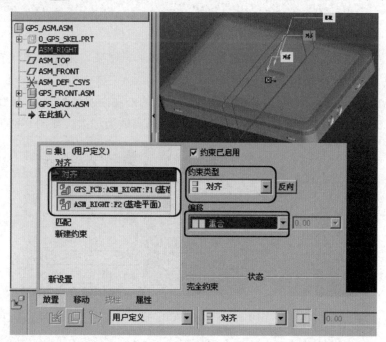

图 9-83　装配 Y 方向

（4）用装配命令 装配第三个基准 X 向（横向），装配距离为重合，如图 9-84 所示。

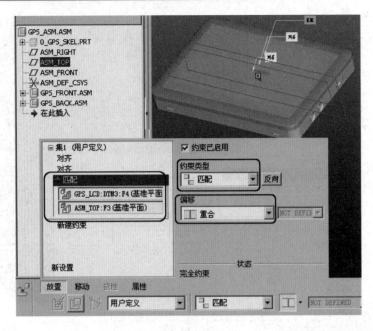

图 9-84　装配 X 方向

9.8　建模评审结构并调整骨架中的曲线

　　PCB 堆叠板装配好之后，接下来就是评审，评审非常重要，主要为评审结构设计空间够不够，方便下一步设计结构。

　　（1）整机长度与宽度。为了做结构的需要，壳体的外观面四周距 PCB 堆叠板最大尺寸尽量不小于 3.00mm，如果外观面拔模角度较大，距离需适当加大，如图 9-85 所示。

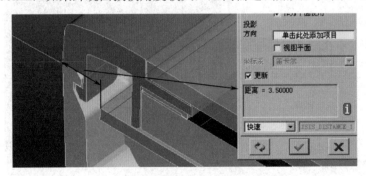

图 9-85　四周与 PCB 的距离

　　（2）检查壳体所有涉及外观面的地方料厚不小于 0.80mm。

　　（3）摄像头镜片中心要对齐 PCB 堆叠板摄像头的中心，如图 9-86 所示。

　　（4）MIC 要有足够的空间放置，MIC 离壳体最外边距离不小于 0.80mm，如图 9-87 所示。

　　（5）喇叭孔的出音面积要足够。喇叭孔的出音面积在喇叭本身面积的 10%～30% 范围内。

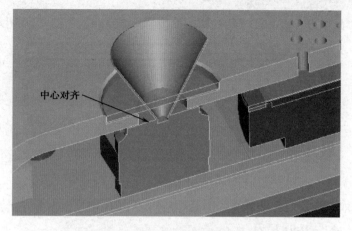

图 9-86 对齐摄像头与镜片中心

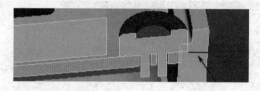

图 9-87 MIC 离外边的距离

（6）喇叭前音腔表面距外壳表面不小于 1.60mm（0.80mm 为最低音腔高度，+0.80mm 为壳体最少料厚），如图 9-88 所示。

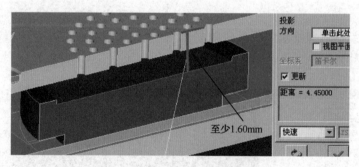

图 9-88 喇叭出音面积

（7）各连接器端口（如 USB 连接器、HDMI 连接器、音频接口连接器等）表面离壳体最外边距离不大于 1.70mm，防止插头插不到底造成接触不良，如图 9-89 所示。

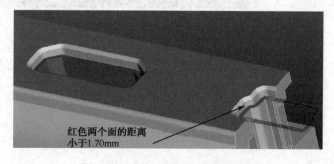

图 9-89 连接器端面与壳体的距离

（8）TP 屏视窗丝印线比 LCD 屏的 *AA* 区单边大 0.50mm，如图 9-90 所示。

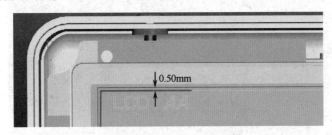

图 9-90　视窗丝印线比 LCD 屏的 *AA* 区的距离

（9）将底壳四个侧面的各个开孔的中心相应对齐 PCB 堆叠板中各连接器的中心与侧键轻触开关的中心，如图 9-91 所示。

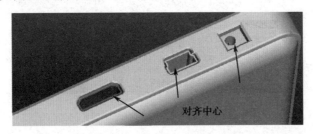

图 9-91　壳体开孔对齐中心

技巧提示：对齐开孔的中心操作很简单，由于做骨架时有描有这些曲线，只需将骨架中的曲线对齐 PCB 堆叠板各元器件的中心，整个组件重新生成即可，这也是骨架的优点所在，如图 9-92 所示。

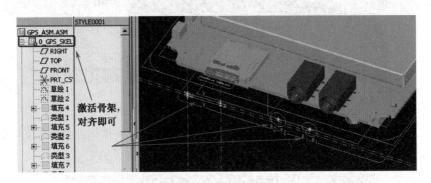

图 9-92　对齐中心方法

第10章

产品结构布局设计

10.1 结构关系分析与结构绘图的基本要求

10.1.1 产品各零部件的结构关系分析

产品结构建模完成之后，就要开始设计产品内部结构了。

产品内部结构包括哪些方面呢？又从哪里开始做结构呢？这些问题对于很多刚入行的结构工程师而言，往往茫然无措，不知从何开始做起，也不知道到底做什么结构才是可行的？有些工程师设计结构思路混乱，丢三落四，也不认真检查，产品通过模具制作出来后，试装时才知道这里固定不够，那里又装配干涉，于是又急急忙忙改模，改了几次之后发现还没有改好，既费时又费力。

那如何才能设计好一款产品的结构呢？

其实，对于大部分电子产品，属于没有运动动作的产品，不需要运动机构。涉及结构关系的零部件主要包括前壳与底壳、壳体与 PCB 堆叠板、壳体与装饰件、壳体与辅料。

对于带有动作功能的产品，除了以上的结构关系外，还牵涉机械运动模拟，这一类型的产品需要试验模拟运动状态，如齿轮运动、蜗杆蜗轮运动、凸轮运动等。

结构设计就是要将这些有相互关系的零部件组合在一起，形成一个完整的产品。这些零部件之间连接、固定可靠，有运动功能的要运动顺畅。

前壳与底壳的结构关系主要是连接与固定关系，其中包括止口设计、螺丝柱设计、卡扣设计、反止口设计等结构。

壳体与 PCB 堆叠板的结构关系主要是固定与限位，其中包括 PCB 四周限位、Z 向限位、电子元器件的固定与限位、电子元器件发挥功能的特定结构等。

壳体与装饰件的结构关系主要是装饰件的固定与连接，对于壳体而言，装饰件属于附属件，需要在壳体上有可靠的固定与限位结构，这些结构包括热熔柱、卡扣、双面胶、反插骨等结构设计。

壳体与辅料的结构关系主要是辅料的限位与固定，辅料是指那些小物料，如双面胶，泡棉、防尘网等，辅料只需在壳体上有可靠的限位，一般通过双面胶或者胶水固定即可。

运动型的产品应用最多的还是齿轮运动、齿轮与齿条传动，在本书的第十五章有专门讲述齿轮传动设计。

 技巧提示：读者在学习结构设计时，要循序渐进地学习本书内容，尤其是要按照书中讲的知识完整的设计案例中的 GPS 产品。设计结构的先后步骤按照本书所讲的顺序来学习，并融会贯通，举一反三，达到真正掌握大部分的电子产品结构设计。

10.1.2　产品结构设计绘图的基本要求

结构设计绘图时，修改是必不可少的，GPS 结构属于精密结构，在设计时一定要把好关，作图时一定要方便修改。而且结构思路要清晰，作图步骤不要混乱，做特征一定要为以后改图及重生特征做准备，特别要注意以下几点。

（1）凡是在组件中通过缺省装配的零件要复制曲面或曲线给其他零件的时候，最好使用前一章所讲的拆件时那种复制方法。

例如，骨架在组件中是缺省装配的，如果前壳需要从骨架里复制曲线或者曲面，通过下拉菜单【插入】→【共享数据】→【复制几何】来复制。

（2）当一个零件需要复制曲面或者曲线给其他零件的时候，一定要先在自身零件里将要复制的曲面或者曲线先复制出来，再供其他零件复制用。

（3）在组件里激活单个零件做特征时，所有特征的草绘平面只能选择本身零件的基准平面或者可以参考的平面。

（4）尽量减少在组件里激活零件做特征，能在单个零件里做的特征绝不在组件里做。

（5）做卡扣及螺丝柱、止口等时，前壳与底壳尽量成对配作。

（6）固定电子元器件时，凡是要用两个零件配合来固定的，两个零件特征要一起做，不然很容易忘记，如 MIC 结构需要前壳与底壳同时限位时，特征要一起做。

（7）在草绘选参照的时候，优先选面，尽量不选边做参照。

（8）尽量少用实体面替换及实体面偏距等容易失败的命令，除非修改的这个面不再用做其他参照。

（9）作图时，大零件不能参考小零件，只能小零件参考大零件。

（10）前壳与底壳特征尽量不要相互参照。

10.2　结构布局设计的流程

结构布局就是主要的固定结构的总布置，设计的流程就是设计步骤，主要包括以下几点。

（1）判断 PCB 堆叠板的装配顺序。

（2）前壳、底壳止口设计。

（3）前壳、底壳螺丝柱设计。

（4）前壳、底壳卡扣设计。

10.3 判断 PCB 堆叠板的装配顺序

做整机结构设计首先要确定的就是 PCB 堆叠板的装配顺序，这是一个结构设计人员必须要考虑的问题，设计的产品转换成实物上市销售前，装配是一个必不可少的环节，怎样利于装配，这是在结构设计时就要考虑清楚的。

结构设计对装配有至关重要的影响，其中，直接影响的是生产效率，在设计产品结构时，结构设计人员对产品的装配步骤要非常了解，尽量做到在生产时"傻瓜式装配"，越简单越好，越简单越说明生产问题少、装配时间短，生产效率自然就高。

以电子产品为例，装配顺序主要涉及前壳、底壳、PCB 堆叠板。PCB 堆叠板是先装前壳还是先装底壳主要由以下几点决定。

（1）厚度方向（Z 向），一般而言，PCB 堆叠板装在厚壳上。

（2）侧键，PCB 堆叠板一般是装在有侧键的壳上。

（3）在前壳与底壳都能装的情况下，优先装前壳。

根据上面几点判断，本书中这款 GPS 产品主板装底壳。

本书 GPS 产品的主要装配步骤如下所述。

（1）首先将外围电子元器件（如 LCD 屏、喇叭、摄像头、MIC、GPS 组件等）焊接在主板上。

（2）将侧键安装在底壳上。

（3）将 PCB 堆叠板装入底壳。

（4）将 TP 屏通过双面胶粘贴在前壳上。

（5）将 TP 屏上的 FPC 插入堆叠板上的连接器中。

（6）将前壳与底壳合壳。

（7）螺丝固定前壳与底壳。

（8）检查测试。

（9）最后装螺丝塞。

10.4 前壳与底壳的止口设计

10.4.1 止口的定义

止口没有专业的解释，可以从字面上理解为开口处的止动结构，也称为唇。

止口分为公止口与母止口，止口种类很多，现在以常用的一种来说明，图 10-1 所示是公止口，图 10-2 所示是母止口。

图 10-1　公止口

图 10-2　母止口

10.4.2　止口的作用

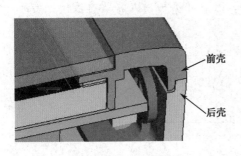

图 10-3　止口配合

为什么要设计止口呢？止口有什么作用？总的来说，止口的主要作用如下所述。

（1）限位。防止壳体装配时错位、产生断差。如图 10-3 所示，止口的作用是防止前壳朝外变形，同时防止底壳朝内缩。

（2）防 ESD。止口也称静电墙，可以阻挡静电从外进入内部，从而保护内部电子元器件，所以在设计时尽可能保留整圈止口的完整。

10.4.3　止口设计的原则

止口设计的基本原则如下：

（1）公止口一般做在厚度薄的壳体上。

（2）母止口一般做在厚度厚的壳体上。

> **技巧提示**：大部分电子产品的壳体中，绝大部分是前壳薄，底壳厚，所以，公止口一般做在前壳上。但要注意的就是公止口不一定就做在前壳，如果前壳厚，底壳薄，公止口就做在底壳。

10.4.4　公止口尺寸说明

公止口尺寸如图 10-4 所示，其各尺寸说明如下。

（1）尺寸 a 为公止口的高度，常用范围为 0.60～1.00mm。

（2）尺寸 b 为公止口根部宽度，常用范围为 0.60～0.80mm，最小尺寸要保证拔模后顶部最小宽度不少于 0.50mm。

（3）尺寸 c_1、c_2 是公止口两侧拔模尺寸，2°～3° 即可。

（4）尺寸 d 倒角尺寸，好装配，常用 0.25～0.30mm。

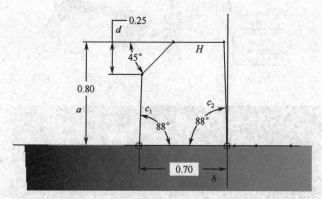

图 10-4　公止口尺寸

10.4.5　止口的配合尺寸说明

止口的配合尺寸如图 10-5 所示，其说明如下。

（1）尺寸 A 为配合面尺寸，为 0.05mm。

（2）尺寸 B 为止口纵向避让尺寸，常用 0.10～0.20mm，建议使用 0.20mm，防止尺寸偏差时造成装配干涉。

（3）尺寸 C 是过渡圆角，主要是胶位突变的圆滑过渡，也不能太大，防止装配时干涉。

（4）尺寸 D 为壳体外观面胶厚尺寸，应不小于 0.80mm。

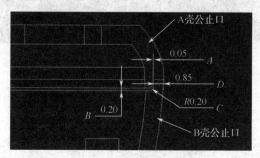

图 10-5　止口的配合尺寸

10.4.6　止口作图步骤

（1）首先做公止口，根据止口的设计原则，前壳做公止口。打开前壳零件"GPS_FRONT_CASE.PRT"，将绘图光标朝前拉动，回到复制特征前的编辑状态，如图 10-6 所示。

（2）用可变截面扫描命令 ，选择"恒定剖面"，拉描出公止口，尺寸如图 10-7 所示。

（3）公止口倒直角 0.30mm，完成后的公止口如图 10-8 所示。

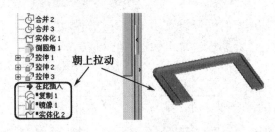

图 10-6　拉动绘图光标

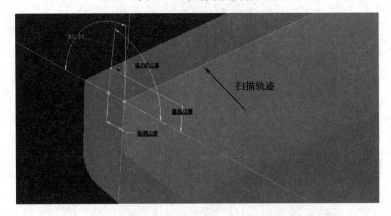

图 10-7　前壳公止口扫描

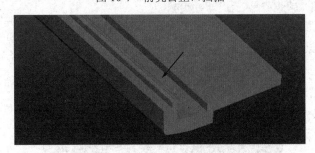

图 10-8　前壳完成后的公止口

（4）母止口在底壳，作图方法与公止口一样，配合尺寸按照图 10-5 所示的要求，完成后的母止口如图 10-9 所示。

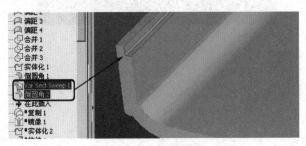

图 10-9　底壳完成后的母止口

（5）前后止口做好后，到总装配中去检查，检查设计尺寸是否符合要求，前壳与底壳的配合如图 10-10 所示。

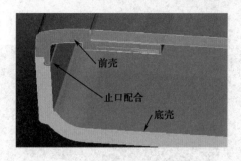

图10-10 前壳与底壳的止口配合

技巧提示：止口的作图方法很多，常用的就是用扫描直接一步作出，简单扫描用可变截面扫描命令时，注意选择"恒定剖面"。

10.5 前壳与底壳的螺丝柱设计

10.5.1 前壳与底壳固定方式的选择

两个零件之间的连接与固定，方法有很多，如螺丝、卡扣、超声波焊接、铆接、胶水黏结等，产品结构设计工程师对这些常用的方法要了解，再结合产品的使用场所与功能，选用适当的连接与固定方式。

在做产品结构设计时，选择连接与固定方式需要考虑以下几点。

（1）零件的材料，金属材料与塑胶材料固定方式有一定的差别，如金属材料一般强度好不易变形，选择固定方式时尽量不要选择卡扣。

（2）产品的使用场所，如产品在使用过程中，是否经常移动，经常移动的产品结构固定要牢固可靠，固定方式可选择螺丝。

（3）产品是否经常拆装，如果是经常拆装，为了方便，固定方式选择螺丝。

（4）产品是否密封，如果是密封性产品，可选择超声波焊接。

（5）产品是否经常打开，如果经常要开启，可选用螺纹连接、铰链连接。

（6）产品外形的大小，如果产品外形大，就不适合用卡扣固定，卡口会造成产品拆装及变形困难，可适当选用相应的螺丝固定。

本书实例中的 GPS 电子产品，前壳与底壳为塑胶材料，考虑强度与维修方便等因素，连接与固定方式首选螺丝固定，再结合卡扣就可以达到很好的固定效果。

螺丝是结构设计中最主要也是最常用的一种固定方式。螺丝固定有很多优点，既牢固又可靠。常用螺丝分机牙与自攻牙两种，机牙螺丝可反复拆装，但需要相应的配对螺母，成本高于自攻牙螺丝，自攻牙螺丝装配简单，无需专用的螺母，成本低，但拆装次数有限。由于 GPS 产品无需经常拆装机壳，从降低成本出发，选用自攻牙螺丝。

关于自攻牙的介绍及自攻牙螺丝柱的设计参照本书第四章相关内容。

本书实例中采用自攻牙的大小尺寸为 PB2.60×5.00mm，共需 4 个螺丝，分布于 4 个角落处，如图 10-11 所示。

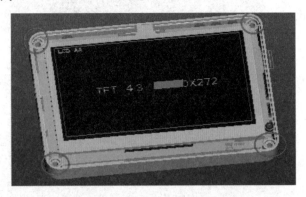

图 10-11　四个螺丝分布四个角落

技巧提示：从结构可靠性出发，整机不要少于四个螺丝，中间可用卡扣辅助固定，尤其是四个角落螺丝不能少。

10.5.2　螺丝柱作图步骤

（1）螺丝柱是前壳与底壳相配合的，为方便修改与控制，螺丝柱的位置在骨架里确定。在骨架里参照 PCB 堆叠板扫描螺丝柱位置曲线。

描螺丝位置曲线尺寸可直接描底壳螺丝柱的外径尺寸，同时注意每个螺丝柱尺寸要独立，可以对称，但作图时不要镜像，主要是方便以后改图。

（2）在总装配图中将暂时不需要显示的前壳组件及底壳组件隐藏，激活骨架模型，用草绘曲线命令，以 FRONT 面为草绘平面，参照 PCB 堆叠板的孔位画出螺丝柱位置，如图 10-12 所示。

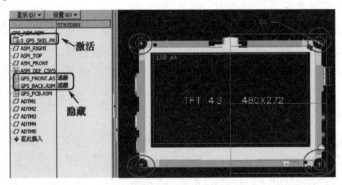

图 10-12　骨架里画出螺丝柱位置

（3）打开底壳零件"GPS_BACK_CASE.PRT"，通过下拉菜单【插入】→【共享数据】→【复制几何】命令，将螺丝柱曲线复制进来，如图 10-13 所示。

（4）通过拉伸命令，做出底壳四个螺丝柱，完成后如图 10-14 所示。

（5）底壳螺丝柱的高度与 PCB 板平齐，如图 10-15 所示。

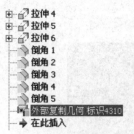

图 10-13 底壳复制骨架线中的螺丝柱曲线

图 10-14 底壳螺丝柱

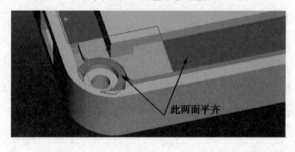

图 10-15 底壳螺丝柱高度与 PCB 板平齐

（6）打开前壳零件"GPS_FRONT_CASE.PRT"，通过下拉菜单【插入】→【共享数据】→【复制几何】命令，将螺丝柱曲线复制进来，如图 10-16 所示。

图 10-16 底壳复制骨架线中的螺丝柱曲线

（7）通过拉伸命令 ，做出前壳四个螺丝柱，完成后如图 10-17 所示。

图 10-17 前壳螺丝柱完成

（8）前壳与底壳螺丝柱完成后配合如图 10-18 所示。

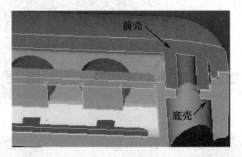

图 10-18　前壳与底壳螺丝柱完成后配合

10.6　前壳与底壳的卡扣设计

10.6.1　卡扣的作用

卡扣，又称扣位、卡扣位，作用与螺丝一样，也是起固定与连接作用，卡扣的主要作用是辅助螺丝固定壳体，整机结构固定仅靠螺丝柱是不够的，还必须要设计几个卡扣。卡扣是通过塑料件本身的弹性及卡扣结构上的变形来实现拆装的。

卡扣设计的基本原则如下。

（1）强度要够，不然拆装时容易损坏。

（2）扣合量要够，不然作用不明显。

（3）卡扣一定要有拆装的变形空间。

（4）整机卡扣一定要均匀。

（5）壳体结构强度弱的地方尽量布扣。

10.6.2　卡扣的分类

卡扣分公扣与母扣，分别做在两个不同的壳体上。图 10-19 所示是母扣，图 10-20 所示是公扣。

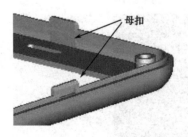

图 10-19　母扣

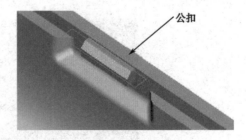

图 10-20　公扣

10.6.3 卡扣横向配合

卡扣横向配合如图 10-21 所示。

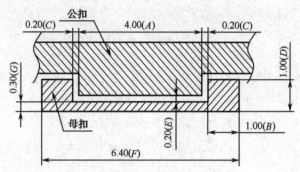

图 10-21 前壳、底壳卡扣横向剖面图

尺寸说明:

(1)尺寸 A 是公扣的宽度(又称卡扣宽度),此宽度可根据需要进行设计,尺寸建议在 2.00～6.00mm 范围内,常用宽度尺寸是 4.00mm。

(2)尺寸 B 是母扣的两侧厚度,为保证卡扣有足够的强度,常用 1.00mm,最少 0.80mm。

(3)尺寸 C 是公扣与母扣两侧的间隙 0.20mm。

(4)尺寸 D 是母扣另一侧的厚度,常用 1.00mm,最少 0.80mm。

(5)尺寸 E 是公扣与母扣另一侧的间隙 0.20mm。

(6)尺寸 F 是母扣的宽度,根据公扣的宽度及与母扣的间隙自然得出。

(7)尺寸 G 是母扣封胶的厚度 0.30mm。

10.6.4 卡扣纵向配合

卡扣纵向配合如图 10-22 所示。

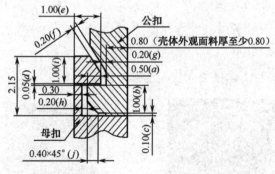

图 10-22 前壳、底壳卡扣纵向剖面图

尺寸说明:

(1)尺寸 a 是卡扣的配合量(扣合量),设计要合理,大了就很难拆,小了就起不到连接的作用。尺寸建议在 0.35～0.60mm 范围内,常用扣合量尺寸是 0.50mm。

（2）尺寸 b 是公扣的厚度，为保证足够的强度，常用 1.00mm，最少 0.80mm。

（3）尺寸 c 是公扣上表面要比底壳分模面低，不小于 0.05mm，常用 0.10mm。主要作用就是有利于模具加工与修整，以免模具因加工误差而造成卡扣上表面高出分模面，从而影响斜顶出模及壳体装配。

（4）尺寸 d 是母扣与公扣的 Z 向（厚度方向）的间隙 0.05mm，不能过大，以免卡扣没有起到作用。

（5）尺寸 e 是母扣的厚度，为保证足够的强度，常用 1.00mm，最少 0.80mm。

（6）尺寸 f 是母扣与公扣倒角边的避让间隙，不少于 0.20mm。

（7）尺寸 g 是母扣与公扣的避让间隙，不少于 0.20mm。

（8）尺寸 h 也是母扣与公扣的避让间隙，不少于 0.20mm。这个间隙设计时可留大点，扣合量不够时可以加胶。

（9）尺寸 i 是母扣顶部的厚度，为保证足够的强度，常用 1.00mm，最少 0.80mm。

（10）尺寸 j 是公扣的倒角，为方便装配，倒角尺寸为 0.40mm×45°。

10.6.5 卡扣与止口的关系

（1）正常布扣方法：母扣布在公止口的壳上，同理，公扣就布在母止口的壳上，图 10-23 是正常布扣的母扣，图 10-24 是正常布扣的公扣。

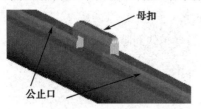

图 10-23 正常布扣的母扣　　　　　　　图 10-24 正常布扣的公扣

（2）反扣：母扣布在母止口的那一侧，就称为反扣。设计反扣时注意把公扣两侧的公止口单边切掉不小于 8.00mm，否则卡扣不能变形，成了死扣，如图 10-25 和图 10-26 所示。

> **技巧提示**：设计卡扣时尽量按正常布扣方法，如果空间紧张，再设计反扣，反扣不仅有连接作用，还有反止口功能，缺陷就是拆装较困难。反扣设计时要注意扣合量不能太大，先做到 0.35mm，壳料第一次试模后可根据需要再调整。

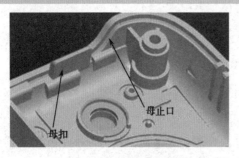

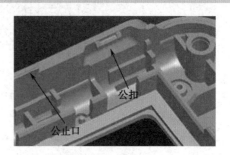

图 10-25 反扣的母扣　　　　　　　　　图 10-26 反扣的公扣

10.6.6 卡扣的变形空间设计

壳体在拆装时，卡扣需要变形，绝大部分变形量是靠母扣变形来完成的。所以在设计时，母扣一定要有变形的空间，而且变形空间一定要比扣合量大，最好大于 0.20mm，如图 10-27 所示。

> **技巧提示**：整机外形尺寸不变，如果母扣变形空间不够如何调整？可以将扣合量做小，但不要少于 0.40mm；也可以将与母扣与公扣的配合间隙做到 0.15mm。

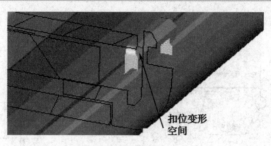

图 10-27 卡扣变形空间

10.6.7 卡扣掏胶

卡扣为什么要掏胶？掏胶的主要作用就是防止胶位过厚造成壳料缩水从而影响外观。图 10-28、图 10-29 是常用的两种掏胶方式。

> **技巧提示**：掏胶不是非掏不可，在不会引起外观面缩水的情况下可以不用掏胶。

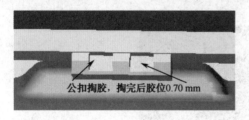

图 10-28 公扣掏胶

图 10-29 母扣掏胶

10.6.8 整机卡扣个数设计

卡扣既然是辅助螺丝柱固定壳体的，做多少个卡扣才合理呢？过多不仅增加模具制造成本，还会造成拆装困难。过少壳体连接有可能出现问题。整机布扣主要分以下两种情况。

（1）整机有 6 个螺钉的，布 8 个卡扣，布扣要均匀。如图 10-30 所示，尽可能地做到 $A=B=C$、$D=E$、$G=F$。

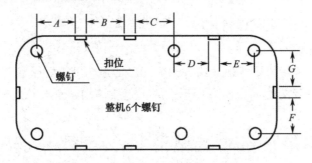

图 10-30　整机 6 个螺钉示意图

（2）整机有 4 个螺钉，布 8～10 个扣，布扣要均匀。如图 10-31 所示，尽可能地做到 $a=b=c=d$、$e=f$。

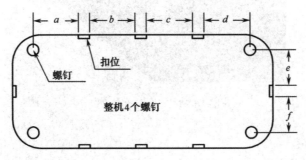

图 10-31　整机 4 个螺钉示意图

技巧提示：两个扣之间的距离最好控制在 30.00mm 左右，如果超过 35.00mm，建议增加卡扣，如果距离都小于 30.00mm，可适当减少卡扣的数量。

根据扣位设计的要求，本书实例中前壳做母扣，底壳做公扣，共设计六个扣位，均匀分布壳体四周，如图 10-32 所示。

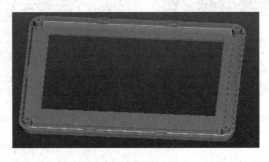

图 10-32　扣位均匀分布

10.6.9　卡扣作图步骤

卡扣与螺丝柱一样，也是前壳与底壳是配合的，为方便修改与控制，卡扣的位置在骨架里确定。在骨架里参照 PCB 堆叠板描卡扣位置曲线。

描卡扣位置曲线尺寸可直接描母扣的宽度尺寸，同时注意每个卡扣尺寸要独立，可以对称，但作图时不要镜像，主要是方便以后改图。

（1）在总装配图中将暂时不需要显示的前壳组件及底壳组隐藏，激活骨架模型，用草绘曲线命令，以 FRONT 面为草绘平面，参照 PCB 堆叠板的位置画出卡扣位置，如图 10-33 所示。

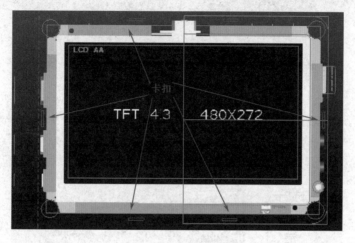

图 10-33　骨架中描扣位线

（2）在骨架里描扣位尺寸如图 10-34 所示。

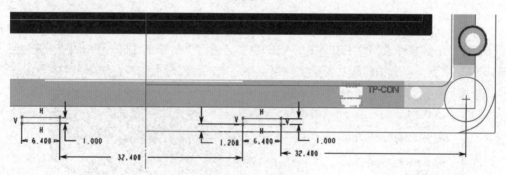

图 10-34　扣位尺寸

（3）打开底壳零件"GPS_BACK_CASE.PRT"，通过下拉菜单【插入】→【共享数据】→【复制几何】命令，将卡扣曲线从骨架文件中复制进来，完成公卡结构，如图 10-35 所示。

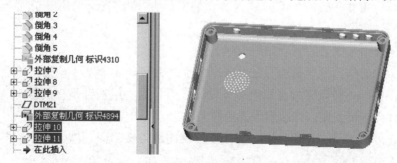

图 10-35　底壳复制曲线

（4）公扣倒 *C* 角 0.40mm。为方便装配，所有公扣装配边一定要倒直角，如图 10-36 所示。

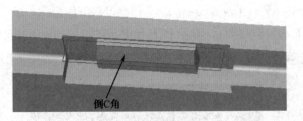

图 10-36　公扣倒 *C* 角

（5）公扣两侧及底部切斜角，并倒圆角。由于胶位厚度变化比较大，为了防止胶件注塑时应力集中及外观面有缩水痕迹，胶位厚度突变的地方要切斜边过渡。完成后如图 10-37 所示。

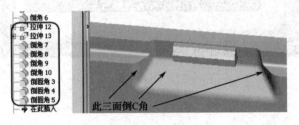

图 10-37　切斜边和倒圆角

（6）打开前壳零件 "GPS_FRONT_CASE.PRT"，通过下拉菜单【插入】→【共享数据】→【复制几何】命令，将卡扣曲线从骨架文件中复制进来，完成母卡结构，如图 10-38 所示。

图 10-38　母扣设计

（7）母扣倒 *C* 角 0.60mm×0.40mm。为方便装配，所有母扣装配的边一定要倒直角，如图 10-39 所示。

（8）母扣与公扣完成后的配合如图 10-40 所示。

（9）检查所做的结构是否符合设计要求。做完之后，一定要初步检查，检查好之后再继续下一步的操作，免得做错太多影响后续设计，因为很多结构都是相关联的，如果前一步做错，往往就会一错到底，修改起来既费时又费力。

常用的检查方法，是在总组件中，在需要检查的地方做剖面，结合【分析】下拉菜单中的【测量】、【模型】等工具进行检查，如图 10-41 所示。

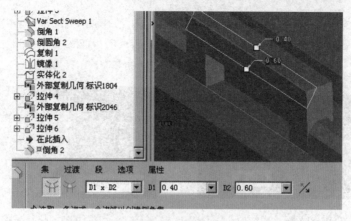

图 10-39 母扣倒角

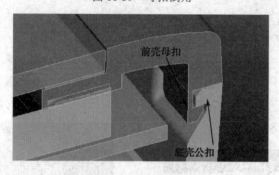

图 10-40 公扣与母扣的配合

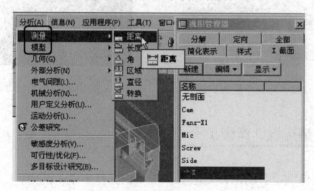

图 10-41 检查设计工具

10.7 螺丝塞结构设计

10.7.1 螺丝塞设计要点

（1）螺丝塞主要作用是遮丑与防尘。本书 GPS 实例产品中螺丝塞有四个，每个角落各一个，在设计时，尽量让所有螺丝塞共用，这样既简化了模具设计与加工的过程，在生产时也容易装配。螺丝塞是软胶，与底壳螺钉柱零间隙，如图 10-42 所示。

（2）因为螺丝塞是圆的，在生产装配时容易转动，所以螺丝塞在结构设计时要做防呆结构，以免装错。如图 10-43 所示是切掉一部分用来防呆。

图 10-42　螺丝塞结构　　　　　　　　　图 10-43　螺丝塞防

（3）为防止螺丝塞表面高出壳体表面，螺丝塞表面比壳体表面低 0.05～0.15mm，常用 0.10mm，如图 10-44 所示。

（4）做螺丝塞结构时要特别注意预留螺丝帽的高度空间，螺丝帽的高度空间根据实物高度预留，本书实例中用的是 2.60 的自攻牙螺丝，螺丝帽的预留高度应不小于 2.00mm，如图 10-45 所示。

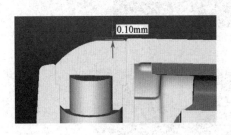
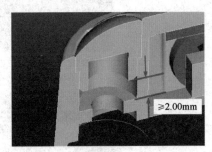

图 10-44　螺丝塞表面低于壳体表面　　　　图 10-45　预留螺丝帽的空间

10.7.2　螺丝塞结构设计作图步骤

（1）打开底壳零件"GPS_BACK_CASE.PRT"，切螺丝塞定位沉台，沉台宽度为 0.35mm，如图 10-46 所示。

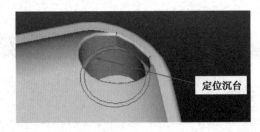

图 10-46　切定位沉台

（2）复制沉台曲面，供螺丝塞外部复制曲面用，如图 10-47 所示。

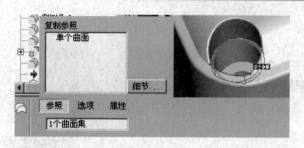

图10-47　复制沉台曲面

（3）打开螺丝塞零件"GPS_SCWRW_CAP.PRT"，通过下拉菜单【插入】→【共享数据】→【复制几何】命令，将沉台曲面从底壳文件中复制进来，如图10-48所示。

图10-48　外部复制沉台曲面

（4）通过下拉菜单【插入】→【共享数据】→【复制几何】命令，将外观曲面从骨架文件中复制进来，并朝内偏移0.10mm，如图10-49所示。

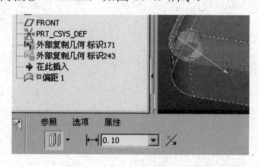

图10-49　从骨架复制外观曲面并偏距

（5）通过拉伸、切剪等命令完成螺丝塞的结构，如图10-50所示。

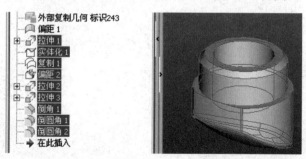

图10-50　完成螺丝塞结构

（6）装配其他三个螺丝塞，打开底壳组件"GPS_BACK.ASM"，用装配命令 将螺丝塞装配到底壳组件中，如图 10-51 所示。

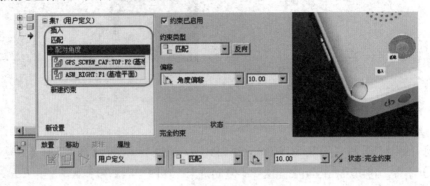

图 10-51　装配另外三个螺丝塞

第**11**章

前壳组件结构设计

11.1　LCD屏限位结构设计

11.1.1　前壳限位骨位

LCD屏是通过FPC排线焊接在PCB上的，与PCB之间有四个小柱定位，为防止LCD屏在装配时容易掉落，LCD屏焊接好之后，在背面用少量双面胶固定在PCB板上。

LCD屏是易碎物件，为了保护LCD屏，四周需要在壳体上限位。限位是在前壳长骨位，与屏的四周间隙为0.10mm，限位骨位的高度至少是屏自身高度的三分之二，如图11-1所示。

> ⚙ **技巧提示**：限位LCD屏的骨位高度最高可以做到与堆叠主板Z向间隙为0.10mm，这样还可以起到Z向顶主板的作用，如图11-2所示。

图11-1　LCD限位骨位

图11-2　LCD限位骨高度

11.1.2　限位骨位避开屏FPC

前壳长骨位限位LCD屏时要注意避开LCD屏上的FPC，防止壳体刮坏FPC，FPC四周避开至少 0.50mm，如图 11-3 所示。

技巧提示：FPC 是柔性 PCB，俗称"软排线"，能随意弯曲，而且重量轻，体积小，散热性好，安装方便，常用于连接 LCD 屏与主板、侧键与主板等。

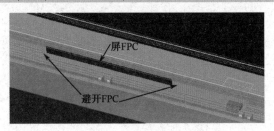

图 11-3　避开屏 FPC

11.1.3　LCD 屏限位骨四个角缺口设计

为什么要切缺口？因为屏在受外力撞击时四个角受力最大，尤其是在进行六面四角的跌落测试时，屏的四个角也最容易受力而造成屏破裂。前壳切缺口就是给屏四个角一个振荡的空间，避免撞击到围骨。切口长宽尺寸大小在 3.00mm 左右，如图 11-4 所示。

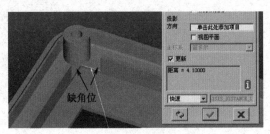

图 11-4　缺角设计位

11.1.4　限位骨位装配边倒角

为方便装配，前壳限位 LCD 屏的边要倒直角 $C0.25\sim0.30$mm，如图 11-5 所示。

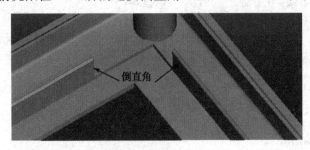

图 11-5　装配边倒角

11.1.5 前壳视窗开口设计

视窗就是 LCD 屏显示的区域，是从外观能直接看到的。视窗开口就是避开视窗的开孔，视窗开口很重要，过大会造成泡棉太窄，起不到保护 LCD 屏的作用；过小会遮挡 LCD 屏的显示区域。

前壳视窗开口比 LCD 屏的 *AA* 区单边大 0.80～0.90mm，如图 11-6 所示。

图 11-6　前壳视窗开口设计

11.1.6 LCD 泡棉设计

LCD 屏在受外力撞击时容易损坏，为了减少对 LCD 屏的撞击力度，更好地保护 LCD 屏，需要在屏的上表面加泡棉用来抗震缓冲，泡棉还可以用来防尘。泡棉常用材料为 PORON，厚度常用的有 0.30mm（预压后 0.20mm）、0.50mm（预压后 0.30mm）。泡棉离前壳上 LCD 屏限位骨位四周间隙为 0.15～0.20mm，与 A 壳视窗开口四周间隙不小于 0.30mm。如图 11-7 和图 11-8 所示。

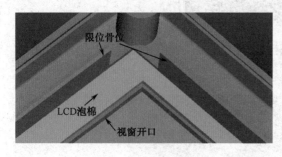 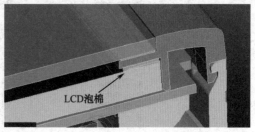

图 11-7　LCD 泡棉　　　　　　　　　　　图 11-8　LCD 泡棉剖面

11.1.7 限位骨位作图步骤

（1）打开总组件中图，隐藏不需要显示的零件，只留下 LCD 屏与前壳。然后激活前壳，新建一个平面为草绘平面，拉伸出四周骨位，骨位宽度为 0.80mm，注意避开 LCD 屏的 FPC。

在草绘中可直接参照 LCD 屏外框标注尺寸，如图 11-9 所示。

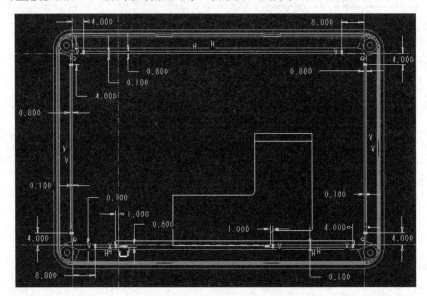

图 11-9   LCD 屏限位骨位尺寸

技巧提示： 隐藏不需要显示的零件，可在【视图管理器】中的【简化表示】模式下来实现，简化表示能排除不需要显示的零件，非常方便。

（2）切泡棉厚度的空间。泡棉用 0.50mm 厚的，压缩后还留有 0.30mm 的空间，需要切出来。但要注意前壳压屏的胶厚不少于 0.60mm，完成后如图 11-10 所示。

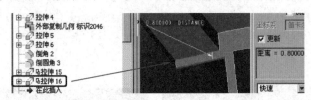

图 11-10   切泡棉厚度的空间

（3）倒直角。完成后如图 11-11 所示。

图 11-11   倒直角

（4）做泡棉结构。泡棉是辅料，属小件，直接在前壳组件中激活泡棉做拉伸特征，完成后如图 11-12 所示。

技巧提示： 辅料就是那些辅助性的物料，一般属于小物件，如泡棉、双面胶、防尘网等。

图 11-12 完成后的泡棉

11.2 TP 屏结构设计

11.2.1 TP 屏简介

TP 是 Touch Panel 的缩写，中文译为触摸面板，又称触摸屏、TP 屏等。TP 屏是能实现触摸功能的屏，是透明镜片与电子技术相结合的产品。利用这种技术，我们用户只要用手指轻轻地触碰显示屏上的图案或文字就能实现操作，从而使人机交互更为直截了当。由于触摸屏操作性强、坚固耐用、反应速度快、使用简单，既方便又快捷，在手机中应用非常广泛，目前绝大部分手机都有触摸功能。

触摸屏的工作原理：工作时，用手指或其他物体触摸在显示屏上面的触摸屏，然后系统根据手指触摸的图标或菜单位置来定位选择信息输入。触摸屏由触摸检测部件和触摸屏控制器组成，触摸检测部件用于检测用户触摸位置，接受后传送给触摸屏控制器，而触摸屏控制器的主要作用是从触摸点检测装置上接收触摸信息，并将它转换成触点坐标，再送给 CPU，它同时能接收 CPU 发来的命令并加以执行。

手机中常用的触摸屏种类有两种，分别是电阻式触摸屏和电容式触摸屏。

11.2.2 电阻式触摸屏基本知识

电阻式触摸屏是利用压力感应进行控制的。电阻触摸屏的主要部分是一块与显示器表面非常配合的电阻薄膜屏，这是一种多层的复合薄膜，它以一层玻璃或硬塑料平板作为基层，表面涂有一层透明氧化金属（透明的导电电阻）导电层，上面再盖有一层外表面硬化处理、光滑防擦的塑料层、它的内表面也涂有一层涂层、在它们之间有许多细小的（小于 1/1000 英寸）透明隔离点把两层导电层隔开绝缘。当手指触摸屏幕时，两层导电层在触摸点位置就有了接触，电阻发生变化，在 X 和 Y 两个方向上产生信号，然后传送到触摸屏控制器。控制器侦测到这一接触并计算出 (X, Y) 的位置，再根据模拟鼠标的方式运作。这就是电阻技术触摸屏的最基本的原理。电阻式触摸屏常用的有四线电阻屏与五线电阻屏。图 11-13 是电阻式触摸屏实物图片。

技巧提示：电阻式触摸屏是单点触摸，只能通过手指或者硬物施加外力单击显示屏的图案或者文字才能起作用，且一次只能单击一个地方。

图 11-13　电阻式触摸屏实物图片

11.2.3　电容式触摸屏基本知识

电容式触摸屏是利用人体的电流感应进行工作的，是一块两层复合玻璃屏，玻璃屏的内表面夹层各涂有一层 ITO（镀膜导电玻璃），最外层是一薄层矽土玻璃保护层，ITO 涂层作为工作面，四个角上引出电极，内层 ITO 为屏蔽层以保证良好的工作环境。当手指触摸在金属层上时，由于人体电场、用户和触摸屏表面形成一个耦合电容，对于高频电流来说，电容是直接导体，于是手指从接触点吸走一个很小的电流。这个电流分别从触摸屏四角上的电极中流出，并且流经这四个电极的电流与手指到四角的距离成正比，控制器通过对这四个电流比例的精确计算，得出触摸点的位置信息，所以电容式触摸屏轻轻一摸就可以被系统识别到。

电容式触摸有很多优点，包括灵敏度高、可操作性高、触摸精确、耐用度更高等。图 11-14 所示是电容式触摸屏实物图片。

技巧提示：电容式触摸屏可实现多点触摸，能将用户的触摸分解为采集多点信号及判断信号意义两个工作，完成对复杂动作的判断。使用两根手指的拉伸、移动就可以在屏幕上完成诸如放大、旋转、拖曳等操作。风靡全球的苹果 iPhone 系列手机就是采用电容式触摸屏。如图 11-15 所示是苹果 iPhone 5 手机。

图 11-14　电容式触摸屏实物图片

图 11-15　苹果 iPhone 5 手机

11.2.4　电阻式与电容式触摸屏的优缺点比较

两种触摸屏的优缺点比较见表 11-1。

表 11-1　两种触摸屏的优缺点比较

项　目	四线电阻屏	五线电阻屏	电　容　屏
价格	低	中	较高
强度	一般	一般	好
灵敏度	一般	一般	高
稳定性	高	高	一般
可操作性	单点触摸	单点触摸	多点触摸
透明度	好	好	一般
精度	较高	较高	一般
漂移（不稳定）	没有	没有	较大
防水性	好	好	好
防电磁干扰	好	好	一般

技巧提示：从上面对比项目中可以看出，两种触摸各有优点、缺点，尽管电容式触摸屏目前还有不少缺陷，但随着电容式触摸屏技术越来越成熟，价格也会越来越低。从长远看，电容式触摸屏正逐渐取代电阻式触摸屏。

11.2.5　电容触摸屏的分类

电容触摸屏分为表面电容式触摸屏与感应电容式触摸屏。

（1）表面电容式由一个普通的 ITO 层和一个金属边框组成，当一根手指触摸屏幕时，从面板中放出电荷。感应在触摸屏的四角完成，不需要复杂的 ITO 图案。

表面电容式触摸屏生产难度及成本相比而言比较低，但也有一定的局限性，表面电容式触摸屏不能实现多点触控，由于电极尺寸过大，也不适合小型的电子产品，如手机、GPS等不能使用。

（2）感应电容式触摸屏又称为投射式触摸屏，采用一个或多个精心设计的、被蚀刻的ITO层，这些ITO层通过蚀刻形成多个水平和垂直电极，不需透过校准就能得到精确触控位置，而且可以使用较厚的覆盖层，也能做到多点触控操作。

感应电容式触摸屏根据ITO层及触摸感应检测方式的不同又分为自感应电容式和互感应电容式。自感应电容屏相对互感应电容屏来说制作简单、成本低，但最多只能实现两点触摸。互感应电容屏能实现真正的多点触摸，如五点触摸等。

> 💠**技巧提示**：目前市场上电容屏应用较多的领域就是手机行业，大部分电容式触摸屏为互感式五点触控触摸屏，平板电脑、GPS等电子产品也大部分使用感应电容式触摸屏。

11.2.6 电容触摸屏的结构组成

作为结构工程师，虽然没有要求对触摸屏的电子原理非常了解，但对电容触摸屏的基本结构组成要熟悉，电容式触摸屏（双ITO层）构成如图11-16所示。

图11-16 电容触摸屏的构成

（1）盖板材料为GLASS（钢化玻璃），底板材料为GLASS，结构型式为G+G结构，又称玻璃对玻璃结构。

（2）盖板材料为GLASS（钢化玻璃），底板材料为塑料，塑料一般材料有PC、PMMA、PET等，这种构成方式为G+F或者G+P结构，又称玻璃对膜结构。

（3）盖板材料为塑料，底板材料为GLASS（钢化玻璃），这种构成方式为F+G结构，又称膜对玻璃结构。

（4）盖板材料为塑料，底板材料为塑料，这种构成方式为F+F结构，又称膜对膜结构。

（5）OCA光学胶是一种透明的特制双面胶，透光率在90%以上、胶结强度好，可在室温或中温下固化，且有固化收缩小等优点。

> 💠**技巧提示**：ITO（Indium Tin Oxides）作为纳米铟锡金属氧化物，具有很好的导电性和透明性，可以切断对人体有害的电子辐射、紫外线及远红外线。因此，电镀在玻璃、塑料及电子显示屏上后，可增强导电性和透明性。

11.2.7　触摸屏设计尺寸

设计尺寸如图 11-17 所示。

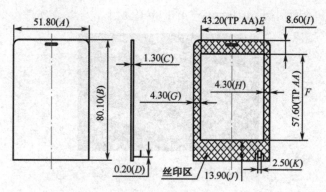

图 11-17　触摸屏设计尺寸

（1）尺寸 A、尺寸 B 是触摸屏外形长宽尺寸，没有统一要求，根据情况自定义。

（2）尺寸 C 是触摸屏的厚度，由于制作工艺特殊性，厚度不小于 1.00mm，尺寸建议在 1.30～1.80mm 范围内，常用厚度尺寸为 1.30mm、1.50mm、1.60mm。

（3）尺寸 D 触摸屏 FPC 的厚度 0.20mm。触摸屏通过 FPC 与主板连接，FPC 俗称软排线，又称柔性 PCB，可弯拆，但强度差。如果 FPC 需加强，可以加一块 PI 加强板，加强板厚度为 0.10～0.20mm。

（4）尺寸 E、尺寸 F 是触摸屏的活动区域，也是丝印界线。要比 LCD 屏的 AA 区单边大 0.30～0.50mm。

（5）尺寸 G、尺寸 H、尺寸 I 是触摸屏 AA 区与外框的宽度，也是贴双面胶区域，尺寸不少于 2.00mm。

（6）尺寸 J 是触摸屏 AA 区与外框的宽度，由于这一侧有 FPC，尺寸建议不少于 5.00mm。

（7）尺寸 K 是触摸屏的 FPC 的宽度，没有统一要求，建议不要少于 2.50mm。

> **技巧提示**：触摸屏除了结构尺寸外，还有电子部分，结构工程师提供触摸屏的结构尺寸给触摸屏生产商设计电子部分。

电容式触摸屏在 FPC 部分比电阻式触摸屏多一个触控 IC 芯片，如图 11-18 所示。

图 11-18　触控芯片

11.2.8 触摸屏的固定设计

触摸屏通过双面胶固定于前壳，双面胶厚 0.15mm，双面胶最窄宽度不少于 1.00mm。双面胶与 A 壳四周间隙不小于 0.10mm，如图 11-19 所示。

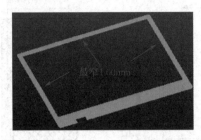

图 11-19 触摸屏的双面胶设计

11.2.9 TP 屏的结构作图步骤

（1）检查触摸屏的 AA 区设计是否正确。由于在建模时触摸屏外形已经做好，在这里，尤其要注意触摸屏的 AA 区单边应比 LCD 屏的 AA 区大 0.50mm，触摸屏的 AA 区位于 LCD 屏的 AA 区与前壳视窗开口中间，如图 11-20 所示。

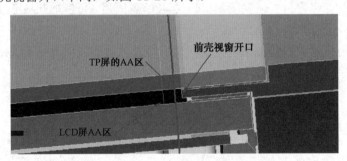

图 11-20 TP 屏的 AA 区设计

（2）前壳开孔过 FPC。宽度至少 1.00mm，两侧比 FPC 单边大 1.00mm。完成后如图 11-21 所示。

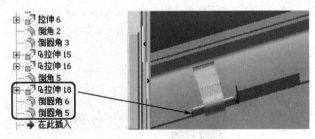

图 11-21 前壳开孔过 FPC

（3）前壳开孔避开 TP 屏上的电子元器件（IC 芯片），四周避开距离应不小于 0.50mm。

完成后如图 11-22 所示。

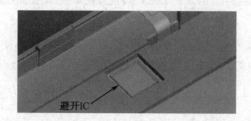

图 11-22 避开 TP 屏的触控 IC 芯片

（4）设计触摸屏 FPC 长度。触摸屏 FPC 的长度能有效接触 TP 连接器，并预留 2.00mm 左右的长度。作图方法是在总组件中激活触摸屏零件"GPS_TP_LENS.PRT"作图。完成后 如图 11-23 所示。

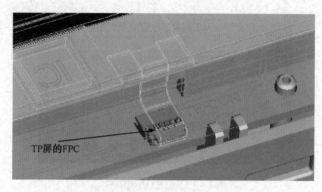

图 11-23 FPC 的长度

（5）设计双面胶。在前壳组件中激活双面胶"GPS_LCD_PORON.PRT"作图。尺寸如 图 11-24 所示。

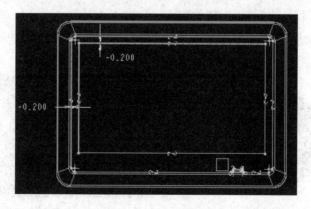

图 11-24 设计双面胶

（6）检查所做的结构是否符合设计要求。做完之后，一定要初步检查，检查好之后再 继续下一步的操作，免得因出错而影响后续设计。

11.3 MIC 结构设计

MIC 与主板的连接通常是用引线焊接或者插件焊接，结构设计时，引线焊接的 MIC 位置是可以根据结构需要移动，但插件焊接的 MIC 位置不可以移动。下面详细讲述 MIC 主要结构设计要点。

11.3.1 限位设计

MIC 是外围电子元器件，本书中的 MIC 通过插件焊接在主 PCB 板上，由于固定位置不够牢固，还需要通过壳体来限位设计，由于 MIC 表面包了一个软胶，在限位时四周零间隙，如图 11-25 所示。

图 11-25　MIC 四周限位

11.3.2 MIC 密封音腔设计

MIC 是处理声音的元器件，需要密封音腔，防止声音泄漏造成声音破音或杂音。密封音腔的方法就是在壳体上用一个平面紧压住 MIC 软胶面，配合宽度至少为 0.50mm，如图 11-26 和图 11-27 所示。

图 11-26　MIC 封音腔

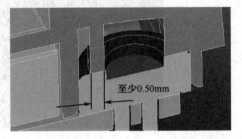

图 11-27　封音腔骨位宽度

11.3.3 MIC 的进音面积设计

MIC 是录入声音的器件，需要开孔传输声音。MIC 的声音输入面积不小于 $1.00mm^2$，在壳体开一个圆孔，直径为 1.20mm，壳体的圆孔与 MIC 同圆心。进音孔边倒圆角，有利于声音进入，如图 11-28 所示。

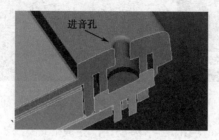

图 11-28　MIC 的进音孔设计

11.3.4　MIC 的结构设计作图步骤

（1）打开总组件图，利用【视图管理器】中的【简化表示】功能，将不需要的零件隐藏掉，只显示前壳与 MIC，如图 11-29 所示。

图 11-29　简化表示

（2）激活前壳零件 "GPS_FRONT_CASE.PRT" 作图。拉伸出四周骨位，在草绘中可直接参照 MIC 外框标注尺寸，如图 11-30 所示。

图 11-30　标注尺寸

（3）设计密封音腔结构，用拉伸命令在前壳上长骨位，完成后如图 11-31 所示。

（4）在前壳上切进音孔，并倒圆角，完成后如图 11-32 所示。

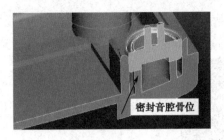

图 11-31　设计密封音腔骨位

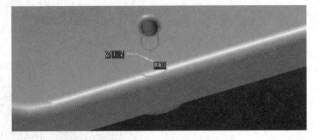

图 11-32　切进音孔尺寸

（5）细节处理，完成前壳 MIC 的结构设计，完成后如图 11-33 所示。

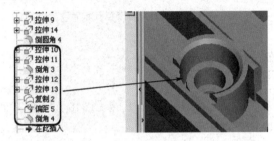

图 11-33　细节处理

（6）检查所做的结构是否符合设计要求。

第**12**章
底壳组件结构设计

底壳组件包括底壳、摄像头镜片、侧键等，其中底壳涉及了整个结构设计的大部分工作量，包括电池的固定设计、喇叭的结构设计、摄像头结构设计、GPS 结构设计、侧键的结构设计、避让电子元器件等。

12.1 电池固定结构设计

12.1.1 电池限位设计

结合 ID 图与堆叠板分析得知，电池为内置电池，不需要更换与拆卸，故不需要设计电池盖，只需将电池固定牢固即可。

（1）电池与壳体四周间隙为 0.20mm，如图 12-1 所示。

（2）为方便模具出模，需要在电池仓四周做拔模处理，拔模常用角度为 1.0°～2.0°。电池仓里外要拔模，注意拔模的中性平面与拔模方向，如图 12-2 所示。

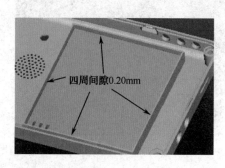

图 12-1　电池四周间隙 　　　　　　　　　　　　图 12-2　电池仓拔模

（3）由于电池在使用过程中是不能晃动的，以免机器掉电，所以在电池仓四周增加限位骨位，限位骨位与电池间隙为 0.10mm，每个面的限位骨位不少于三个，装入边并做斜边设计，如图 12-3 所示。

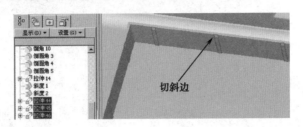

图 12-3　骨位限位电池

> **技巧提示**：结构设计所说的骨位即筋位，是在曲面上伸出细条的加强筋或限位筋等，为防止壳体缩水，筋位的料厚度不大于机壳料厚的一半。

（4）电池仓四周胶位厚度为 0.90mm，如图 12-4 所示。

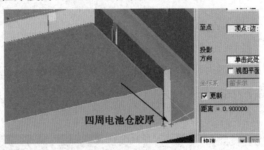

图 12-4　四周电池仓胶厚

12.1.2　电池 Z 向限位设计

（1）电池 Z 向与壳体间隙为 0.10mm，壳体 Z 向胶位厚度应不小于 0.80mm，如图 12-5 所示。

（2）如果电池 Z 向与壳体距离大于 0.10mm，应在壳体上长骨位限位电池，骨位与电池的 Z 向间隙为 0.10mm，如图 12-6 所示。

图 12-5　电池 Z 向与壳体间隙

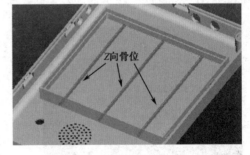

图 12-6　Z 向限位骨位

12.1.3　电池限位作图步骤

（1）打开总组件图"GPS-ASM.ASM"，为了排除绘图时受其他电子元器件干扰，在【简化表示】模式下做结构，只留下电池与底壳，如图 12-7 所示。

图 12-7 简化表示底壳与电池

（2）激活底壳零件"GPS_BACK_CASE.PRT"，参照电池拉伸出电池仓外部限位胶位，胶位的高度与主 PCB 板平齐，完成后如图 12-8 所示。

图 12-8 电池仓限位胶位

技巧提示：特别注意，为后续修改方便，在组件中激活零件作特征，零件所有特征的草绘平面只能参照零件本身的基准平面或者零件本身其他能参照的平面，不要参照除零件外的基准面（如总组件中的基准平面也不能参照）。

（3）拔模，长限位骨位，完成后如图 12-9 所示。

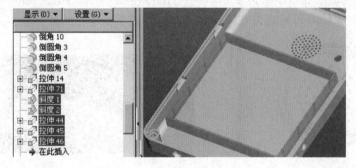

图 12-9 完成后的电池限位结构

12.2 喇叭结构设计

喇叭英语名是 Speaker，又称"扬声器"，是处理声音的元器件，主要作用就是声音输出，如播放 MP3 的声音就是通过喇叭来实现的。音质的好坏，除选用高品质的喇叭外，结构设计也需要合理，其结构设计要点如下所述。

12.2.1 喇叭限位设计

喇叭在 PCB 堆叠板上没有固定，为防止喇叭移动，就需要在壳体上做结构限位，限位骨位四周与喇叭间隙为 0.10mm，限位骨位的高度至少是喇叭自身高度的三分之二，如图 12-10 所示。

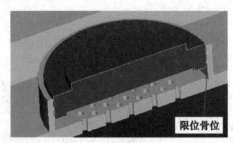

图 12-10　喇叭限位骨位

12.2.2 喇叭密封音腔设计

（1）喇叭是处理声音的元器件，需要密封音腔，防止声音泄漏，如果音腔未密封好会造成音质差、喇叭声音小等问题。喇叭音腔分前音腔和后音腔。密封音腔的方法一般是用骨位压紧泡棉密封，密封音腔的骨位必须是平整的面，且不能有破孔如图 12-11 所示。

（2）密封音腔的泡棉常用材料是 PORON，泡棉在壳体上要限位，泡棉单边宽度建议不少于 1.20mm，与壳体四周间隙为 0.10mm，如图 12-12 所示。

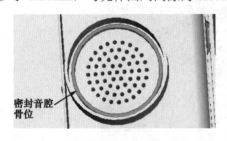

图 12-11　密封音腔骨位

图 12-12　密封音窗腔泡棉

> ❋ **技巧提示**：前音腔是出声音的地方，是一定要密封的。后音腔密封会提高喇叭音质，让声音有共鸣感及立体感。后音腔尽量密封，且空间体积尽可能大。对音质要求不高且结构上无法实现密封的，可以不密封。

12.2.3 喇叭配合尺寸设计

喇叭配合尺寸设计如图 12-13 所示。

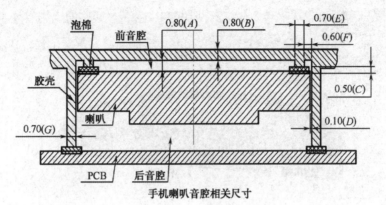

图 12-13 喇叭音腔相关尺寸

尺寸说明：

（1）尺寸 A 是喇叭的音腔高度，至少为 0.80mm，否则音质与声音效果差。

（2）尺寸 B 是壳体外观面胶厚，至少为 0.80mm。

（3）尺寸 C 是封音腔的泡棉厚度，厚度常用的有 0.50mm（预压后 0.30mm）、0.80mm（预压后 0.50mm）、1.00mm（预压后 0.60mm）、1.20mm（预压后 0.80mm）。泡棉单边宽度不少于 1.20mm。

（4）尺寸 D 是喇叭与限位骨位的间隙为 0.10mm。

（5）尺寸 E 是封音腔的骨位宽度为 0.70mm。

（6）尺寸 F 是封音腔的骨位与限位喇叭骨位的距离，至少为 0.60mm。

（7）尺寸 G 是限位喇叭骨位的宽度为 0.70mm。

12.2.4 喇叭出音面积设计

出音面积的大小直接影响声音的大小，过小会造成播放声音小与音质差，过大会造成喇叭声音不集中、音质差。出音面积设计时按照喇叭规格书要求设计。如果没有规格书，出音面积建议做到喇叭本身面积的 12%～15%，如图 12-14 和图 12-15 所示。

图 12-14 出音面积计算

图 12-15 喇叭本身面积

12.2.5 喇叭防尘网设计

防尘网的作用就防止灰尘进入壳体内部，防尘网材料常用两种，一种是尼龙网，一种是不织布（又称"无纺布"）。防尘网厚度为 0.10mm，通过双面胶固定于壳体上。

> **技巧提示：** 防尘网与泡棉可做成一体，就是在泡棉上贴一层防尘网，这样更方便装配，如图 12-16 所示。

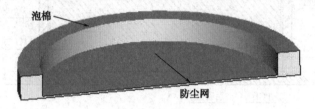

图 12-16　喇叭防尘网结构

12.2.6 喇叭结构设计作图步骤

（1）打开总组件图 "GPS-ASM.ASM"，为了排除绘图时受其他电子元器件干扰，在【简化表示】模式下做结构，只留下喇叭与底壳，然后激活底壳零件 "GPS_BACK_CASE.PRT"，拉伸出四周骨位。在草绘中可直接参照喇叭标注尺寸，如图 12-17 所示。

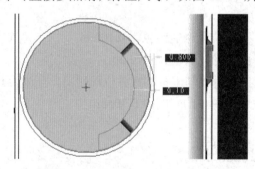

图 12-17　喇叭限位尺寸

（2）做泡棉密封音腔，装配边倒角，完成后如图 12-18 所示。

图 12-18　喇叭密封音腔结构

（3）做喇叭泡棉、防尘网设计，防尘网属于小件，可直接在底壳组件"GPS_BACK.ASM"中激活泡棉零件"GPS_SPK_PORON.PRT"，参照底壳做出，如图 12-19 所示。

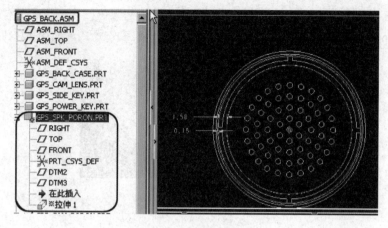

图 12-19　喇叭泡棉设计

（4）检查喇叭的出音面积是否满足设计要求。

经测量，喇叭的出音面积约为 $48mm^2$，而喇叭面积约为 $350mm^2$，出音面积占喇叭本身面积的 14%左右，符合设计要求。

12.3　摄像头结构设计

12.3.1　认识摄像头

摄像头各部分构成如图 12-20 所示。

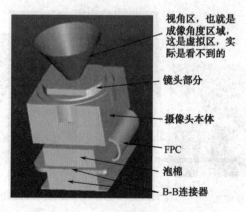

图 12-20　摄像头各部分组成

技巧提示：摄像头本体下的泡棉作用主要是垫高摄像头，不需要时可取消。

12.3.2　摄像头限位结构设计

摄像头在堆叠板上没有固定，就需要在壳体上做结构限位固定，限位骨位四周与摄像头间隙 0.10mm，限位骨位的高度要包住摄像头本体至少三分之二，如图 12-21 所示。

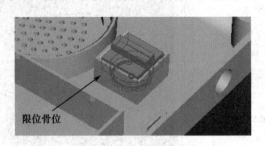

图 12-21　限位摄像头骨位

12.3.3　摄像头镜片设计

（1）镜片通常采用钢化玻璃或 PMMA，厚度可根据结构需要选用不同的规格，常用的有 0.50mm、0.65mm、0.80mm（摄像头镜片最厚不要超过 0.80mm），镜片的最高面要比外观面低至少 0.10mm，以防刮花。

镜片一般为切割成型的，四周与壳体间隙为 0.07mm。常用 0.15mm 厚的双面胶固定在底壳上，双面胶单边最窄不少于 0.80mm，如图 12-22 所示。

> **技巧提示：**因为钢化玻璃透明度要比 PMMA 好，且比 PMMA 强度好，像素高的摄像头镜片建议用钢化玻璃。

（2）镜片背面要丝印，因此，要设计丝印界线，丝印区不能挡住摄像头的视角，通常丝印线要比摄像头的视角区单边至少小 0.20mm，如图 12-23 所示。

图 12-22　摄像头双面胶

图 12-23　摄像头视角区对齐

（3）壳体开孔要比丝印线单边大 0.20mm，防止从镜片的外面（未丝印区）看到壳体，如图 12-24 所示。

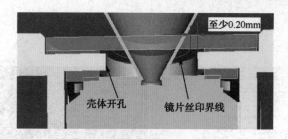

图 12-24　摄像头镜片丝印界线设计

12.3.4　摄像头泡棉设计

摄像头前端要用泡棉压在壳体上，起到缓冲保护作用，以防损坏摄像头，泡棉常用材料为 PORON，厚度常用的有 0.30mm（预压后 0.20mm）、0.50mm（预压后 0.30mm）、0.80mm（预压后 0.50mm）。泡棉单边宽度不少于 0.80mm。辅料一般是先装配在壳体上的，所以在壳体上要能限位泡棉，间隙为 0.10mm，如图 12-25 所示。

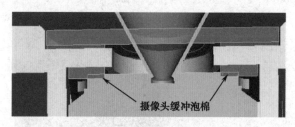

图 12-25　摄像头缓冲泡棉

12.3.5　摄像头结构设计作图步骤

（1）打开总组件图"GPS-ASM.ASM"，为了排除绘图时受其他电子元器件干扰，在【简化表示】模式下做结构，只留下摄像头与底壳，然后激活底壳零件"GPS_BACK_CASE.PRT"，拉伸出四周骨位。在草绘中可直接参照摄像头标注尺寸，如图 12-26 所示。

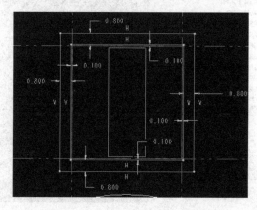

图 12-26　摄像头限位骨位尺寸

（2）做摄像头泡棉结构。泡棉属于小件，可直接在底壳组件"GPS_BACK.ASM"中激活泡棉零件"GPS_CAM_PORON.PRT"，参照底壳做出，如图12-27所示。

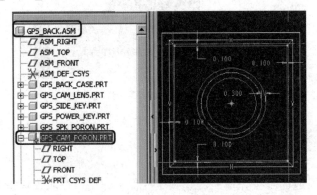

图12-27　摄像头泡棉尺寸

（3）做摄像头镜片结构。打开"GPS_CAM_LENS.PRT"，丝印界线可参照摄像头的视角区，比视角区大0.20mm即可。完成后如图12-28所示。

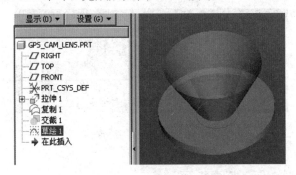

图12-28　摄像头镜片丝印线设计

（4）做摄像头镜片双面胶结构。双面胶属于小件，可直接在底壳组件"GPS_BACK.ASM"中激活泡棉零件"GPS_STICKER_CAMEAR_LENS"，参照底壳做出，如图12-29所示。

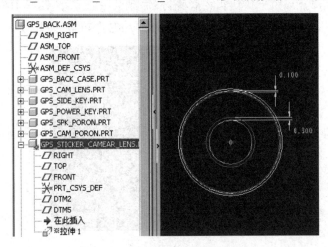

图12-29　摄像头镜片双面胶设计

12.4 GPS 模块结构设计

GPS 模块是一个单独的模块，通过引线焊接到主 PCB 上，结构设计的重点就是将 GPS 模块固定可靠，防止晃动，同时注意避让引线的焊盘及引线的走向。

12.4.1 固定设计

（1）主 PCB 先装底壳，为方便装配，GPS 模块也要在底壳上限位，装配时直接装在底壳上即可。

GPS 模块限位的方法是在底壳上用骨位四周固定，间隙为 0.10mm，注意避让引线，如图 12-30 所示。

（2）一般来说，每个立体的物体有六个面，固定一个物体，需要六个面都要有可靠的固定结构。上一步只是限位了四周，还有两个方向没有固定。底壳 Z 向长骨位固定 GPS 模块，间隙为 0.10mm，如图 12-31 所示。

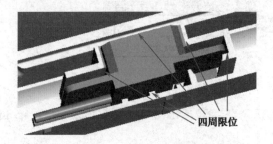
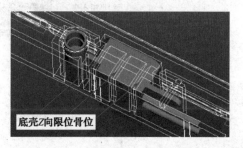

图 12-30 GPS 模块四周限位 　　　　　图 12-31 底壳 Z 向限位 GPS 模块

（3）GPS 模块除了底壳限位上，前壳在 Z 向也要长骨位固定，间隙为 0.10mm，如图 12-32 所示。

图 12-32 前壳 Z 向限位 GPS 模块

12.4.2 避让设计

（1）焊盘避让。电子元器件的焊盘需要避让，避让距离不小于 0.80mm，以免干涉，如图 12-33 所示。

（2）避让信号端子。信号端子避让间隙为 0.20mm，如图 12-34 所示。

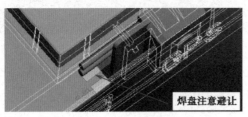

图 12-33　焊盘避让

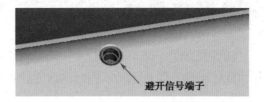

图 12-34　避开信号端子

12.4.3　GPS 模块结构设计作图步骤

（1）打开总组件图"GPS-ASM.ASM"，为了排除绘图时受其他电子元器件干扰，在【简化表示】模式下做结构，只留下 GPS 模块与底壳，如图 12-35 所示。

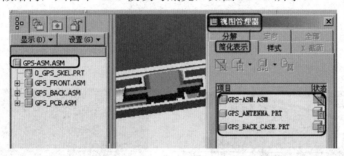

图 12-35　简化表示排除其他零件

（2）然后激活底壳零件"GPS_BACK_CASE.PRT"，拉伸出四周骨位。完成后如图 12-36 所示。

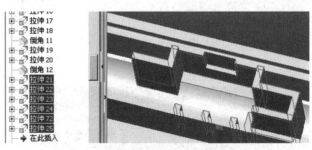

图 12-36　拉伸完成后的骨位

（3）拉伸 Z 向限位骨位，装配边倒角，完成后如图 12-37 所示。

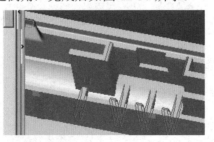

图 12-37　GPS 模块 Z 向限骨位

（4）防止壳体外观面胶位变化产生痕迹，做大斜角处理，完成后如图 12-38 所示。

图 12-38　大斜角处理

（5）切避开端子孔位，完成后 12-39 所示。

图 12-39　切避开端子孔位

（6）前壳做骨位，完成后如图 12-40 所示。

图 12-40　前壳长骨位顶 GPS 模块####

12.5　连接器的避让与限位

连接器包括 HDMI 连接器、USB 连接器、内存卡连接器、DC 电源插座、AV 接口、音频插座等，这些连接器通过贴片或者插件焊接方式与主 PCB 连接，由于经常受力拔插，需要在结构上做一定的限位结构，防止受外力松脱。

12.5.1　内存卡连接器结构设计

（1）底壳开孔避让 TF 卡 0.40mm，如图 12-41 所示。

（2）为便于插卡与抽卡，需要做一个抠手位，如图 12-42 所示。

（3）注意 TF 卡的弹出行程，弹出式 TF 卡连接器要能确保 TF 卡有效弹出，并方便用手指插卡与抽卡，在结构设计时，要注意 TF 卡弹出状态的最大尺寸与壳体的距离不少于

2.00mm，如图 12-43 所示。

图 12-41　避让 TF 卡

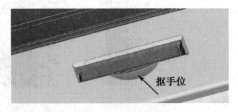

图 12-42　TF 卡抠手位

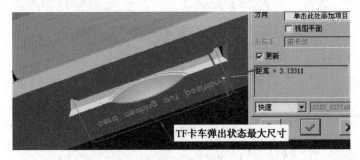

图 12-43　确保有效的弹出距离

（4）底壳长骨位 Z 向限位内存卡连接器，如图 12-44 所示。

图 12-44　Z 向限位内存卡连接器

12.5.2　音频与 AV 接口结构设计

（1）底壳开孔避让音频与 AV 接口距离为 0.25mm，如图 12-45 所示。

图 12-45　避让音频及 AV 接口

（2）壳体长骨位限位音频与 AV 接口，距离不小于 0.20mm，注意避开贴片焊盘位置不小于 0.80mm，如图 12-46 所示。

✿ **技巧提示：** 由于连接器已焊接好在主 PCB 板上，此处壳体限位连接器的骨位只是起辅助作用，故距离不要过小，距离不小于 0.20mm，以免由于误差造成装配困难。

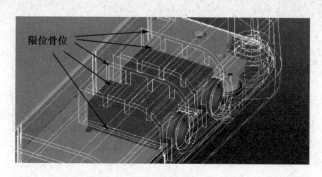

图 12-46　限位音频与 AV 接口骨位

12.5.3　其他连接器的结构设计

（1）对于绝大部分连接器而言，底壳开孔避让连接器距离为 0.25mm，过小容易出现装配干涉，过大影响外观，如图 12-47 所示。

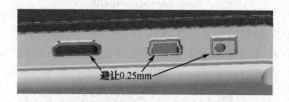

图 12-47　壳体避让连接器

（2）底壳上长骨位限位各连接器，距离不小于 0.20mm，注意避开贴片焊盘位置不小于 0.80mm，如图 12-48 所示。

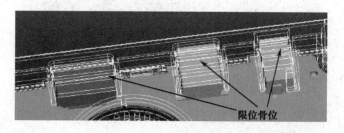

图 12-48　限位各连接器的骨位

12.5.4　连接器的避让作图步骤

（1）打开底壳零件"GPS_BACK_CASE.PRT"，做 TF 卡抠手位结构，作图方法可用扫描曲面或者边界混合曲面，然后实体化切减。完成后如图 12-49 所示。

技巧提示：能在单个零件里做的特征不要在组件图中做，否则不方便修改。

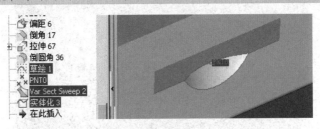

图 12-49　做曲面切抠手位

（2）装配边倒角，完成后如图 12-50 所示。

图 12-50　装配边倒角

（3）做内存卡连接器限位骨位。打开总组件图"GPS-ASM.ASM"，为了排除绘图时受其他电子元器件干扰，在【简化表示】模式下做结构，只留下需要的连接器与底壳。完成内存卡连接器的限位，完成后如图 12-51 所示。

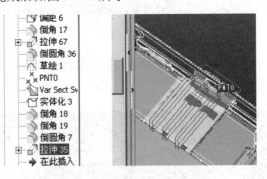

图 12-51　做内存卡连接器限位骨位

（4）做音频接口与 AV 接口限位骨位，作图方法与做内存卡连接器限位骨位相同，完成后如图 12-52 所示。

（5）做 DC 连接器限位骨位，作图方法与做内存卡连接器限位骨位相同，完成后如图 12-53 所示。

 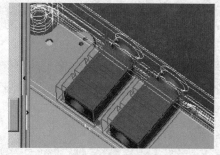

图 12-52　做音频接口与 AV 接口限位骨位

 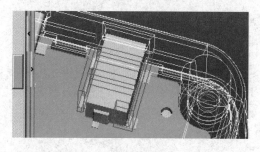

图 12-53　做 DC 连接器限位骨位

（6）做 USB 连接器限位骨位，做图方法与作内存卡连接器限位骨位相同，完成后如图 12-54 所示。

 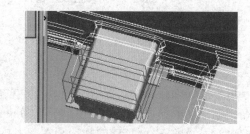

图 12-54　做 USB 连接器限位骨位

（7）做 HDMI 连接器限位骨位，作图方法与做内存卡连接器限位骨位相同，完成后如图 12-55 所示。

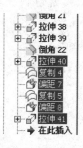 

图 12-55　做 HDMI 连接器限位骨位

（8）检查所做的结构是否符合设计要求。

12.6 侧键结构设计

侧键元器件为轻触开关，行程 0.40mm，常见的侧键结构类型有 P+R 结构、纯塑料键帽结构，这两种结构相对来说，P+R 结构手感好，但做工复杂，往往需要二次成型或者二次加工，成本高，一般应用于高档电子产品，如手机等。纯塑料键帽手感稍差，成本低，一般用于一般的电子产品，可降低成本。

本书实例中的 GPS 产品采用纯塑料键帽结构，只需注塑一次成型即可。

12.6.1 侧键的 P+R 结构设计

侧键的类型选用 P+R，P 是塑料英文"Plastic"的第一个字母，R 是橡胶英文"Rubber"的第一个字母，P+R 结构就是键帽材料是塑料，软胶材料是橡胶，两种不同的材料组合在一起的按键。

P+R 配合尺寸如图 12-56 所示。

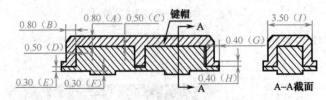

图 12-56 侧键 P+R 配合尺寸

尺寸说明：

（1）尺寸 A 是键帽顶面的料厚，尺寸应不小于 0.60mm，建议做到 0.80mm。

（2）尺寸 B 是键帽侧面的料厚，尺寸应不小于 0.60mm，建议做到 0.80mm。

（3）尺寸 C 是键帽与 Rubber 的顶面间隙，为 0.05mm，此间隙是点胶空间。

（4）尺寸 D 是键帽与 Rubber 的侧面间隙，为 0.05mm。

（5）尺寸 E 是 Rubber 的厚度，为 0.30mm。

（6）尺寸 F 是导电基的高度，尺寸应不小于 0.25mm，建议做到 0.30mm。

（7）尺寸 G 是侧键裙边的宽度，尺寸应不小于 0.40mm。

（8）尺寸 H 是侧键裙边的厚度，尺寸应不小于 0.40mm。

（9）尺寸 I 是侧键的宽度，尺寸应不小于 2.50mm，建议不小于 3.00mm。

12.6.2 纯塑料键帽结构设计

纯塑料键帽材料选用 ABS 或者 PC，一般通过注塑完成，配合尺寸如图 12-57 所示。

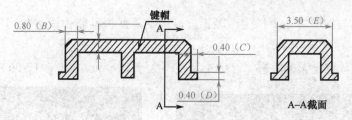

图12-57 纯塑料键帽尺寸

尺寸说明：

（1）尺寸 A 是键帽顶面的料厚，尺寸应不小于0.60mm，建议为0.80mm。

（2）尺寸 B 是键帽侧面的料厚，尺寸应不小于0.60mm，建议为0.80mm。

（3）尺寸 C 是侧键裙边的宽度，尺寸应不小于0.40mm。

（4）尺寸 D 是侧键裙边的厚度，尺寸应不小于0.40mm。

（5）尺寸 E 是侧键的宽度，尺寸应不小于2.50mm，建议不小于3.00mm。

12.6.3 侧键与壳体的配合设计

侧键与壳体的配合设计以纯塑料键帽为例，配合尺寸如图12-58所示。

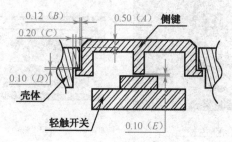

图12-58 侧键与壳体的配合尺寸

尺寸说明：

（1）尺寸 A 是键帽高出壳体大面的部分，尺寸应不小于0.50mm。

（2）尺寸 B 是键帽四周与壳体的间隙，尺寸应不小于0.10mm，建议为0.15mm。

（3）尺寸 C 是侧健裙边四周与壳体的间隙，尺寸应不小于0.20mm。

（4）尺寸 D 是侧键裙边行程方向与壳体的间隙，尺寸应不小于0.05mm，建议做到0.10mm。

尺寸 E 是键帽底面与轻触开关的间隙，为0.05～0.20mm。

12.6.4 侧键的定位结构设计

为了防止侧键在装配时掉落，需要在壳体上定位固定，侧键定位要装配方便，不影响按键手感，同时尽量减少模具制作难度。

（1）播放键与拍照键三个按键距离很近，为了降低模具制作成本与利于装配，做成一体键帽结构，如图 12-59 所示。

（2）为保证一体键帽的手感，悬壁梁厚度不大于 0.90mm，如图 12-60 所示。

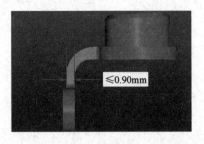

图 12-59　键帽一体结构　　　　　　　　图 12-60　悬壁梁厚度

技巧提示：连接键帽的那部分骨位称为悬壁梁，主要起连接作用。悬壁梁过厚影响按键手感，过薄容易断裂，为防止断裂，连接部分倒圆角加强，如图 12-61 所示。

（3）键帽需要固定在底壳上，可采用热熔柱焊接固定，热熔柱直径为 0.90mm，与孔的间隙为 0.10mm，热熔柱高出侧键孔面 0.80mm。这种热熔柱还起到定位的作用，如果侧键装好之后不容易掉出来，可以不用热熔，当作定位柱用，如图 12-62 所示。

图 12-61　悬壁梁倒圆角加强　　　　　　图 12-62　热熔柱固定

12.6.5　侧键结构设计作图步骤

（1）打开底壳零件"GPS_BACK_CASE.PRT"，用拉伸命令切剪出侧键的位置，注意底壳切完后外观面的厚度不要少于 0.80mm，完成后如图 12-63 所示。

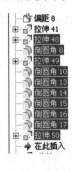
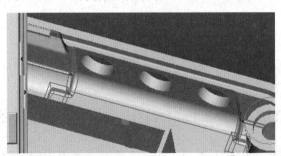

图 12-63　底壳切侧键位置

（2）在底壳上做侧键热熔柱，完成后如图 12-64 所示。

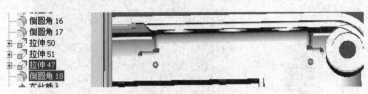

图 12-64　热熔柱设计

（3）照以两步方法做电源开关键的侧键定位结构，完成后如图 12-65 所示。

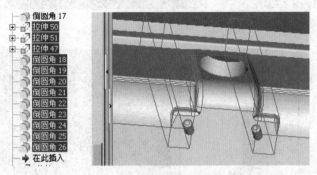

图 12-65　电源开关键的侧键定位设计

（4）打开侧键零件"GPS_SIDE_KEY.PRT"，切剪侧键长度，然后抽壳，抽壳厚度为 0.80mm，完成后如图 12-66 所示。

图 12-66　侧键抽壳

（5）抽壳后的侧键中间做加强骨位。侧键四周做裙边，裙边尺寸宽为 0.60mm、厚为 0.90mm，完成后如图 12-67 所示。

图 12-67　侧键做裙边

（6）做侧键悬壁梁及固定结构，完成后如图 12-68 所示。

（7）打开电源开关键零件"GPS_POWER_KEY.PRT"，照以上同样的方法，完成电源开关键的结构设计，完成后如图 12-69 所示。

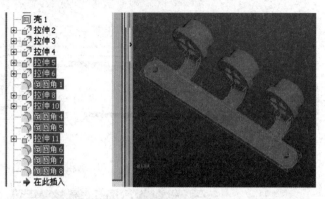

图 12-68　侧键悬壁梁及固定结构

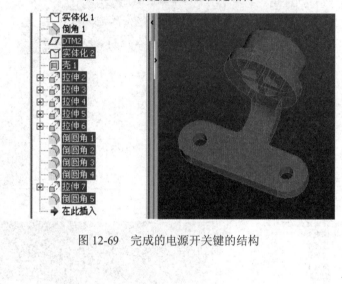

图 12-69　完成的电源开关键的结构

第13章

后续结构设计及检查

后续结构包括反止口设计、主 PCB 的限位设计、前壳 Z 向顶主板、底壳 Z 向顶主板等。结构检查包括模具斜顶倒扣检查及处理、零件拔模检查及处理、尖钢与薄钢的检查及处理、厚胶及薄胶的检查及处理、小断差面的处理、干涉检查及处理等。

13.1 反止口结构设计

13.1.1 反止口的作用

反止口与止口息息相关，它们配合使用，其设计要点如下所述。

反止口的作用与止口一样，都是起限位作用。如图 13-1、图 13-2 所示，反止口是防止底壳朝外变形，同时防止前壳朝内缩。

> **技巧提示**：前壳又称 A 壳，底壳又称后壳、B 壳等。

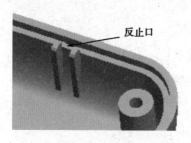

图 13-1　反止口

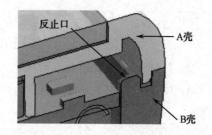

图 13-2　反止口作用示例

13.1.2 反止口设计要点

（1）反止口是做在有母止口的那个壳上，与母止口配合将公止口夹在中间，从而实现两个方向的限位，如图 13-3 所示。

（2）设计反止口时要注意单边离公扣距离 8.00mm，至少 6.00mm，因为扣位要变形，如果太近，扣位就没有变形空间，无法正常拆卸，如图 13-4 所示。

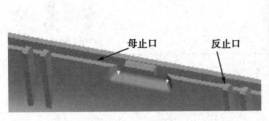

图 13-3　反止口与母止口　　　　　　　　　图 13-4　反止口避开扣位

13.1.3　反止口与止口的配合设计

反止口与止口的尺寸配合如图 13-5 所示。

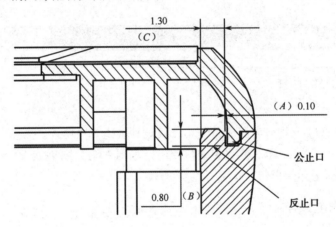

图 13-5　反止口与止口的配合

尺寸说明：

（1）尺寸 A 为配合面尺寸，为 0.10mm，最大不超过 0.15mm。

（2）尺寸 B 为反止口高度，要求尺寸 B 不小于 0.60mm，建议不少于 0.80mm。

（3）尺寸 C 为反止口纵向长度，要求尺寸 C 不小于 1.00mm，不要太小，否则反止口没有强度，容易断裂。

13.1.4　反止口不同的结构类型

（1）标准反止口。这种反止口是最普遍使用的，也是最容易设计的。结构设计时要注意，为保证足够的强度，要成对做，两个反止口之间的距离为 1.50mm 左右，如图 13-6 所示。

图13-6 标准反止口

（2）反止口变化形式一（骨位纵向延伸与母止口连起来）。这种反止口是由第一种反止口变化而来的，主要适用于PCB离壳体太近，没有空间做标准反止口。为保证足够的强度，也要成对做。缺点是要切掉另一个壳上的公止口，如图13-7所示。

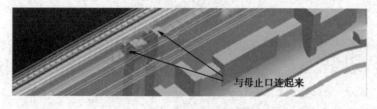

图13-7 反止口变化形式一

（3）反止口变化形式二（工字骨）。工字骨反止口做法也很普遍，主要适用于PCB离壳体太近，没有空间做标准反止口。优点是强度好，又不必切另一个壳的公止口，值得推荐。工字骨长度尺寸不小于2.00mm，建议为3.00mm，如图13-8所示。

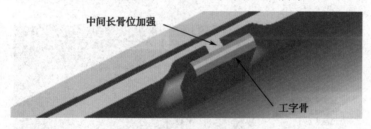

图13-8 反止口变化形式二

（4）反止口变化形式三。这种骨位是由工字骨演变而来，主要适用于PCB离壳体太近，没有空间做标准反止口。缺点是要切掉另一个壳上的公止口，还要注意保证另一个壳的胶厚，如图13-9所示。

图13-9 反止口变化形式三

技巧提示：反止口的类型如何选择？尽量做标准反止口，如果结构空间不够，再选用工字骨反止口。

13.1.5 反止口的数量设计

反止口做多少个才比较合理？一般来说，左右均匀各两对，上下均匀各3～4对，如图13-10所示。

图13-10 反止口个数

> **技巧提示：** 反止口的个数根据产品外形尺寸的大小适当增减，一般来说，反止口的距离为30.00mm左右。

13.1.6 反止口设计的作图步骤

（1）打开底壳零件 "GPS_BACK_CASE.PRT"，在避开卡扣的位置做反止口，上下各三对，左右各两对，注意与母止口的配合间隙，但不要参照前壳作图，因为前壳与底壳尽量不要相互参照，完成后如图13-11所示。

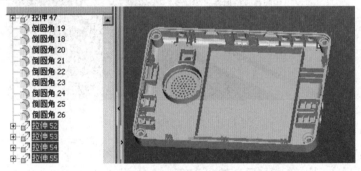

图13-11 完成后的反止口

（2）所有反止口装配倒角，完成后如图13-12所示。

图13-12 反止口倒角

（3）完成后的反止口与止口配合如图 13-13 所示。

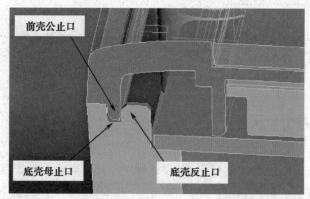

图 13-13 反止口配合图

13.2 限位主 PCB 的结构设计

主 PCB 在壳体中四周要限位，防止主 PCB 上下左右移动。一般来说，主 PCB 先装哪个壳体，相应的壳体就要对主 PCB 进行限位，只需一个壳体限位就可以，避免重复限位。

技巧提示： 重复限位由于制造误差会造成装配困难，结构设计一定要避免，不管是什么产品结构都要注意。

13.2.1 主要限位结构

最佳的主要限位结构是在壳体上长柱位伸入主 PCB 的限位孔中，起到精确限位作用，限位间隙为 0.10mm，共两处，成对角布局，如图 13-14 所示。

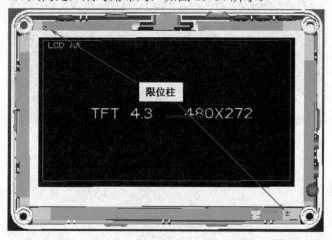

图 13-14 主 PCB 板主要限位结构

13.2.2 辅助限位结构设计

除主要限位结构外，主 PCB 的限位还需要一些辅助限位结构，包括螺丝柱限位、反止口限位、主板扣位等。

辅助限位结构与主 PCB 的间隙为 0.15～0.25mm，常用 0.20mm。

13.2.3 螺丝柱限位主板

螺丝柱限位主板是常用的一种结构,在设计螺丝柱结构时就要考虑到,如图 13-15 所示。

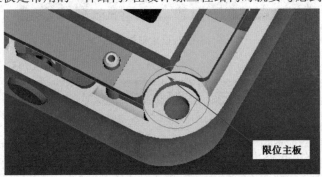

图 13-15　螺丝柱限位主板

13.2.4 反止口限位主板

如果壳体有反止口，可利用反止口限位主板，在设计反止口结构时就要考虑到，如图 13-16 所示。

图 13-16　反止口限位主板

13.2.5 主板扣位

（1）主板扣位的主要作用是为了防止主板在装配时掉落，扣位做两个即可，成对角，作均匀，如图 13-17 所示。图 13-18 是扣位与主板配合剖视图。

技巧作用：如果主堆叠板在装配时不会掉落，主板扣位可以不做，因此，本书中的 GPS 产品没有设计主板扣位。

图 13-17 主板扣位做成对角

图 13-18 主板扣位剖面

（2）主板扣位尺寸说明如图 13-19 所示。

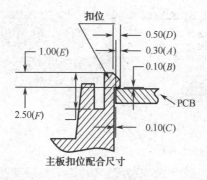

图 13-19 主板扣位尺寸

尺寸说明：

（1）尺寸 A 是扣合量 0.30mm，不能太大，防止难拆装。

（2）尺寸 B 是扣位与主板的 Z 向间隙，尺寸最少为 0.05mm，建议做到 0.10mm。

（3）尺寸 C 是扣位与主板的侧向间隙，尺寸应不小于 0.10mm。

（4）尺寸 D 是扣位的装配倒角，为 0.50mm。

（5）尺寸 E 是扣位的厚度，尺寸应不小于 0.80mm。

（6）尺寸 F 是扣位顶面到加强骨的高度，由于扣位要变形，尺寸建议不小于 2.50mm。

技巧提示：如果以上结构还不能完全限位主 PCB，可以适当另外增加一些骨位或者定位柱来限位。

13.2.6 限位主 PCB 的结构设计作图步骤

（1）打开总组件图"GPS-ASM.ASM"，激活底壳零件"GPS_BACK_CASE.PRT"，参照主 PCB 上的孔拉伸出胶柱位，间隙为 0.10mm，限位柱高出 PCB 板 1.00mm 左右，完成后如图 13-20 所示。

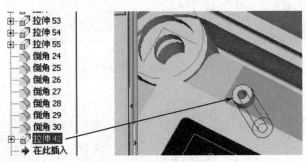

图 13-20　拉伸限位柱位

（2）单独的限位柱强度不够，需要长骨位加强。定位柱装配边需要倒直角，打开底壳零件"GPS_BACK_CASE.PRT"，拉伸出加强的骨位，并固定该柱装配边倒直角 0.25mm。完成后如图 13-21 所示。

图 13-21　做定位柱加强骨位

13.3 前壳 Z 向顶主板结构设计

主 PCB 固定除了四周要限位主板外，前壳与底壳 Z 方向也要顶主板，防止主板在 Z 向窜动，以免在受到外力撞击时损坏主板及电子元器件。以下介绍前壳 Z 向顶主板的常用结构。

技巧提示：主板装底壳，前壳 Z 向顶主板的骨位与 PCB 间隙为 0.10mm。如果主板装前壳，Z 向顶主板的骨位与 PCB 零间隙。

13.3.1 螺丝柱四周长骨位

Z 向顶主板，首先要在螺丝柱四周或者靠近螺丝柱的地方长骨位顶主板。在螺丝柱四周长骨位，还起到加强螺丝柱的作用。如图 13-22 所示。

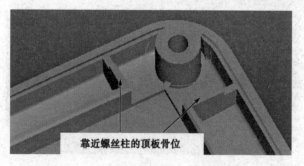

图 13-22 靠近螺丝柱的顶板骨位

技巧提示：如果螺丝柱四周骨位没有起到 Z 向顶主板的作用，也要长出来，主要作用就是加强螺丝柱，如图 13-23 所示。

图 13-23 长骨位加强螺丝柱

13.3.2 LCD 屏的四周长骨位

为了更好地保护 LCD 屏，需要在屏的四周长骨位顶主板，如图 13-24 所示。

图 13-24 LCD 屏的四周长骨位

13.3.3 前壳顶主板作图步骤

打开前壳零件 "GPS_FRONT_CASE.PRT"，通过拉伸、切剪命令做出前壳顶主板骨位，完成后如图 13-25 所示。

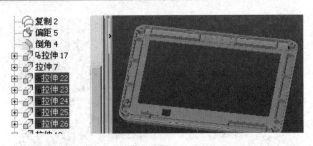

图 13-25　完成前壳顶主板骨位设计

13.4　底壳 Z 向顶主板结构设计

除了前壳，底壳 Z 向也需长骨位顶主板。

13.4.1　螺丝柱四周长骨位

主板装底壳，底壳 Z 向顶主板骨位与 PCB 零间隙，所有螺丝柱四周尽量长骨位顶主板。如图 13-26 所示。

> **技巧提示**：螺丝柱四周长骨位顶主板效果最好，通过螺丝把主板夹在两个壳体的螺丝柱之间，稳定性好。

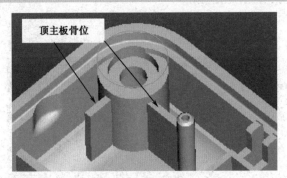

图 13-26　螺丝柱处顶立板骨位

13.4.2　反止口处长骨位

光靠螺丝柱处顶主板还不够，还要在反止口处长骨位顶主板，如图 13-27 所示。

13.4.3　限位电池骨位顶主板

限位电池的骨位用来顶主板，在做电池仓结时就要考虑到，如图 13-28 所示。

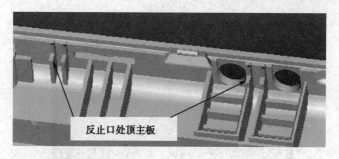

图 13-27 反止口长骨位顶主板

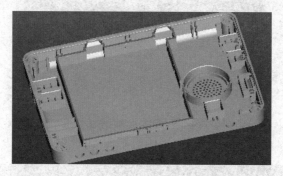

图 13-28 限位电池骨位顶主板

技巧提示：如果以上结构还不能完全支撑主 PCB，可以适当另外增加一些骨位。

13.4.4 底壳顶主板作图步骤

打开底壳零件"GPS_BACK_CASE.PRT"，通过拉伸命令做出底壳顶主板骨位，完成后如图 13-29 所示。

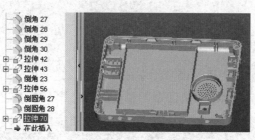

图 13-29 完成底壳顶主板骨位设计

13.5 其他结构设计

13.5.1 贴标签纸位置

大部分产品，外壳上需贴标签纸，贴标签纸位置尺寸根据实际需要设计，深度一般为

0.20mm，贴标签纸位置要求抛光处理，以免粘贴强度不够而脱落，如图 13-30 所示。

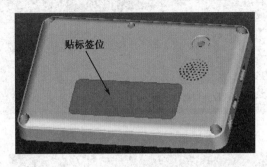

图 13-30　标签位

13.5.2　设计支架卡扣位

GPS 产品一般需要外接支架，因而在壳体上预留支架卡扣位置，支架卡扣位置共四个，上、下面各两个，深度 0.80mm，如图 13-31 所示。

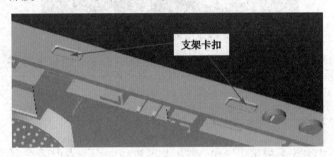

图 13-31　支架卡扣位

13.5.3　设计壳料上的字符及标识

塑胶壳上有字符及标识，通过模具注塑成型出来，这部分字符就要在壳体上画出来，塑料件上文字、图案设计参照本书第四章的相关内容，如图 13-32 所示。

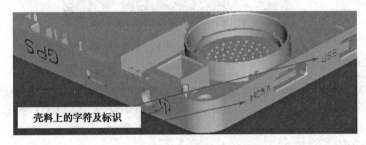

图 13-32　壳料上的字符及标识

13.5.4 作图步骤

（1）打开底壳零件"GPS_BACK_CASE.PRT"，通过剪切命令做出标签位，尺寸如图 13-33 所示。

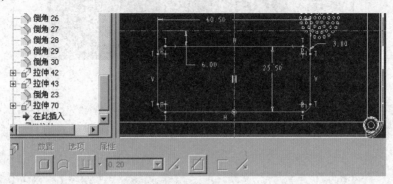

图 13-33 标签纸位置尺寸

（2）通过拉伸、剪切、曲面合并、实体化等命令，做出支架卡扣位置，也可以通过曲面偏距命令来完成，如图 13-34 所示。

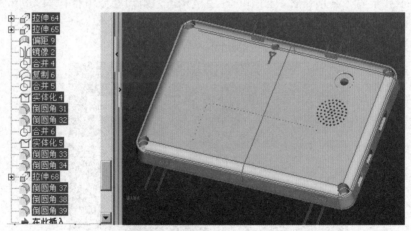

图 13-34 做支架卡扣位

（3）通过曲面偏距命令完成字符及标识的设计，如图 13-35 所示。

图 13-35 做字符与标识

（4）打开侧键零件"GPS_SIDE_KEY.PRT"，通过曲面偏距 🖉 命令完成字符及标识的设计，如图 13-36 所示。

图 13-36　做侧键上的字符及标识

技巧提示：结构设计完成之后，接下来就是要做一系列检查，包括模具倒扣检查、零件拔模检查、尖钢与薄钢的检查、厚胶与薄胶的检查、小断差面检查、干涉检查等。

13.6　模具斜顶倒扣检查及处理

（1）模具倒扣是指塑料件上凡是阻碍模具开模或者顶出的部位，壳体中最容易产生倒扣的地方为卡扣位置，斜顶是解决倒扣的常用机构，但斜顶要预留行程 7.00mm（包括斜顶的大小、运动的行程及安全距离等），如图 13-37 所示，电池仓骨位是阻碍斜顶运动的面，扣位面与电池仓骨位面的距离不小于 7.00mm。

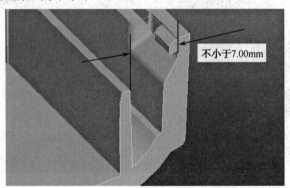

图 13-37　斜顶行程距离

（2）如果斜顶的行程距离比 7.00mm 小，结构上就要处理，如图 13-38 所示为切剪电池仓骨位处理斜顶倒扣。

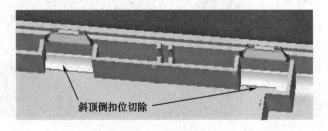

图 13-38　切除斜顶倒扣位

13.7 零件拔模检查及处理

零件拔模斜度是保证模具在注塑时能顺利出模。一般来说外观面如果不走行位需做拔模斜度不小于 3°，非外观的重要配合面拔模 2° 左右，如电池仓、止口等。非外观的配合面需要直身位的零件可以不用拔模。

> **技巧提示：** 作图时，并不是所有面及骨位都要做拔模斜度，只是重要的配合面拔模就可以了，其余的可让模具厂按本厂标准自行拔模。

（1）打开单个零件，单击【分析】工具菜单，选中【几何】→【拔模检测】选项，弹出斜度对话框，如图 13-39 所示。

> **技巧提示：** 除模具需走行位与斜顶的外，所有零件不允许存在模具倒扣，包括前模倒扣与后模倒扣。

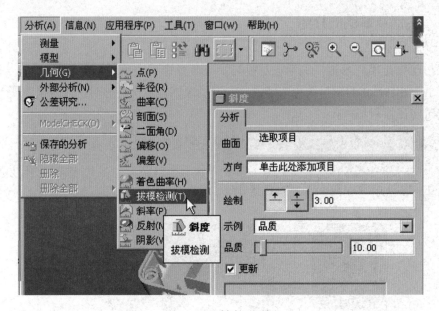

图 13-39　斜度对话框

（2）定义各参数，拔模角度为 3°。如果有没有倒扣，拔模角度设置为零度。举例如图 13-40 所示。

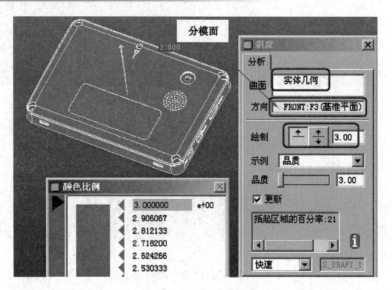

图 13-40　拔模检测

13.8　尖钢、薄钢的检查及处理

13.8.1　尖钢及薄钢的介绍

尖钢与薄钢是模具术语，尖钢就是模具上很薄且锋利的钢料，也是薄钢的一种。所谓薄钢，把小于 0.50mm 的钢料统称为薄钢。尖钢及薄钢在注塑胶件时，容易损坏断裂，所以在做结构时应尽量避免产生。

技巧提示：如何识别薄钢及尖钢？三维图上如果有胶位，在模具上就是空的，三维图上如果是空的，在模具上就是钢料。如果两个胶位之间的距离小于 0.50mm，就可以称为薄钢，如图 13-41 所示缝在模具上的就是薄钢。

图 13-41　薄钢

13.8.2　壳料容易产生薄钢的地方

（1）螺丝柱处。螺丝柱靠近壳体内壁，最容易产生薄钢，如图 13-42 所示。

（2）反止口处。尤其是"工"字形反止口，与壳体内壁近，最容易产生尖钢、薄钢，如图 13-43 所示。

图 13-42　螺丝柱处薄钢

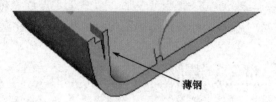

图 13-43　反止口处薄钢

（3）其他地方。凡是两个胶位距离小于 0.50mm 的就是薄钢，如图 13-44 所示。

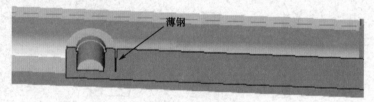

图 13-44　其他地方薄钢

13.8.3　尖钢、薄钢的处理

（1）加胶。在产生薄钢的地方加胶，但总体胶厚不能超过附近平均胶厚的 1.40 倍，否则就是厚胶，会造成壳体胶位缩水，影响结构及外观。如图 13-45 所示的小缝直接加胶补齐。

（2）减胶。在产生薄钢的地方减胶，但保证外观面胶厚不小于 0.80mm。如图 13-46 所示的螺丝柱处，直接切胶，然后再做一条骨位加强螺丝柱。

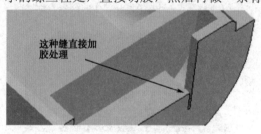

图 13-45　小缝直接加胶补齐

图 13-46　切胶及加骨位

（3）正面补胶，反面掏胶。如果正面切胶产生薄胶，补胶又太厚，可以正面补胶，反面掏胶，如图 13-47、图 13-48 所示。

图 13-47　正面补胶

图 13-48　反面掏胶

13.9 厚胶、薄胶的检查及处理

处理完尖钢与薄钢后，接着处理厚胶、薄胶。厚胶会造成胶料在注塑时缩水，胶件缩水不仅影响外观还影响结构，薄胶会产生注塑走胶困难。

13.9.1 厚胶及薄胶的介绍

所谓厚胶就是把大于平均胶厚 1.40 倍的胶称为厚胶，假如附近平均胶厚是 2.00mm，厚胶就是大于 2.80mm 的胶位，把小于 0.45mm 厚的胶位称为薄胶，如图 13-49 所示就是厚胶。

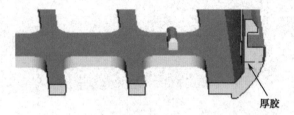

图 13-49　厚胶

> **技巧提示**：由于各模具厂制作模具水平的差异，关于厚胶薄胶标准不一定相同，设计时应注意符合模具厂的要求。

13.9.2 壳料容易产生厚胶及薄胶的地方

（1）螺丝柱处。螺丝柱靠近壳体内壁，最容易产生厚胶，如图 13-50、图 13-51 所示。

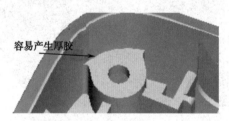

图 13-50　螺丝柱处厚胶一　　　　　　　图 13-51　螺丝柱处厚胶二

（2）扣位处。扣位也是最容易产生厚胶的，尤其是母扣，如图 13-52 所示。

（3）产生薄胶的地方主要是空间不够的情况下切胶留下的薄胶位，如图 13-53 所示就是为了避开堆叠板上的电子元器件产生薄胶。

> **技巧提示**：如果外观面有薄胶，在建模完成评审时就要处理，不然后续结构再改动将非常费时费力。

容易产生厚胶

图 13-52　扣位处厚胶

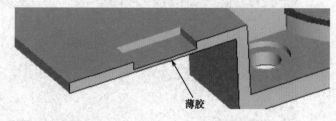

薄胶

图 13-53　薄胶

（4）其他产生厚胶薄胶的地方。如两骨位叠加容易产生厚胶，电池仓四周、限位 LCD 屏的四周都容易产生厚胶等，如图 13-54 所示就是两胶位叠加产生厚胶。

两胶位叠加，容易
产生厚胶

图 13-54　两胶位叠加产生厚胶

13.9.3　厚胶及薄胶的检查

Pro/E 软件有检查厚胶及薄胶的工具，其操作步骤如下。

（1）单击【分析】工具菜单，选中【模型】→【厚度】选项，如图 13-55 所示。

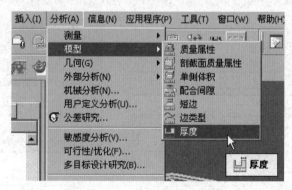

图 13-55　选择【厚度】

（2）选中【自层切面】与【至层切面】选项，选择壳体最远两点的端点（可选择卡扣的端点）确定检查的范围，如图 13-56 所示。

（3）层切面方向选择 RIGHT 基准下面，箭头朝【至层切面】的顶点方向，如图 13-57 所示。

（4）层切面偏距就是截面之间的距离，距离太大起不到检查的作用，如图 13-58 所示。

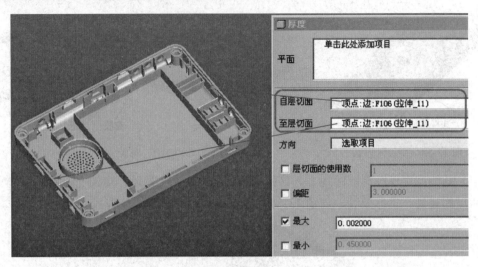

图 13-56　确定检测范围

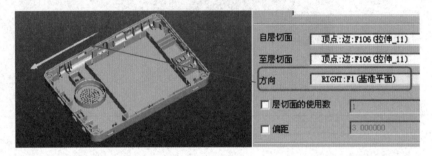

图 13-57　确定箭头方向

（5）输入允许的胶厚的最大值及薄胶最小值，如图 13-59 所示。

图 13-58　层切面偏距距离　　　　　　图 13-59　定义最大最小胶厚

（6）单击【计算预览】按钮，会自动产生各截面，然后单击【显示全部】按钮把所有截面都显示出来，如图 13-60 所示。

（7）凡是有厚胶或者薄胶的地方会用不同的颜色表示出来，如果是剖面在骨位上的不是厚胶，不用处理，注意区别，如图 13-61 所示。

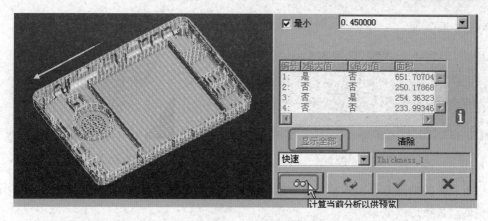

图 13-60 自动计算

图 13-61 骨位处厚胶

13.9.4 厚胶及薄胶的处理

厚胶和薄胶的处理与薄钢处理一样，都是加胶、减胶、正面加胶反面减胶这几种方式，如图 13-62 所示为薄胶直接切穿。

技巧提示：通过厚度检查命令，也可以用来检查薄钢。

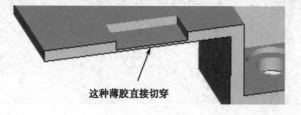

图 13-62 直接切穿

13.10 小断差面的处理

小断差面会增加模具加工难度，小于 0.20mm 的断差面尽量取消。图 13-63、图 13-64

所示就是小断差面。

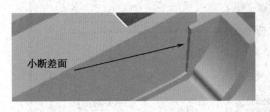

图 13-63　小断差面一

图 13-64　小断差面二

小断差面的处理方法很多种，常有修改原特征、用实体面替换等方法。图 13-65 所示就是用实体面替换后的效果。

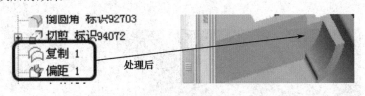

图 13-65　替换面后处理

13.11　干涉检查及处理

13.11.1　干涉的概念

产品结构设计上所说的干涉就是零件与零件之间有相互重叠的地方，干涉是不允许的，三维图上有干涉，就会造成实物不能装配，所以一定要处理完所有的干涉，包括细微的干涉，如图 13-66 所示就是壳体与堆叠板有干涉。

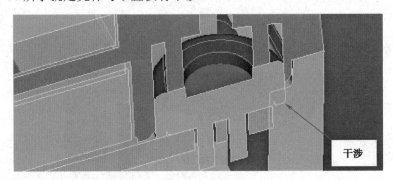

图 13-66　干涉

> **技巧提示**：良性干涉不用处理，良性干涉是指在三维图中有干涉而实物装配中并不存在干涉的地方，如泡棉本身就要预压等，如图 13-67 所示。

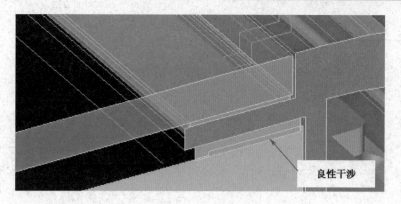

图 13-67 良性干涉

13.11.2 干涉的检查

干涉检查从壳体组件中的小组件查起，处理完小组件干涉，再查总组件。

（1）检查小组件干涉。打开小组件，单击【分析】工具菜单，选中【模型】→【全局干涉】选项，如图 13-68 所示。

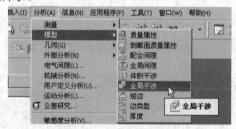

图 13-68 选取【全局干涉】选项

（2）随后选中【仅零件】选项，对小组件中的所有零件进行干涉检查，如图 13-69 所示，注意每一个小组件都要检查。

（3）检查总组件干涉。打开总组件"GPS-ASM.ASM"，用【全局干涉】命令，随后点选【仅子组件】选项，对总组件中所有小组件之间的干涉进行检查，如图 13-70 所示。

图 13-69 选择【仅零件】选项　　图 13-70 检查总组件干涉

13.11.3 干涉的处理

如果存在干涉，就要处理，处理干涉的方法有切胶、将干涉结构移位等。如图 13-71 所示就是 MIC 与底壳有干涉，将底壳存在干涉部分切胶处理。

技巧提示：如果查出干涉，最好用截图软件将干涉的地方和干涉的零件名用图片保存下来，然后再逐个处理。如果只查两个零件之间有无干涉，可以用【模型】菜单中的【配合间隙】来检查，如图 13-72 所示。配合间隙不仅可以检查干涉，如果没有干涉，还可以查间隙，如图 13-73 所示。

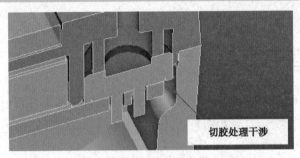

图 13-71　切胶处理干涉

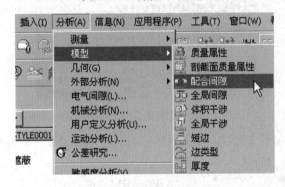

图 13-72　配合间隙

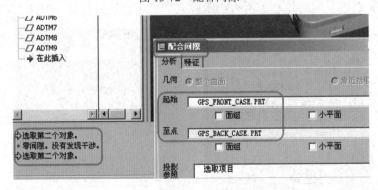

图 13-73　配合间隙对话框

13.12 DFMA 与 FMEA 结构设计检查

13.12.1 DFMA 定义及优点

DFMA 是英文 Design for Manufacturing and Assembly 的缩写，中文译为面向制造的设计和面向装配的设计，面向制造的设计和面向装配的设计是指在产品设计阶段，充分考虑来自于产品制造和装配的要求，使结构工程师设计的产品具有很好的制造性和可装配性，从根本上避免在产品开发后期出现的制造和装配质量问题。

DFMA 优点主要有以下几点。

（1）减少产品设计修改次数。

（2）缩短产品开发周期。

（3）降低产品成本。

（4）提高产品质量。

产品结构设计完成后，结构工程师首先要进行 FMEA，检查结构的合理性及是否有遗漏的地方。检查分为装配检查及零件检查。

FMEA 是英文 Failure Mode and Effects Analysis 的缩写，中文译为失效模式与影响分析。FMEA 是一种可靠性设计的方法，对各种可能的风险进行评价、分析，以便在现有技术的基础上消除这些风险或将这些风险减小到可接受的水平。

FMEA 是 DFMA 的可靠分析方法。

13.12.2 FMEA 装配检查表

FMEA 装配检查表是防止在结构设计零件与零件的装配中容易出现的问题，如表 13-1 所示。

表 13-1 FMEA 装配检查表

类　别	检查内容	NG/OK
生产装配	整机的装配步骤是否清晰明了	
	整机的装配步骤是否容易操作	
	装配是否需要特制的夹具	
	装配是否有特别注意的地方	
	小物件装配是否容易掉出	
	装配步骤是否能够简化	
	装配过程是否有危险的动作	
干涉	零件装配是否有干涉	
	运动件装配是否有干涉	
	是否与 PCB 干涉	

类　别	检查内容	NG/OK
限位	检查壳体零件是否有限位	
	检查所有小物件是否有限位	
限位	检查 PCB 是否有限位	
	检查所有零件是否有重复限位	
连接与固定	检查壳体零件是否有连接与固定结构	
	检查所有小物件是否有连接与固定结构	
	检查 PCB 是否能有固定结构	
防呆	检查所有零件是否能够防呆	
	相似的零件尽量合并共用	
	防呆零件的物征要容易区别	
	相似但不能合并共用的零件防呆是否明显	
间隙	零件与零件间隙设计是否合理	
	壳体与 PCB 及元器件间隙是否合理	
	设计间隙是否有考虑公差	
	设计时是否预留装配间隙	
外观	外观是否有锋利的边和角	
	结构设计能否满足表面处理要求，避免影响外观	
	有无影响外观的装配步骤	
线缆（包括焊接引线与FPC）	线缆是否有空间放置	
	线缆是否有合理的走向	
	线缆有没有固定结构	
	线缆在装配时有没有压坏的隐患	
	线缆是否需要特殊的保护措施	

13.12.3　FMEA 零件检查表

FMEA 装配检查表是防止在结构设计时零件容易出现的问题，如表 13-2 所示。

表 13-2　DFMA 零件检查表

类　别	检查内容	NG/OK
料厚与材料	料厚是否合理	
	材料是否满足结构要求	
	后续生产不更换模具时有没有可替代的材料	
拔模斜度	外观是否有拔模斜度	
	重要配合面是否有拔模斜度	
	配合面不允许有拔模斜度时有无说明	

类　别	检 查 内 容	NG/OK
拔模斜度	更换材料拔模斜度有无影响	
	材料通过添加剂加强拔模斜度有无影响	
涉及模具结构部分	检查是否有模具倒扣	
	检查是否有尖钢、及薄钢	
	检查是否有厚胶及薄胶	
	卡扣处是否有足够的行程	
	能否简化模具结构	
	充分考虑模具夹线对外观的影响	
加强筋	检查所有加强筋的厚度，加强筋厚度做到料厚的50%左右	
	检查所有加强筋的高度，加强筋高度不大于料厚的3倍	
	检查所有相交的加强筋交叉处的壁厚	
柱位	柱位强度是否足够	
	柱位壁厚是否合理，柱位壁厚不大于料厚的0.6倍	
	柱位高度是否合理，柱位高度不大于料厚的5倍	
	单独柱位有无加强	
	柱位根部厚度是否合理，柱位根部厚度不大于料厚的0.6倍	
钣金零件	检查厚度是否均匀	
	检查是否符合加工工艺	
	检查是否可以展平	
	检查能否简化加工工艺	
	是否需要后续加工	
	是否需要做表面处理	
PCB 堆叠板	PCB 堆叠板是否是最新版本	
	PCB 堆叠板中的电子元器件尺寸及规格是否正确无误	
	PCB 堆叠板是否遗漏元器件	
	PCB 堆叠板是否经过电子工程师确认	

13.13　结构评审

13.13.1　结构评审的重要性

　　整机结构检查完成后，接下来的就是结构评审，在产品设计整个过程中，评审非常重要，结构工程师不管经验有多丰富，设计出来的产品不能说一点问题都没有。加之有些公司内部设计要求的不一样与模具厂制作水平的高低，从而对一些设计数值有不同的标准，而评审就是能检查出这些问题，达到统一。

评审的主要作用表现在以下几方面：

（1）检查设计遗漏。

（2）检查设计错误。

（3）集思广益，提出结构优化改进。

（4）结合模具公司设计、加工水平的高低，改善结构。

（5）积累结构设计经验，提高结构设计水平。

> **技巧提示：** 对于结构工程师而言，评审是一种很好的学习阶段，评审能突破工程师自身的局限性，从评审中能学到别人的经验，从而提高自己的设计水平。

13.13.2　结构评审的分类

评审分为内部评审与外部评审，内部评审一般为同级工程师评审、上级评审、评审会议集中评审等。外部评审一般为模具厂评审、方案公司评审等。

同级工程师评审是指在公司内部由同一级别的结构工程师负责评审，优点是能相互学习与总结、共同提高。

上级评审是指在由上级领导负责评审，一般来说，上级领导不管经验与设计水平都高一些，得到上级的指导，能减少设计失误。

评审会议集中评审就是通过会议方式评审，参会人员包括同级结构工程师、上级领导、生产部门、品质部门、市场部门、电子工程师等，优点很明显，集思广益，结合各部门的意见，达到与各部门的统一要求；缺点就是费时，有时意见太多，反而没有主张。

模具厂评审是指由模具公司负责评审，内容主要是与模具相关的结构，如有无尖钢与薄钢、模具倒扣、优化模具结构的改进等。

方案公司评审是指由 PCB 堆叠板公司负责评审，内容主要包括结构与电子协调，发挥电子功能的结构优化等。

> **技巧提示：** 为鼓励读者学习与提高读者的结构设计水平，前二位完成本书实例中 GPS 产品的读者可将完成后的三维图档发送到作者邮箱：mobmd88@163.com，作者本人亲自提供无偿、细致的点评并提出修改的方案。

提交作业的注意事项如下所述：

（1）没有完成整机结构的不评审。

（2）不是本书实例中所讲的 GPS 产品不评审。

（3）完全抄袭本书光盘中的三维档案不评审。

（4）提交作业时需提交购买图书的有效凭证，无有效凭证的一律不评审，有效购买凭证包括快递单与图书一起拍照、网上购书的订单记录等。

（5）由于评审工作需要大量的时间与精力，作者只评审前二位提交作业的读者，以提交完整作业的邮件时间为准，不能预约。

（6）作者为前二位完成作业的读者评审只是用业余时间免费评审，不构成要约，属于一种帮助行为，作者与出版社没有此义务，也与本书定价没有关系。

第**14**章
常用资料输出与可靠性测试

整个产品结构设计完成之后，需要做一些资料的输出，这些资料一般包括 BOM 表、外形线框图、零件工程图、辅料打样图、爆炸图等。

14.1　常用资料的输出

14.1.1　BOM 表

BOM 是英文 Bill Of Material 的缩写，中文名称是物料清单，BOM 表是生产中的重要文件，几乎每个部门都要用，BOM 表是由工程设计人员制作，一般是结构工程师制作，BOM 表内容包括类别、物料编码、物料名称、规格描述、用量、备注、供应商等项目。

表 14-1 所示是本书实例 GPS 产品的 BOM 表结构件举例。

表 14-1　GPS 导航仪的 BOM 表

GPS　BOM 表（黑色）							
产 品 名 称	GPS 导航仪		产 品 型 号				
版　　本	VER1.0				第 页 共 页		
类别	物 料 编 码	物 料 名 称	材　　质	规 格 描 述	用量	备注	供应商
成品		成品机		包装好彩盒的成品机，黑色	1		
		单机		检测 OK 的单机，无包装，黑色	1		
电子料		PCBA		带四个轻触开关侧键	1		
		LCD 屏		4.3 英寸，TFT，480×272，16:9 宽屏	1		
		喇叭		ϕ25.0mm，工作高度 5.2mm，弹片式	1		
		MIC		直径 4.8mm，厚 2.0mm,插件焊接式	1		
		电池		锂电池，1700mAh	1		
		摄像头		200W，尺寸 8.0×8.0mm，B-B 连接器	1		
		GPS 模块		双引线焊接，外接插口	1		

GPS　BOM表（黑色）							
产品名称		GPS 导航仪		产品型号			
版　本		VER1.0			第 页 共 页		
类别	物料编码	物料名称	材　质	规格描述	用量	备注	供应商
壳料		前壳	PC+ABS	素材黑色，注塑，表面磨砂纹	1		
		TP 屏		5 点触控，带 IC，FPC 连接主 PCB 板	1		
		LCD 泡棉	PORON	单面背胶，黑色，自由高度 0.50mm	1		
		TP 屏背胶	3M9495	切割成型，带离型纸，厚度 0.15mm	1		
		底壳	PC+ABS	素材黑色，注塑，表面磨砂纹	1		
		摄像头镜片	钢化玻璃	厚度 0.65mm，底色丝印黑色	1		
		音量侧键	ABS	素材黑色，注塑，表面磨砂纹	1		
		开关机侧键	ABS	素材黑色，注塑，表面磨砂纹	1		
		喇叭泡棉	PORON	单面背胶，黑色，自由高度 0.50mm	1		
		摄像头泡棉	PORON	单面背胶，黑色，自由高度 0.50mm	1		
		镜片背胶	3M9495	切割成型，带离型纸，厚度 0.15mm	1		
		螺丝塞	TPU	素材黑色，注塑，表面磨砂纹	4		
包装材料		彩盒		彩色，光面	1		
		说明书		黑白印刷	1		
		机壳标签纸		黑白印刷，单面背胶	1		
		外箱	K=K	黑色印刷	0.02		

14.1.2　外形线框图

外形线框图是整机完成后总装配图的外形线框图，其主要作用为 ID 设计人员用来出详细的菲林图。

外形线框图要求如下所述。

（1）六个视图，标注长、宽、高尺寸。

（2）视图比例为 1：1。

（3）只需外部线框，不需要显示的内部线条及曲线、曲面要隐藏。

（4）图档类型为 DXF。

图 14-1 所示是本书实例中的 GPS 外形线框。

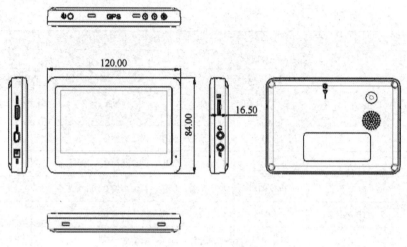

图 14-1　GPS 外形线框

14.1.3　零件工程图

零件工程图是二维带有尺寸的图形，在产品整个环节中，尤其重要。

由于三维软件的普及，也随着模具加工精密机器设备的应用，尤其是数控机器的应用，模具制作水平及加工精度显著提高，现在大部分模具制作是通过三维软件用三维零件图形直接分模、设计出 CNC 加工程序，零件工程图的作用有所下降。

尽管如此，零件工程图在实际工作中，其主要作用有以下几个方面。

（1）给品质部门作为检验的依据。

（2）给生产部门提供尺寸来源，作为生产的必备资料。

（3）是模具制作的重要依据之一。

（4）是公司所有部门的共同尺寸标准。

零件工程图的制作要求如下所述。

（1）原则上说，所有尺寸都需要标注。但对一些外形复杂的产品来说，标注所有尺寸确实困难，尤其是不规则的曲面，根本无法用尺寸标注标示清楚。

（2）重要尺寸一定要标注清楚，如外形的长宽高、螺丝柱位置及形状尺寸、卡扣的位置及形状尺寸、料厚等。

（3）配合面的尺寸要标注清楚，与其他零件有相互配合的孔、槽、骨位等。

（4）需要管控的尺寸一定要标注清楚，如有些尺寸的公差需要严格控制，就要加上公差标注。

> 技巧提示：虽然 Pro/E 软件有工程图模块，但工具较少，出二维工程图不太方便，AutoCAD 软件是出二维工程图常用的软件，可以通过 Pro/E 软件的工程图模块导出 DWG 或者 DXF 图档，再到 AutoCAD 中出最终工程图。

图 14-2 所示是一款塑胶产品的零件工程图，供参考，非本书实例图档，切勿对号入座。

技巧提示：读者自行完成本书实例中的零件工程图。

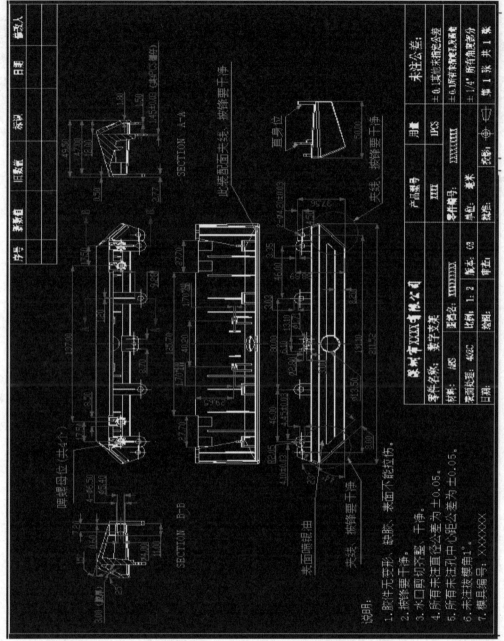

图 14-2　参考用的零件工程图

14.1.4　辅料打样图

辅料就是辅助的料件，一般指小料件，主要有双面胶、泡棉、防尘网、热熔胶、导电泡棉、导电布、螺丝、螺母、小镜片、小金属件（包括镍片、不锈钢网等）、高温绝缘胶纸、遮光片等。

所有辅料都要出二维工程图，且尺寸标注要完整。

本书实例涉及辅料如下所述。

（1）前壳组件：LCD 泡棉、TP 屏双面胶。

（2）底壳组件：喇叭泡棉、摄像头泡棉、摄像头镜片双面胶。

14.1.5 常见辅料设计技术要求

这些辅料图非本书实例，切勿对号入座。

技巧提示：读者根据常见辅料的设计要求完成本书实例中的辅料打样图。

1. 双面胶设计要求

双面胶设计技术要求如下所述。

（1）材料常用 3M9495MP、3M9495LE。

（2）需双面背胶，背胶边缘冲切整齐。

（3）背胶离型纸上需加撕开手柄。

（4）双面胶最窄宽度应不小于 0.80mm。

（5）公差参照公司内制定的标准。

图 14-3 所示是摄像头镜片双面胶二维图。

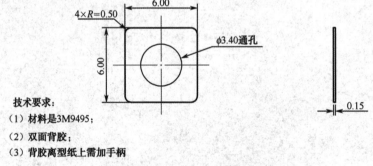

图 14-3 摄像头镜片双面胶二维图

2. 泡棉设计要求

泡棉设计技术要求如下所述：

（1）材料常用 PORON。

（2）需单面背胶，背胶边缘冲切整齐。

（3）背胶离型纸需加撕开手柄。

（4）泡棉最窄宽度应不小于 0.80mm。

（5）工作高度 0.30mm（自由高度 0.50mm）。

（6）公差参照公司内制定的标准。

图 14-4 所示是摄像头泡棉二维图。

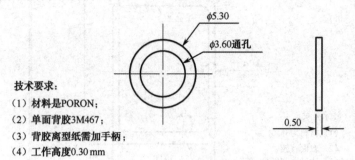

技术要求：
（1）材料是PORON；
（2）单面背胶3M467；
（3）背胶离型纸需加手柄；
（4）工作高度0.30mm

图 14-4　摄像头泡棉二维图

3. 防尘网设计要求

防尘网设计技术要求如下所述：

（1）材料常用尼龙网、不织布。

（2）需单面背胶，背胶边缘冲切整齐。

（3）背胶离型纸需加撕开手柄。

（4）防尘网最窄宽度应不小于 0.80mm。

（5）公差参照公司内制定的标准。

图 14-5 所示是一款防尘网二维图。

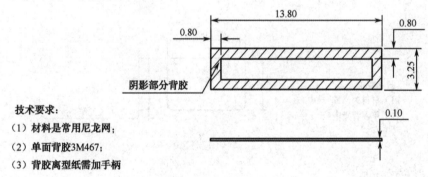

阴影部分背胶

技术要求：
（1）材料是常用尼龙网；
（2）单面背胶3M467；
（3）背胶离型纸需加手柄

图 14-5　防尘网二维图

4. 热熔胶设计要求

热熔胶主要用于金属件与塑料的黏结，其设计技术要求如下所述：

（1）材料常用 3M615。

（2）需双面背胶，背胶边缘冲切整齐。

（3）背胶离型纸需加撕开手柄。

（4）热熔胶最窄宽度应不小于 0.80mm。

（5）公差参照公司内制定的标准。

图 14-6 所示是一款热熔胶二维图。

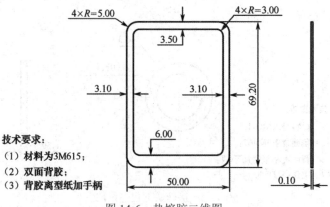

图 14-6　热熔胶二维图

5. 导电泡棉设计要求

导电泡棉主要用于金属件的接地，其设计技术要求如下所述：

（1）材料由普通泡棉与导电布构成。

（2）需单面背导电胶。

（3）导电泡棉长度和宽度应不小于 2.00mm。

（4）导电泡棉应标注工作高度（压缩后）。

（5）公差参照公司内制定的标准。

图 14-7 所示是一款导电泡棉二维图。

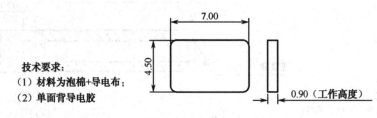

图 14-7　导电泡棉二维图

6. 导电布设计要求

导电布主要用于金属件的接地，其设计技术要求如下所述：

（1）材料是导电布。

（2）需单面背导电胶。

（3）导电布最窄宽度应不小于 0.80mm。

（4）公差参照公司内制定的标准。

图 14-8 所示是一款导电布二维图。

7. 绝缘胶设计要求

绝缘胶主要用于焊盘的绝缘，其设计技术要求如下所述：

（1）材料常用 PVC 或者 PET 片。

（2）需单面带胶。

（3）公差参照公司内制定的标准。

图 14-9 所示是一款绝缘胶二维图。

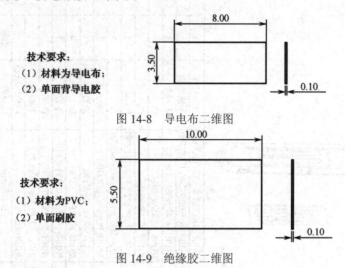

图 14-8　导电布二维图

图 14-9　绝缘胶二维图

8. 摄像头镜片设计要求

摄像头镜片设计技术要求如下所述：

（1）材料是 PMMA。

（2）需单面丝印。

（3）透明，无划伤，表面贴保护膜。

（4）公差参照公司内制定的标准。

图 14-10 所示是摄像头镜片二维图。

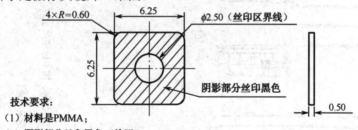

图 14-10　摄像头镜片二维图

14.1.6　爆炸图

爆炸图是一个简易的装配示意图，通过立体的图形来分解产品，将一个完整的产品拆分成零件。

图 14-11 所示是一款手机产品的爆炸图，供参考，非本书实例图档，切勿对号入座。

技巧提示： 读者自行完成本书实例中的爆炸图。

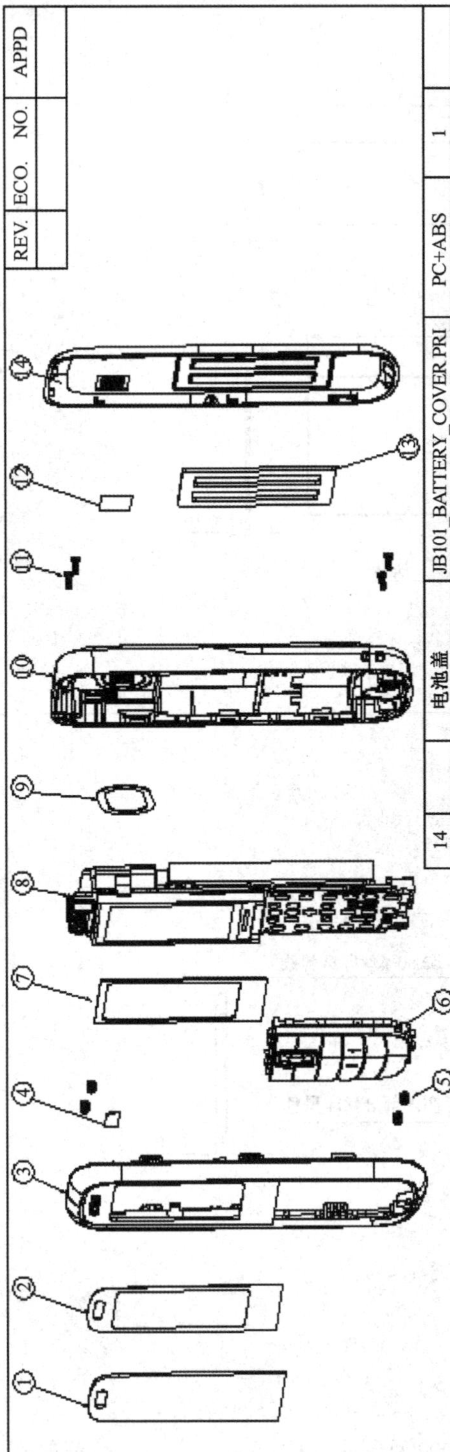

REV.	ECO.	NO.	APPD

序号	图 号	名 称	SD Description	材料	数量	备注
14		电池盖	JB101_BATTERY_COVER.PRI	PC+ABS	1	
13		电池泡棉	JB101_RUBBER_BATTERY.PRI	硬质泡棉	1	
12		听筒防尘网	JB101_FCW_SPEAKER.PRI	不织布	1	
11		螺钉	JB101_SCREW_M14	钢	4	
10		底壳	JB101_REAR.PRI	PC+ABS	1	
9		喇叭泡棉	JB101_PORON2_SPEAKER.PRI	Poron	1	
8		PCB组件	000_U532_STACKING-0645.AS		1	
7		LCD泡棉	JB101_PORON_LCD.PRI	Poron	1	
6		数字键	JB101_NUM_KEY.PRI	硅胶	1	
5		热溶螺母	JB101_NUT.PRI	铜	4	
4		听筒防尘网	JB101_FCW_RECEIVER.PRI	不织布	1	
3		面壳	JB101_FRONT.PRT	PC+ABS	1	
2		LCD绫片背胶	JB101_STICKER_LENS.PRI	SM9495	1	
1		LCD绫片	JB101_LENS.PRI	PMMA板材	1	

X.x±	.X0 ± 0.1	X°:±	.XX°:± 0.5°	MATERIAL		TITILE: MDB88
X.x±	.X00 ±	X':±	.XXX°:±	SURFACE		
		DR:		DATE: 2013-04		DWG NO.: 整机爆炸图-01
		CHKD:		DATE:		UNIT: MM; SCALE: 1:1; REV.
		APPD:		DATE:		

技术要求：

1. 详细尺寸以3D MODEL：ASM_808为准，图中标注尺寸为表面处理前的素材尺寸；
2. 所有零件应符合它们的3D图档标示要求；
3. 未标注公差：±0.1mm；
4. 完成的装配组件应没有任何外观缺陷；
5. 完成的装配组件应可靠，任何零件无缺陷和损坏；
6. 螺母热压后拉力大于10kgf，扭力大于2.5kgf，持续时间为30s.

图 14-11　参考爆炸图

14.2 可靠性测试

可靠性测试是保证产品合格的依据，结构工程师需要对常用的可靠性测试项目有比较清楚的了解，以便预防在设计、制造、生产等各环节中潜在发生的问题，是设计出合格产品的重要保证。

常用的可靠性测试项目分为机械试验项目测试、环境适应测试、寿命测试、结构件表面处理测试、特殊条件测试等。

> ✸ **技巧提示**：以下测试标准对大部分电子产品都适用，如 GPS、MP4、平板电脑、手机、儿童学习机等。对其中的测试数据及要求、不同公司标准可能有差别。

14.3 机械试验项目测试

机械试验项目测试包括自由跌落测试、重复跌落测试、振动测试、扭转测试等。

1. 自由跌落测试

（1）测试样品数量：一般为 2～10 台，常用数量 5 台。

（2）样品状态：单机，不包括彩盒，开机状态。

（3）跌落高度：3.0 英寸及以上屏跌落高度为 0.80m，3.0 英寸以下屏跌落高度 1.00m。

（4）跌落表面：混凝土或钢制成的平滑，坚硬的刚性表面，如水泥地面等。

（5）跌落要求：对产品的六个面及四个角依次进行自由跌落（左下角→右下角→右上角→左上角→底部→右侧→顶部→左侧→反面→正面），除 LCD 正面跌一次外，其余每面各轮流跌二次。

（6）判定标准：跌落完后检查不允许出现 LCD 屏裂现象，所有功能检测正常，外观不允许出现壳裂，拆机检查内部无元器件松动、脱落、破裂。

> ✸ **技巧提示**：跌落测试直接与结构设计相关，在结构设计时，保证外壳要有足够的强度。同时要对易碎电子元器件进行保护。

2. 重复跌落测试

重复跌落测试又称为低等级跌落测试、低高度跌落测试等。

（1）测试样品数量：一般为 2～5 台，常用数量 2 台。

（2）样品状态：单机，不包括彩盒，开机状态。

（3）跌落高度：跌落高度 0.10m。

（4）跌落表面：跌落表面为硬木板，频率约为 10 次/min。

（5）跌落要求：共跌落 1000 次，任意面跌落，但 LCD 屏面少于 150 次，每跌 200 次检查外观及功能。

（6）判定标准：跌落完后检查不允许出现 LCD 屏裂现象，所有功能检测正常，外观不允许出现壳裂，拆机检查内部无元器件松动、脱落、破裂。

3．振动测试

（1）测试样品数量：一般为 2～5 台，常用数量 2 台。

（2）样品状态：单机，不包括彩盒，开机状态。

（3）测试条件：振幅为 0.38mm，振频为 10～30Hz；振幅为 0.19mm，振频为 30～55Hz。

（4）测试目的：测试样机抗振性能。

（5）测试方法：将样品放入振动箱内固定夹紧。启动振动台按 X、Y、Z 三个轴向分别振动 1 个小时，每个轴振动完之后取出，进行外观、结构和功能检查。三个轴向振动试验结束后，对样机进行参数测试。

（6）判定标准：振动后样品外观，结构和功能符合要求，参数测试正常，晃动无异响。拆机检查内部无元器件松动、脱落、破裂。

4．扭转测试

（1）测试样品数量：一般为 2～5 台，常用数量 2 台。

（2）样品状态：单机，不包括彩盒，关机状态。

（3）测试目的：测试样机抗扭转性能。

（4）试验条件：将样品固定在扭曲试验机上，两端各夹持 15mm，对其施加数值为样品厚度的 0.08 倍（取 mm 为数值单位），单位为 N·m 的扭矩，最大不超过 2N·m，最小不小于 0.5N·m，顺时针和逆时针各一次交错进行扭曲，频率为每分钟 15～30 次，共按 1000 次扭转循环，单循环：扭力变化 0→N·m→0→-N·m→0。频率为 2 秒/次。每 500 次对样品的外观，功能进行检测。

（5）判定标准：要求各试验功能良好。外观无变形、开裂。

14.4 环境适应测试

环境适应测试项目包括恒温恒湿测试、高温储存测试、高温运行测试、低温储存测试、低温运行测试、温度冲击测试、盐雾测试、粉尘测试等。

1．恒温恒湿测试

（1）测试样品数量：一般为 2～10 台，常用数量 4 台。

（2）样品状态：单机，不包括彩盒，开机状态。

（3）试验条件：温度为（40±2）℃；湿度为 95%±3%；放置时间为 48 小时；试验后立即进行检测功能，回温 2 小时后检查外观、机械性能。

（4）判定标准：检查所有功能需正常，外观无影响、无变形。

2．高温储存测试

（1）测试样品数量：一般为2～10台，常用数量4台。

（2）样品状态：单机，不包括彩盒，关机状态。

（3）试验条件：温度（70±2）℃，试验时间48小时，回温2小时后检测功能、外观、机械性能。

（4）判定标准：检查所有功能需正常，外观无影响、无变形。

3．高温运行测试

（1）测试样品数量：一般为2～10台，常用数量4台。

（2）样品状态：单机，不包括彩盒，开机状态。

（3）试验条件：温度（55±2）℃，试验时间4小时，测试过程中需进行中间检测，试验2小时后立即检测功能。

最后检测将试验样品回温2小时后进行功能、外观、机械性能检测。

（4）判定标准：中间检测及最后检测均正常。

4．低温储存测试

（1）测试样品数量：一般为2～10台，常用数量4台。

（2）样品状态：单机，不包括彩盒，关机状态。

（3）试验条件：温度为（-40±3）℃，试验时间12小时，回温2小时后检测功能、外观、机械性能。

（4）判定标准：检查所有功能需正常，外观无影响、无变形。

5．低温运行测试

（1）测试样品数量：一般为2～10台，常用数量4台。

（2）样品状态：单机，不包括彩盒，开机状态。

试验条件：温度（-20±3）℃，试验时间4小时。测试过程中需进行中间检测，试验2小时后立即检测功能。

最后检测将试验样品回温2小时后进行功能、外观、机械性能检测。

（3）判定标准：中间检测及最后检测均正常。

6．温度冲击测试

（1）测试样品数量：一般为2～10台，常用数量4台。

（2）样品状态：单机，不包括彩盒，关机状态。

（3）试验条件：低温储存温度-40℃和高温储存温度+70℃各放置30分钟，中间转换时间不超过5分钟，循环10次，循环期满后回温2小时后检测功能、外观、结构性能。

（4）判定标准：检查所有功能需正常，外观无影响、无变形。

7．盐雾测试

（1）测试样品数量：一般为 2～5 台，常用数量 2 台。

（2）样品状态：单机，不包括彩盒，关机状态。

（3）测试条件：浓度为 5%±1%氯化钠溶液，6.5<pH<7.2,试验箱内温度为（35±2）℃，连续喷雾 24 小时，试验完成后取出试件，尽快以低于 38℃的清水洗去黏附的盐粒，用毛刷或海绵除去其他腐蚀生成物，并擦干试件。在常温下搁置 2 小时后检查外观及功能。

（4）判定标准：常温干燥后，产品各项功能正常，外壳表面及装饰件无明显腐蚀等异常现象，拆机检查内部元器件无腐蚀。

> 技巧提示：盐雾测试适用于金属物件及塑胶电镀件的测试。

8．粉尘测试

（1）测试样品数量：一般为 2～5 台，常用数量 2 台。

（2）样品状态：单机，不包括彩盒，关机状态。

（3）测试条件：将样品置于一个装有锯木灰或面粉的塑料袋中，以每秒一次的速度摇动塑料袋 1 分钟，然后取出样品，用毛巾擦掉样品外面的粉尘。

（4）判定标准：检查所有功能需正常，外观无影响、无变形。特别注意有镜片的地方是否进入灰尘和按键功能有无异常，粉尘不能进入到 LCD 和 LCD 玻璃之间。

14.5 寿命测试

寿命测试包括内存卡拔插测试、电池与电池盖拆装测试、耳机拔插测试、USB 接口拔插测试、按键寿命测试、喇叭寿命测试、触摸屏点击测试、触摸屏划线测试等。

1．内存卡拔插测试

（1）测试样品数量：一般为 2～5 台，常用数量 2 台。

（2）样品状态：单机，不包括彩盒。

（3）试验条件：插入内存卡再取出，20 次/分钟，累计 1000 次。支持热插拔的必须在开机状态下测试，每插拔 100 次检查一次，不支持热插拔的每插拔 100 次开机检查一次。要求测试后存储卡结构正常（不能破裂），样品无不识卡问题，内存卡中的内容不可丢失。

（4）判定标准：内存卡连接器功能正常，如果被损伤而导致不识卡，则不合格。

2．电池与电池盖拆装测试

（1）测试样品数量：一般为 2～5 台，常用数量 2 台。

（2）样品状态：单机，不包括彩盒。

（3）试验条件：将电池完全装入样品电池仓后再取出，插入再拔出算一次，20 次/分钟，反复操作。试验次数 2000 次，每 200 次检查开机是否正常。

判定标准：检查电池连接器有无下陷，机壳有无掉漆，电池外观有无损伤。

3．耳机拔插测试

（1）测试样品数量：一般为 2～5 台，常用数量 2 台。

（2）样品状态：单机，不包括彩盒，开机状态。

（3）试验条件：将耳机垂直插入耳机孔后，再垂直拔出，如此反复，累计 3000 次。功能应正常。插拔频率不超过 30 次/分钟，插入拔出算一次。

（4）判定标准：实验后检查耳机插座无焊接故障，耳机插头无损伤，使用耳机通话接收与送话无杂音，耳机插入样品耳机插座孔内不会松动。

4．USB 接口拔插测试

（1）测试样品数量：一般为 2～5 台，常用数量 2 台。

（2）样品状态：单机，不包括彩盒，开机状态。

（3）试验条件：将数据线垂直插入 USB 接口后，再垂直拔出，如此反复，累计 3000 次。功能应正常。插拔频率不超过 30 次/分钟，插入拔出算一次。

（4）判定标准：数据线插 USB 接口时不会松动。如果出现充电、USB 功能丧失，接口的机械性损伤等不良现象，判定为不合格。

5．按键寿命测试

（1）测试样品数量：一般为 2～5 台，常用数量 2 台。

（2）样品状态：单机，不包括彩盒，开机状态。

（3）试验条件：以 40～60 次/分钟的速度，以 180gf 的力度均匀按键，应能达到 10 万次以上，每 1 万次检查功能。

（4）侧键应能达到 5 万次以上。

（5）判定标准：按键功能正常，按键失灵或无弹性、下陷为不合格。

6．喇叭寿命测试

（1）测试样品数量：一般为 2～5 台，常用数量 2 台。

（2）样品状态：单机，不包括彩盒，开机播放 MP3 状态。

（3）试验条件：采用电池加充电的供电方式或者直接用直流电源供电方式，将试验样品设置成长时间播放状态（采用播放 MP3，循环连续播放），连续播放时间不少于 96 小时。测试中突然掉电不超过 1 分钟可以累积测试时间，超过 1 分钟必须重新计算。

（4）判定标准：播放铃声正常，无铃声、铃声小、铃声沙哑等现象。

7．触摸屏点击测试

（1）测试样品数量：一般为 2～5 台，常用数量 2 台。

（2）样品状态：单机，不包括彩盒，开机状态。

（3）试验条件：将样品固定在触摸屏点击测试仪器上，用固定在尖端的随机手写笔，加载 250gf 的力，1 次/秒，对触摸屏点击 15 万次，每 5 万次对屏幕进行检查并清洁；样品处于待机状态；测试完毕后，触摸屏表面无损伤，功能正常。

（4）判定标准：触摸功能正常，LCD 屏显示正常，无偏位。

 技巧提示：触摸屏点击测试适用于电阻式触摸屏。

8．触摸屏划线测试

（1）测试样品数量：一般为 2～5 台，常用数量 2 台。

（2）样品状态：单机，不包括彩盒，开机状态。

（3）试验条件：将样品固定在划线测试仪器上，用手写笔沿触摸屏的对角线进行划线测试，划线压力为 150gf，测试次数 10 万次（反复来回为 1 次），每 1 万次对触摸屏功能、结构和外观进行检测，并对触摸屏进行清洁。测试结束后，触摸屏功能应正常，外观无损伤。（划线速度：约 30mm/s）。划线测试距离不小于屏幕对角线距离的 2/3。

（4）判定标准：触摸功能正常，LCD 屏显示正常，无偏位、手写无飘移现象。

技巧提示：电容式触摸屏通过假手指进行划线、点击测试。

14.6 静电抗干扰测试

ESD 测试

（1）测试样品数量：一般为 2～10 台，常用数量 5 台。

（2）样品状态：单机，不包括彩盒，开机状态。

（3）试验条件：±8kV 空气放电，±4kV 接触放电；接触放电选取点：所有裸露金属件；空气放电选取点：所有合缝、显示屏四周、按键面板、I/O 接口、喇叭及其他所有的露孔与合缝处。

注意：空气放电时不允许放电头接触到金属部件。

（4）判定标准：样机出现功能故障为不合格。出现 LCD 屏闪在 3s 内自行恢复为合格。

14.7 结构件表面处理测试

结构件表面处理测试包括附着力测试、RCA 耐磨测试、铅笔硬度测试、耐酒精测试、耐化妆品测试、橡皮擦试测试、耐手汗测试等。

1．附着力测试

（1）测试样品数量：一般为 2～5 件，常用数量 2 件。

（2）试验条件：在被测物表面用锋利刀片划 100 个面积为 1mm×1mm 的格子，每一条划线应深及油漆的底层，用毛刷将测试区域的碎片刷干净，用 3M600#胶纸牢牢黏住被测试小网格，并用橡皮擦用力擦拭胶带，以加大胶带与被测区域的接触面积及力度；然后迅速地呈 90°角度拉起，同一位置使用新胶带重复三次。

（3）判定标准：不允许大面积油漆脱落、起皱现象。在划线的交叉点处有小片的油漆脱落，且脱落总面积小于 5%为合格。

技巧提示：附着力测试又称百格测试，主要用于测试表面喷涂、电镀的结构件。

2．RCA 耐磨测试

（1）样品数量：一般为 2～5 件，常用数量 2 件。

（2）试验条件：专用的耐磨仪及耐磨纸带，175gf 力。表面为油漆+UV 300 转；电镀件 250 转；真空电镀（包括镀黄金）及表面为丝印 200 转；金属表面喷漆后过 UV：300 转；橡胶漆 50 转。

（3）判定标准：

油漆：正面、斜面和弧面为 300 转，棱角为 40 转；每 50 转检查机壳表面的油漆，至 250 转时，每 10 转检查机壳表面的油漆，被测面无见底材为合格。

电镀件：250 转，每 50 次检查一次，至 200 转时每 10 转一次，被测面无见底材为合格。

金属表面喷漆后过 UV：300 转，每 50 转检查一次，至 250 转时第 10 转检查一次，无见底材时为合格。

真空电镀（包括镀金）及丝印：200 转，每 50 转检查一次，至 150 转时，每 10 转检查一次。被测面无见底材；丝印和字体不能出现缺损，不清晰。

金属表面真空镀后过 UV：200 转，每 50 转检查一次，至 150 转时，每 10 转检查一次。被测面无见底材；

橡胶漆：为 50 转。每 10 转检查机壳表面的油漆，被测面无见底材为合格。

注意：如果是丝印印在 UV 表面，只需做酒精和橡皮擦拭。

技巧提示：RCA 耐磨测试又称耐磨测试、纸带耐磨等。主要用于测试表面喷涂、电镀的结构件。

3．铅笔硬度测试

（1）样品数量：一般为 2～5 件，常用数量 2 件。

（2）试验条件：用中华牌或者三菱牌 2H（橡胶漆 1H）的铅笔（顶端磨平）施加 750gf 的压力与壳体喷油表面呈 45°，在表面不同位置划 5 条约 3mm 长的划线，移动速度为 0.5mm/s，橡皮擦拭表面后检查（对于没有镀漆的玻璃镜片，需要用硬度为 6H 的铅笔，水镀采用 2H 的铅笔进行试验，其他电镀和金属材料及材料 PC 的键盘均采用 3H 的铅笔）。

（3）判定标准：检查产品表面有无划痕（划破面漆），当有一条以下时为合格。

技巧提示：铅笔的尖端，每道刮划后，需磨平后再使用。铅笔硬度测试还适用于镜片、触摸屏表的硬度测试。

4. 耐酒精测试

（1）样品数量：一般为2～5件，常用数量2件。

（2）试验条件：用浓度为99.5%的工业酒精将棉布醮湿，以垂直重力500gf的力，往返150回擦拭主体表面。

（3）判定标准：不能有变色、鼓起、变质、露出素材或表面涂层脱落现象。

5. 耐化妆品测试

（1）样品数量：一般为2～5件，常用数量2件。

（2）试验条件：表面擦拭干净，将凡士林护手霜（或SPF8的防晒霜）均匀涂在产品表面上后，将产品放在温度60℃、湿度90%测试环境中，保持24小时后将产品取出，然后用棉布将化妆品擦试干净，检查样品表面喷漆。并测试油漆的附着力、耐磨性。

（3）判定标准：表面喷涂无腐蚀、变色等不良。耐磨和附着力品质不能下降。

6. 橡皮擦试测试

（1）样品数量：一般为2～5件，常用数量2件。

（2）试验条件：以长城牌绘图橡皮，垂直重力500gf，擦拭200次，来回为一次。

（3）判定标准：不能有变色、变质、露出素材或表面涂层脱落。

7. 耐手汗测试

（1）样品数量：一般为2～5件，常用数量2件。

（2）试验条件：PH值为4.7的溶液，将溶液浸泡后的无纺布贴在产品表面上并用塑料袋密封好，在试验温度40℃±2℃、93％～95％相对湿度环境下测试。（测试时间：24小时，表面过UV的金属件只需做12小时，试验后立即检查）。

（3）溶液配置方法：氯化钠（$NaCl$）20g/L；氯化氨（NH_4Cl）17.5g/L；尿素（CH_4N_2O）5g/L；醋酸（CH_3COOH）2.5g/L;乳酸（$C_3H_6O_3$）15g/L；再加入氢氧化钠（$NaOH$），直到溶液pH值达到4.7。

常用实际配方如下。

400ml 纯净水：

氯化钠（$NaCl$）	20g/1000ml×400ml=8g
氯化铵（NH_4Cl）	17.5g/1000ml×400ml=7g
尿 素（H_2NCONH_2）	5g/1000ml×400ml=2g
乳 酸（$C_2H_6O_2$）	15g/1000ml×400ml=6g
乙 酸（CH_3COOH）	2.5g/1000ml×400ml=1g

注意：人工汗溶液配制时，化学试剂必须严格按以下顺序进行调配。

氯化钠→氯化铵→尿素→乳酸→乙（醋）酸

（4）判定标准：产品表面不应该发生明显变化，允许出现可用绒布抹掉的浅灰斑。低纯度合金覆盖层允许轻微变暗，但不允许出现锈蚀和盐析。

（5）适应范围：适用于电镀、金属件、喷漆。

14.8　特殊条件测试

1．钢球跌落冲击测试

（1）样品数量：一般为 2～5 件，常用数量 2 件。

（2）测试方法：从 1.5m 的高度（最低接受 1.2m）自由跌落在镜片表面上（将镜片固定在前壳上），1 个镜片冲击 5 次，主要冲击镜片四周上下左右与胶件相接处和中间各 1 次（钢化玻璃用 32g 小球，其他镜片用 ϕ15mm 小球）。

（3）判定方法：钢球在 1.5m 高度跌落时，镜片不应有裂缝、破碎等损伤。

✿ **技巧提示**：钢球跌落冲击测试适用于镜片。

2．按键耐压测试

（1）测试样品数量：一般为 2～5 台，常用数量 2 台。

（2）样品状态：单机，不包括彩盒，关机状态。

（3）测试方法：对产品的按键垂直施加 10kgf 的力，持续时间 1min。

（4）判定标准：要求按键功能良好，按键无变形、开裂。

第三部分

产品结构设计提高及求职

第 15 章
常用结构

在结构设计过程中，经常会碰到很多不同的结构，虽然结构设计是灵活的，没有一成不变的模式，但对常用结构的了解在工作中还是会带来很多便利。

在本章中，搜集了常用的一些结构讲解，这些结构是本人亲自设计并应用过的，结构可靠，大家可以参考并改进，希望对大家有帮助。

15.1 电池仓的结构

15.1.1 常见电池型号及规格

做电子类产品，除了锂电池外形可定制外，其他大部分电池都是有固定规格的，掌握这些基本知识很有必要。

常见电池型号及规格如表 15-1 所示。

表 15-1 电池型号及规格

单位：mm

电 池 型 号	规　　格	备　　注
AAA（七号电池）	$\phi 10.5 \times 44.5$	
AA（五号电池）	$\phi 14.5 \times 50.5$	
C	$\phi 25.5 \times 50.0$	
D	$\phi 33.5 \times 61.0$	
N	$\phi 12.0 \times 30.0$	
LR41（钮扣电池）	$\phi 8.0 \times 3.5$	
LR43（钮扣电池）	$\phi 11.6 \times 4.2$	
LR44（钮扣电池）	$\phi 11.6 \times 5.4$	

以上电池应用最多的还是 AA 与 AAA 电池，通过电池弹片连接。

15.1.2 认识电池仓

电池仓就是装电池的腔体，如图 15-1 所示。

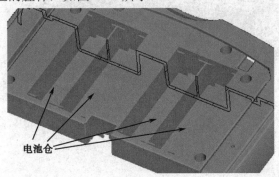

图 15-1 电池仓

15.1.3 电池仓结构设计尺寸

（1）单节电池仓结构设计尺寸如图 15-2 和表 15-2 所示。

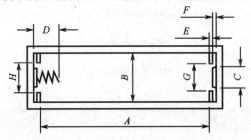

图 15-2 单节电池仓结构设计尺寸

表 15-2 单节电池仓结构设计尺寸推荐值

单位：mm

	AAA	AA	C	D
尺寸 A	45.0	51.0	50.5	63.0
尺寸 B	10.7	14.7	26.4	34.4
尺寸 C	4.0	6.0	8.5	12.0
尺寸 D	7.0	9.5	11	14
尺寸 E	0.7	0.8	1.2	1.3
尺寸 F	0.80	1.0	1.2	1.2
尺寸 G	5.0	7.0	9.5	13.0
尺寸 H	7.0	9.0	12	16
弹簧圈数	6	6	7	7
线径	0.5	0.6	0.6	1.0

注：表中长度单位为 mm。

单节电池仓的应用如图 15-3 所示。

图 15-3　单节电池仓的应用

（2）两节电池仓结构设计尺寸如图 15-4 和表 15-3 所示。

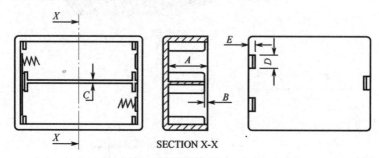

SECTION X-X

图 15-4　两节电池仓结构设计尺寸

表 15-3　两节电池仓结构设计尺寸推荐值

单位：mm

	AAA	AA	C	D
尺寸 A	10.7	14.7	26.4	34.4
尺寸 B	1	1	1.5	1.5
尺寸 C	0.7	0.8	1.2	1.3
尺寸 D	4.0	5.0	6.0	6.0
尺寸 E	2.5	2.5	3.0	3.0

两节电池仓应用正面如图 15-5 所示，背面如图 15-6 所示。

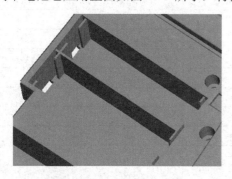

图 15-5　两节电池仓正面

图 15-6　两节电池仓背面

15.1.4　电池仓结构设计注意事项

（1）电池装配后要不易掉电，电池的负极端子接触的弹簧要有足够的力度，弹簧的压缩力度在 1.2kg 左右，必要时打样板试装，力度可通过弹簧的节距及线径来调整。

（2）电池装配后要方便取装，弹簧力度过大不方便取装，在保证接触的前提下，力度以不难取装为宜，通常取装电池最大力度不要超过 5kg。

（3）设计电池时，要考虑电池盖的结构能固定电池，不要让电池晃动。

（4）电池盖的设计不要太容易开启，防止小孩随意就打开电池盖误吞电池。尤其是玩具类产品，更应注意的是，开启电池盖时必须要借助其他工具或者必须要用双手同时用力，很多出口玩具的电池盖是通过螺丝固定的。

（5）电池仓的结构最好能防止电池反装接通，电池反装接通有时会烧坏电路板，如果电路要求一定不能反装，在结构上就要有可靠地设计，图 15-7 所示是常用的一种方式，其实很简单，只需要将电池仓上装正极的端子与电池挡板相距一段距离（图 15-7 中的尺寸 A）就可以了，这样电池装反后由于接触不到也就无法接通了。

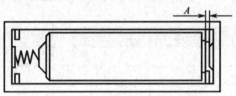

图 15-7　防止电池装反结构

15.2　美工线结构

15.2.1　认识美工线

美工线又称遮丑线、美观线、美工槽，是一种窄浅的槽缝，在前壳与后壳的分型面用的最多，分型面处的美工线主要作用是能遮丑、防止上下壳错位产生断差等。图 15-8 所示是常见的美工线。

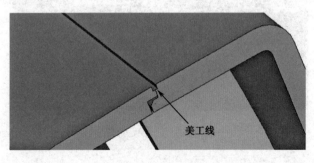

图 15-8　美工线

为什么要在分型面处设计美工线？设计美工线比没有美工线还好吗？

其实分型面处的美工线不是非要不可，很多产品如手机结构就没有设计美工线，美工线只是一种补救措施，是一种提前预防措施，其实只要结构可靠、模具制作精密是完全可以不用美工线的。没有美工线的产品一般比有美工线的产品精密。

需要使用美工线的情况一般有以下几个方面。

（1）产品外形尺寸较大。

（2）壳体单薄不够强。

（3）外观没有要求。

（4）模具加工水平一般。

15.2.2　美工线的结构设计尺寸

美工线的尺寸推荐值如表 15-4 所示。

表 15-4　美工线的尺寸推荐值

单位：mm

壁厚 C	尺寸 A	尺寸 B	图　形
1.20～2.00	0.30	0.30	
2.00～2.50	0.35	0.35	
2.50～3.00	0.40	0.40	
3.00～4.00	0.50	0.50	

15.2.3　美工线的形式

美工线根据不同的设计有好几种形式，常见的形式有美工线全部在前壳上、美工线全部在后壳上、美工线前后壳各一半，还有一种美工线直接留在公止口上。

（1）美工线全部留在前壳上如图 15-9 所示。

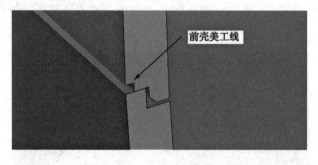

图 15-9　前壳美工线

（2）美工线全部留在后壳上如图 15-10 所示。

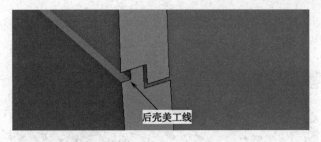

图 15-10　后壳美工线

（3）美工线前后壳各一半如图 15-11 所示。

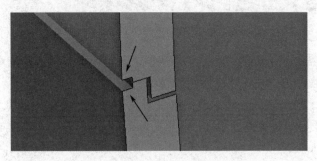

图 15-11　前后壳各一半的美工线

（4）美工线直接留在公止口上如图 15-12 所示。

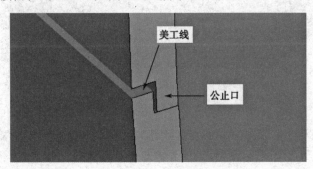

图 15-12　公止口处美工线

以上四种美工线，从外观上说，第三种即前壳及后壳各一半最美观，但模具加工最复杂。最不美观的是第四种，但模具加工最简单，第一种和第二种美工线，效果一般，模具加工相对简单一点，但在结构设计上要注意切完美工线后的壳体边缘与另一个壳体的边缘要一样大小，否则不仅起不到美观作用，反而前后壳的断差更大。

对于外观没有特别要求的产品可以选用第四种美工线，可以降低模具制作成本，而对于外观要求严格的产品来说，选用第三种最好。第一种及第二种美工线应用较少。

15.2.4　其他美工线

其他美工线就是指不在前壳及后壳分型面处的美工线，而是在产品上其他地方。

（1）有些壳体外观需要喷两种不同的颜色，为防止飞油，就需要设置美工线，如图 15-13 所示。

图 15-13　喷油防飞油的美工线

这种美工线一般是凹下去的，尺寸一般为 0.50mm（宽）×0.50mm（深），如果为了加工模具方便，在外观允许的情况下，也可以做成凸的。

（2）产品外观上的美工线。有些产品的外观特意设计一些美工线来装饰。这些美观线一般是凹下去，截面形状为等腰梯形，尺寸一般为 0.60mm（顶宽）×0.20mm（底宽）×0.30mm（深），如图 15-14 所示。

图 15-14　装饰用的美工线

15.3　超声波焊接

15.3.1　超声波焊接的概念

超声波是一种超出人听觉范围的振动机械能。一般人的听觉范围不会超过 18.5kHz。超声波焊机的工作频率为 20kHz、30kHz 和 40kHz。

超声波焊接是一种快捷、干净、有效的装配工艺，用来装配处理热塑性塑料配件及一些合成构件的方法。目前，被运用于塑胶制品之间的黏结、塑胶制品与金属配件的黏结及其他非塑胶材料之间的黏结。

超声波焊接取代了溶剂黏胶、机械固定及其他的黏结工艺，是一种先进的装配技术。超声波焊接不但有连接装配功能而且具有防潮、防水的密封效果。

超声波焊接原理是通过对准备焊接的热塑性塑料零件施加高频振动，引起塑料工件表面及内部分子的相互摩擦，使接触处的温度急剧上升，当温度上升到足以使塑料熔化时，在两焊接零件的接触面间就产生一层熔化层。当振动停止后，被焊零件在压力的作用下凝固而完成焊接工作。

超声波焊接机如图 15-15 所示。

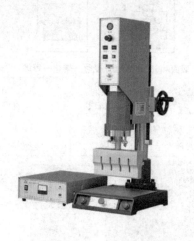

图 15-15　超声波焊接机

15.3.2　超声波焊接的优点及缺点

1．超声波焊接的优点

（1）节能。通过塑料自身的熔化实现连接。

（2）成本低，效率高。

（3）操作速度快，生产简单，容易实现自动化。

2．超声波焊接的缺点

（1）超声波焊接后无法拆卸，维修困难，只适用于一次性连接的产品。

（2）超声波焊接对塑料有要求，很多不同塑料焊接效果并不好，甚至无法焊接。

（3）超声波焊接只适用于热塑性塑料，对热固性塑料不能焊接。

15.3.3　超声波焊接的应用

超声波焊接尽管不可拆，但应用非常广泛，如家电、玩具、汽车、纺织和医疗行业等。

超声波的焊接工艺有熔接、铆焊、嵌插焊、点焊和成型焊等。

各种焊接工艺示意举例如表 15-5 所示。

表 15-5　各种焊接工艺示意举例

焊 接 工 艺	示 意 举 例
熔接	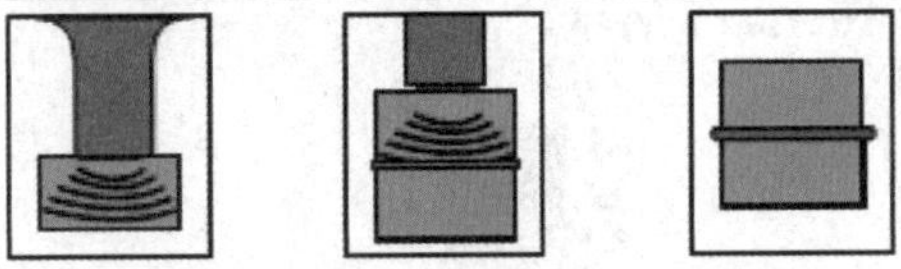 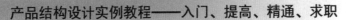超声振动　表面和分子间摩擦　受热—熔化—焊接
铆焊	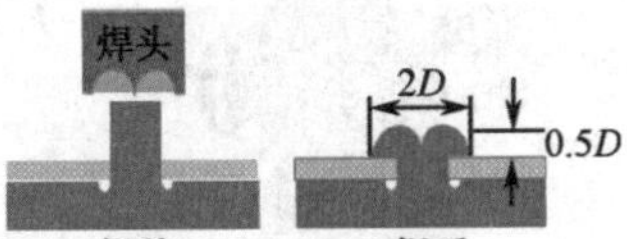 焊头　　2D　0.5D　焊前　焊后
嵌插焊	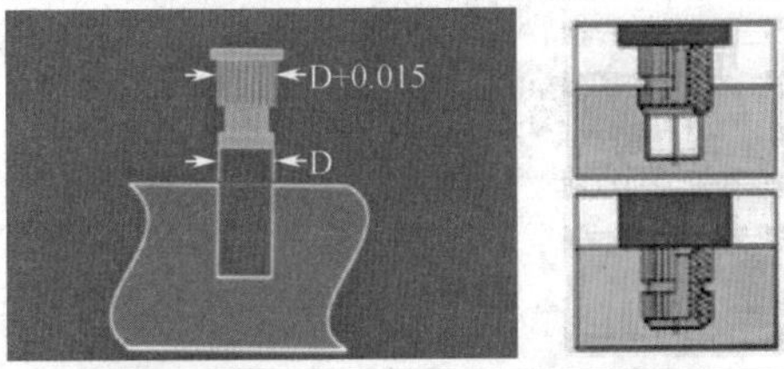 D+0.015　D
点焊	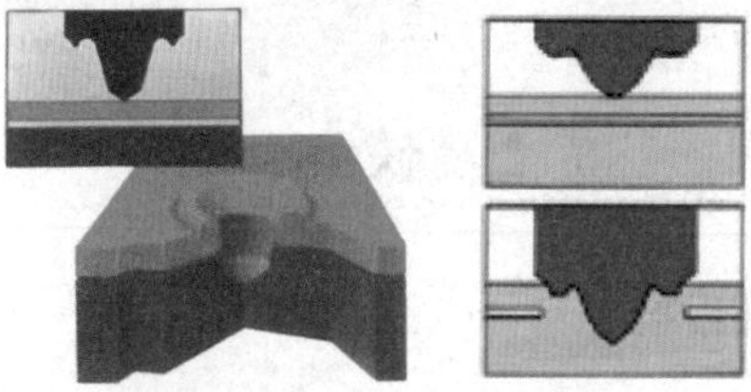
成型焊	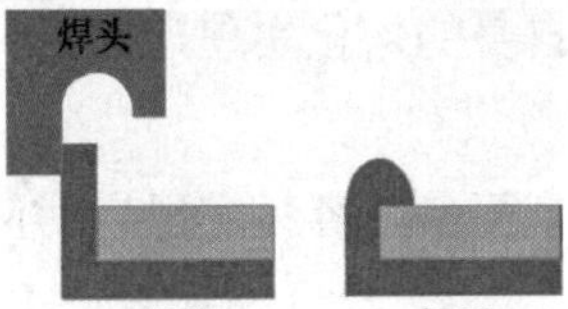 焊头　焊前　焊后

15.3.4　不同的焊接面设计

超声波几种不同的焊接面示意举例如表 15-6 所示。

表 15-6　不同焊接面示意举例

焊 接 面	示 意 举 例
普通焊接面	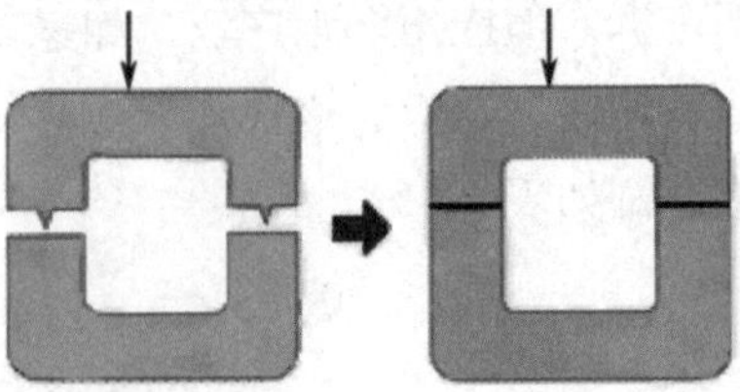 熔接前　➡　熔接后

续表

焊 接 面	示 意 举 例
凹凸槽焊接面	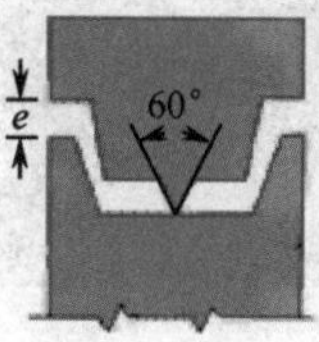
阶梯形焊接面	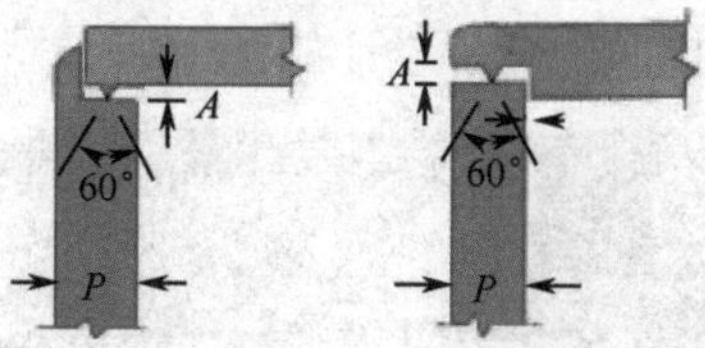
防水焊接面	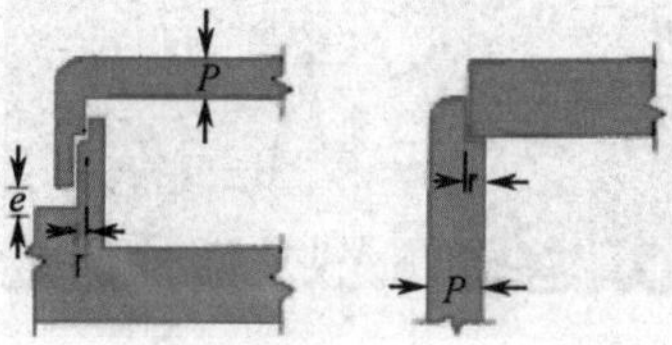
导熔点焊接面	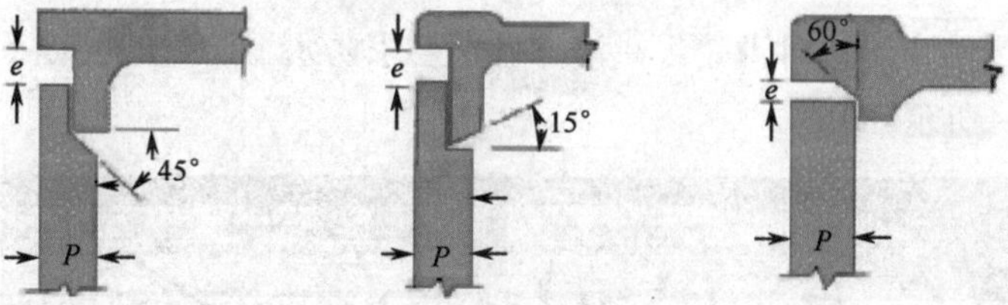

15.3.5 超声线设计

（1）常见的超声线设计尺寸如表 15-7 所示。

表 15-7 超声线的尺寸推荐值

单位：mm

塑胶壁厚	尺寸 A	尺寸 B	图 形
1.20～1.50	60°	0.25	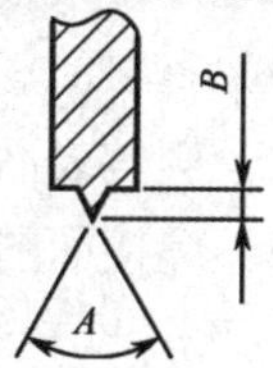
1.50～2.00	60°	0.30	
2.00～2.50	60°	0.35	
2.50～3.00	60°	0.40	
3.00～4.00	60°	0.50	

（2）常用的超声线位置设计在公止口，分单止口与双止口（凹凸槽焊接面）。

单止口位置设计如图 15-16 所示。

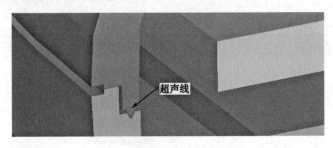

图 15-16　单止口位置设计

双止口（凹凸槽焊接面）位置设计如图 15-17 所示。

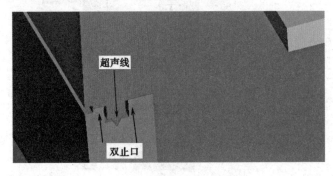

图 15-17　双止口位置设计

（3）为防止焊接时溢胶，在没有特别要求防水、防气的前提下，超声线可采用虚线式，如图 15-18 所示。

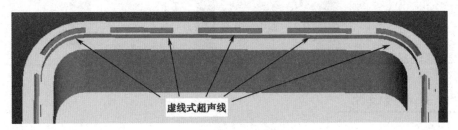

图 15-18　虚线式超声线

15.3.6　影响焊接效果的因素

影响焊接效果的因素通常有以下几个方面。

（1）材料的影响。塑胶材料最好为原料，不要添加水口料，以免焊接不牢。

（2）塑胶表面的清洁。塑胶材料焊接面要清洁干净，无脱模剂、滑润剂等。

（3）焊接面的表面处理。焊接面不要做表面处理，如不要喷涂油漆及电镀，以免焊接不牢。

（4）超声线设计。超声线设计不良会造成焊接不牢或者溢胶。

（5）夹具。夹具是固定塑料件的，夹具固定不稳会造成超声焊接偏差。

15.3.7 不同塑料超声焊接的匹配性

超声焊接同种塑料效果最佳，不同塑料焊接的匹配性如表 15-8 所示。

表 15-8 不同塑料焊接的匹配性

	ABS	ABS+PC	POM	PMMA	丁二烯—苯乙烯	尼龙	PC	热塑性聚酯	PE	聚甲基戊烯	聚苯硫	PP	PS	聚砜	PVC	SAN-NAS-ASA
ABS	■	■													○	○
ABS+PC	■	■		○			■									
POM			■													○
PMMA		○		■			○						○			○
丁二烯—苯乙烯					■											
尼龙						■										
PC		■		○			■							○		
热塑性聚酯								■								
PE									■							
聚甲基戊烯										■						
聚苯硫											■					
PP												■				
PS					○								■			○
聚砜							○							■		
PVC	○														■	
SAN-NAS-ASA	○			○									○			■

说明：黑色代表焊接良好，○代表焊接一般，空白代表焊接差。

15.4 齿轮传动设计

15.4.1 齿轮传动概述

齿轮是传动机构的重要组成部分，齿轮通过旋转运动，可传递运动和动力、改变轴的转速与转向。

1. 齿轮传动的优点

（1）传动可靠、平稳。
（2）传动功率范围大。
（3）能通过齿轮箱的设计，传递比较复杂的动作及运动。

（4）效率高，工作寿命长，安全可靠。

2．齿轮传动的缺点

（1）制造精度高，装配精度高。

（2）齿轮传动不适合大的传动机构。

15.4.2　齿轮的分类

常见齿轮按相对运动分为圆柱齿轮、圆锥齿轮和蜗轮蜗杆等。

圆柱齿轮用于两平行轴的传动，圆锥齿轮用于两相交轴的传动，蜗轮蜗杆用于两交叉轴的传动，其中蜗轮蜗杆的传动比最大，如图 15-19 所示。

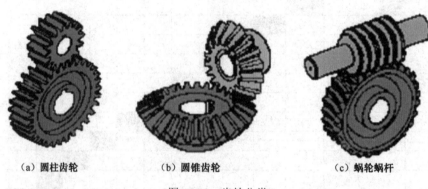

（a）圆柱齿轮　　　　　　（b）圆锥齿轮　　　　　　（c）蜗轮蜗杆

图 15-19　齿轮分类

15.4.3　塑胶齿轮介绍

传统齿轮材料多为金属，随着塑胶材料及模具的发展，塑胶齿轮应用越来越广泛，在有些场合，塑胶齿轮甚至代替了金属齿轮。

1．塑胶齿轮的优势

（1）设计灵活。模具制造相对容易。由于金属齿轮加工的特殊性，一些复杂的齿轮外形比较难加工，但塑胶齿轮通过模具注塑，加工模具就相对简单很多。

（2）成本低。五金齿轮通过机械加工而成，每个齿轮的价格较高。而塑胶齿轮通过模具注塑生产，速度快、产量高、批量生产容易，成本有明显的优势。

（3）重量轻。塑胶材料一般比金属材料密度低，产品重量轻，尤其适应一些有重量限制的产品。

2．塑胶齿轮的劣势

（1）强度低。塑胶材料比金属材料强度低，故一般不适用于载重大的场所。

（2）精度低。塑胶齿轮通过模具注塑而成，由于材料及模具加工各方面的影响，齿轮精度很难达到高精度，但金属齿轮通过机械加工方式能达到高精度。

（3）耐热性不佳。塑胶材料耐热比金属材料低，如果超过塑胶材料承受的最高温度，塑胶齿轮就会损坏，因而不适用于有温度要求的场所。

（4）外形尺寸不能太大。塑胶齿轮适用于小模数齿轮，外形尺寸太大很难控制精度且强度差容易损坏，因而不适用于大齿轮。

15.4.4　塑胶齿轮的材料

1. POM（聚甲醛）

POM 作为一个重要的齿轮制造材料广泛应用于汽车、玩具、器具和办公设备等领域。它的尺寸稳定性能、高耐疲劳和抗化学性可承受温度高达 90℃以上，与金属及其他塑料材料相比，具有优异的润滑性能。

2. PBT

PBT 可制造出非常光滑的表面，原材料最大工作温度可达 150℃，玻纤增强后的产品工作温度可达 170℃。与 POM、其他类型塑料及金属材料的产品比较，它运行良好，经常用于齿轮的结构中。

3. PA（聚酰胺）

PA 与其他的塑料材料和金属材料比较，具有韧性好和经久耐用的性质，常用于涡轮传动设计和齿轮框架等应用领域。PA 齿轮未填充时运行温度可达 150℃，玻纤增强后的产品工作温度可达 175℃。但是 PA 具有吸湿或润滑剂而造成尺寸变化的特征，使得它们不适合用于精密齿轮领域。

4. PPS（聚苯硫醚）

PPS 的高硬度、尺寸稳定性、耐疲劳和耐化学性能的温度可达到 200℃。它的应用正深入到工作条件要求苛刻的应用领域、汽车业及其他终端用途等。

5. LCP（液晶聚合物）

LCP 做成的精密齿轮尺寸稳定性好。它可以忍受高达 220℃的温度，具有高抗化学性能和低成型收缩变化。使用该材料已经做出齿厚约 0.066 mm 的成型齿轮，相当于人头发直径的 2/3 大小。

6. PP 或 PE

PP 或者 PE 适用于在温度相对较低、腐蚀性化学环境或者高磨损环境中。

7．热塑性弹性体，如 TPU、TPE 等

热塑性弹性体能使齿轮运行更安静，做成的齿轮柔韧性更好，能够很好地吸收冲击负荷。例如，共聚酯类的热塑性弹性体做成的一个低动力、高速的齿轮，当保证足够的尺寸稳定性和硬度时，运行时允许出现一些偏差，同时能够降低运行噪声。这样的一个应用例子是窗帘传动器中使用的齿轮。

技巧提示： 以上几种材料中，平时应用最多的是 POM（赛钢）、PA（尼龙）。

15.4.5 齿轮的相关参数

圆柱齿轮各部分名称和尺寸关系如表 15-9 所示。

表 15-9 圆柱齿轮各部分名称和尺寸关系

名　称	代　号	公　式	图　形
齿距	p	$p=\pi m=\pi d/z=e+s$	
齿数	z	$z=d/m=\pi d/p$	
模数	m	$m=p/\pi=d/z=d_a/(z+2)$	
分度圆	d	$d=mz=d_a-2m$	
齿顶圆	d_a	$d_a=m(z+2)=d+2m=p(z+2)/\pi$	
齿根圆	d_f	$d_f=d-2.5m=m(z-2.5)=d_a-2h$	
齿高	h	$h=2.25m=h_a+h_f$	
齿顶高	h_a	$h_a=m=p/\pi$	
齿根高	h_f	$h_f=1.25m$	
齿厚	s	$s=p/2=\pi m/2$	
齿槽	e	$e=s$	

名称解释如下所述。

（1）齿数：齿轮的个数。

（2）齿顶圆：齿轮顶部的圆。

（3）齿根圆：齿槽根部的圆。

（4）分度圆：齿轮上一个约定的假想圆，在该圆上，齿槽宽 e 与齿厚 s 相等，即 $e=s$。

（5）齿距 p、齿厚 s、齿槽 e：在分度圆上，相邻两齿廓对应点之间的弧长为齿距，在标准齿轮中分度圆上 $e=s$，$p=s+e$。

（6）齿高 h、齿顶高 h_a、齿根高 h_f：齿顶圆与齿根圆的径向距离为齿高；齿顶圆与分度圆的径向距离为齿顶高；分度圆与齿根圆的径向距离为齿根圆。

（7）模数 m：由于齿轮的分度圆周长=zp=πd，则 d=zp/π，为计算方便，将 p/π 称为模数 m，则 d=mz。模数是设计、制造齿轮的重要参数。

（8）压力角 α：在节点处，两齿廓曲线的公法线与两节圆的内公节线所夹的锐角，称为压力角。压力角是决定齿廓形状的重要参数，国家规定压力较标准值为 20°。

15.4.6　齿轮中心距的设计

圆柱齿轮配合中心距的公式如表 15-10 所示。

表 15-10　圆柱齿轮配合中心距的公式

圆柱外齿轮	圆柱内齿轮
a=(mz_1+mz_2)/2=(d_1+d_2)/2	a=(mz_1−mz_2)/2=(d_1−d_2)/2

15.4.7　牙箱传动比的计算

齿轮是通过电动机（又称马达）来驱动的，而电动机的转速是比较快的，大部分的产品工作转速并不需要很快，这就需要一系列的齿轮配合来减速。

牙箱就是一系列齿轮的组合，固定在同一个壳体上，如图 15-20 所示。

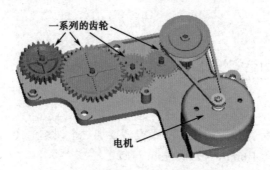

图 15-20　牙箱构成

1.　单层齿轮传动比的计算

如图 15-21 所示，电动机输出小齿齿数为 Z_1，连接小齿的中齿齿数为 Z_2，连接中齿的

大齿齿数为 Z_3。

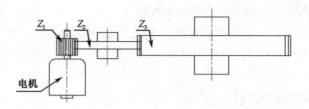

图 15-21　单层齿轮传动比

传动比（减速比）=$(Z_2/Z_1) \cdot (Z_3/Z_2)$

举例：电动机转速为 5000r/min，Z_1 为 10 齿，Z_2 为 25 齿，Z_3 为 50 齿，求实际输出转数。

解答：实际输出转数=5000/[(25/10)·(50/25)]=5000/5=1000（转）。

> 🔧 **技巧提示**：如果电动机第一级带动的是皮带轮，第一级减速比计算用大皮带轮的直径除小皮带轮的直径。

2．双层齿轮传动比的计算

如图 15-22 所示，电动机输出小齿齿数为 Z_1，连接小齿的第一个双层齿大齿数为 Z_2、小齿数为 Z_3，连接第一个双层齿的第二个双层齿大齿数为 Z_4、小齿数为 Z_5，最后的单层齿数为 Z_6。

传动比（减速比）=$Z_2/Z_1 \cdot Z_4/Z_3 \cdot Z_6/Z_5$

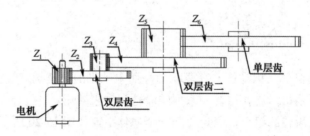

图 15-22　双层齿轮传动比

15.4.8　塑胶牙箱的结构设计

塑胶牙箱结构设计注意以下几项。

（1）齿轮中心距设计，塑胶齿轮中心距设计要加一个误差值 0.2m，即 $a=(mz_1+mz_2)/2+0.2m$。如果误差值小于 0.10mm，按 0.10mm 计算。

（2）齿轮中心孔与轴的配合尺寸如表 15-11 所示。

表 15-11 齿轮中心孔与轴的配合尺寸

单位：mm

轴直径 A	配合程度	齿轮中心孔直径 B	备　注	图　形
2.0	松	2.05		
2.0	紧	1.90	轴搓直纹	
2.5	松	2.55		
2.5	紧	2.40	轴搓直纹	
3.0	松	3.05		
3.0	紧	2.90	轴搓直纹	

（3）轴与牙箱胶柱的配合尺寸如图 15-23、表 15-12 所示。

表 15-12 轴与牙箱胶柱的配合尺寸

单位：mm

轴直径 A	轴转动	尺寸 B	尺寸 C	尺寸 D	尺寸 E	尺寸 F
2.0	是	2.10	2.10	0.15	0.15	
2.0	否	2.05	1.95	0.10	0.10	
2.5	是	2.60	2.60	0.15	0.15	0.15～0.25
2.5	否	2.55	2.45	0.10	0.10	
3.0	是	3.10	3.10	0.15	0.15	
3.0	否	3.05	2.95	0.10	0.10	

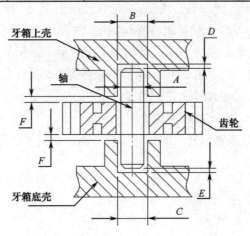

图 15-23 轴与牙箱胶柱的配合

技巧提示：为方便装配，不转动的轴，牙箱底壳胶柱与轴是紧配合，而牙箱上壳胶柱与轴是松配合。

（4）如果轴要转动，则牙箱壳体的材料要能耐磨，不然容易造成磨损影响配合，材料可选 PC、POM 等。如果不选用耐磨材料，也可以在耐磨性能不佳的材料上加耐磨轴套，如图 15-24 所示。

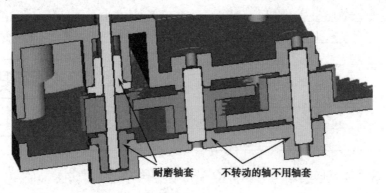

图 15-24　加耐磨轴套

（5）紧配的轴在配合面上搓花，加强紧固力，常见的花纹有直纹与网格纹，如图 15-25 所示。

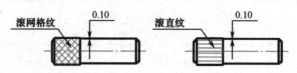

图 15-25　轴配合面搓花纹

（6）轴的常用材料有铁、中碳钢、不锈钢等。轴的整体硬度不小于 HRC20，光轴的表面粗糙度不大于 $Ra0.80\mu m$，圆轴的直线度及圆跳动公差不大于 0.03mm。

（7）电动机固定要可靠，一般是通过螺丝将电动机固定在牙箱壳体上，但一般不要将电动机放在密闭的牙箱里面，因为电动机运转会产生热量，密闭不利于散热。

（8）塑胶齿轮的模数一般不超过 1.0，常用的模数是 0.5 及 0.6，齿数相同的情况下，模数越大，塑胶齿轮的外形尺寸就越大。

（9）只有模数相同的齿轮才能相互配合。

（10）传动比最大的是蜗轮蜗杆，即蜗杆每转一圈，蜗轮才转动一个齿，蜗轮有多少齿就有多大的传动比。

15.4.9　电动机的扭矩

扭矩又称力矩，是指使物体发生转动的力，电动机的扭矩就是指电动机的载重能力，是衡量电动机性能的一个重要参数。

扭矩与速度的关系如下所述。

（1）在功率一定的情况下，转速与扭矩成反比。转速越快，扭矩越小；反之，转速越慢，扭矩越大。

（2）牙箱的输出扭矩与减速比成正比。牙箱的减速比越大，输出的扭矩也就越大，电动机的原始扭矩×减速比=输出的扭矩。

（3）设计牙箱及选用电动机要根据最终负载的大小，负载越大，在电动机扭矩一定的前提下，减速比设计要大。

15.4.10　减少牙箱噪声的措施

1．影响牙箱噪声的因素

（1）电动机的质量。

（2）电动机的转速。

（3）牙箱的最终输出转速。

（4）齿轮的精度，牙箱的配合精度。

（5）牙箱的结构设计。

（6）润滑油。

2．减少牙箱噪声的措施

（1）电动机的质量要可靠。有些电动机工作一段时间后，空转噪声明显加大，这是来料不良的原因，只有更换电动机。

（2）电动机的转速选用不要求快，只要满足负载要求即可，越快噪声越大。

（3）牙箱的最终输出的转速也是关键因素，越快噪声越大。

（4）牙箱的配合精度也是噪声的重要来源之一。有些电动机，空转声音并不大，与牙箱连接声音就变大了，原因可能有齿轮与轴的配合太松或者太紧，齿轮的中心距过紧或者过松，轴与牙箱壳体的配合过紧或者过松等。控制好这些公差，牙箱噪声自然会降低很多。

（5）牙箱的结构设计要牢靠，电动机启动时有振动，结构固定不牢固，晃动会影响齿轮传动，增大电动机的负载，噪声自然就大了。

（6）选用适当的润滑油，太滑太黏都不利于齿轮的传动。另外润滑油还要与塑胶材料相融，不然会造成塑料齿轮或者牙箱壳体开裂。

（7）通过更换齿轮的材料来减少噪声，在没有影响负载的前提下，可选用 PE 或者 TPU等齿轮材料。

15.4.11　齿轮与齿条的传动

（1）齿轮与齿条的作用是将机构的圆周运动转变为直线运动，经常应用于自动门的开关，如电脑光驱及 DVD 机的仓门等。图 15-26 所示是一款自动门的齿轮与齿条的配合。

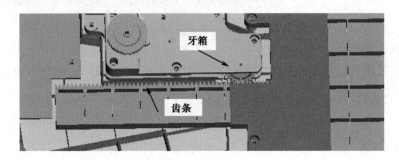

图 15-26　齿轮与齿条的配合

（2）齿条的各部分名称和尺寸关系如表 15-13 所示。

表 15-13　齿条的各部分名称和尺寸关系

名　　称	代　号	公　　式	图　　形
齿距	p	$p=\pi m$	
模数	m	$m=p/\pi$	
齿高	h	$h=2.25m=h_a+h_f$	
齿顶高	h_a	$h_a=m$	
齿根高	h_f	$h_f=1.25m$	
齿厚	s	$s=1.5708m=p/2=c$	
齿槽	e	$e=1.5708m=p/2=s$	

（3）齿轮与齿条只有模数相同才能配合，齿轮转动一周，齿条直线运动长度就相当于齿轮分度圆的周长。

15.5　防止胶件缩水的结构优化

15.5.1　缩水的概念

缩水就是胶件表面形成局部凹陷、空洞的现象。缩水是塑胶产品注塑缺陷里最常见的现象，常发生在骨位处，螺丝柱位处等胶位比较厚的地方。

缩水的影响如下：

（1）由于缩水造成塑料件表面形成凹陷、表面不均匀，影响外观，缩水缺陷明显还不能通过表面处理遮挡，光亮的表面处理还会放大缺陷。

（2）缩水会造成局部的结构尺寸发生变化，从而影响装配。

> **技巧提示**：对于外观要求不高的产品，缩水可以接受，结构设计时用加强筋加强，如塑料凳、胶椅等。

胶件缩水实物如图 15-27 所示。

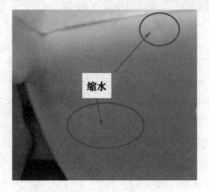

图15-27 胶件缩水实物

15.5.2 缩水的原因分析

缩水产生是因为塑料在注塑时要将原料熔化成融化状，融化状的塑料在通过模具成型时需要冷却，从而产生收缩，如果塑胶产品的厚度不一样或者注塑参数调整不对，就会在产品上发生不同程度的收缩，严重的部分会因为收缩而使产品表面留下不同程度凹陷及空洞。

产生缩水的原因主要有以下几个方面。

（1）结构设计上。胶件壁厚不均匀或者胶件太厚。

（2）模具设计上。流道太细、模具温度过高、模具的冷却水路设计不良等。

（3）注塑上。保压时间不够，注塑压力太小，注塑速度太慢等。

15.5.3 加强筋厚度设计

解决缩水的方法要从结构设计、模具设计、调整注塑参数综合去解决，但首要的方法就是结构设计的解决，因为模具设计、调整注塑参数这是后续的补救措施，如果结构设计不良，则后续补救也解决不了问题。

加强筋是缩水最易产生的地方，加强筋的厚度设计如图15-28所示。

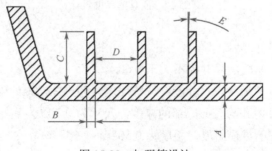

图15-28 加强筋设计

尺寸说明：

（1）尺寸 A 是塑料件厚度。

（2）尺寸 B 是加强筋的根部厚度，尺寸为不大于 $0.60A$，常取值推荐参考表15-14所示。

表 15-14　加强筋根部厚度的推荐值

单位：mm

壁厚 A	0.80～1.00	1.20～1.40	1.50～1.80	1.90～2.20	2.30～3.00
加强筋厚度 B	0.50	0.60～0.70	0.70～0.80	0.90～1.00	1.00～1.20

（3）尺寸 C 是加筋的高度，尺寸为不大于 3A。

（4）尺寸 D 是两个加强筋之间的距离，尺寸为不小于 3A。

（5）尺寸 E 是加强筋的拔模斜度，斜度为 0.50°～1.50°。

（6）两相交加强筋的交叉处的对角厚度 F≤0.70A，如图 15-29 所示。也可改善成图 15-30 所示，尺寸 G 最小为 0.45mm。

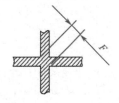

图 15-29　交叉加强筋的厚度

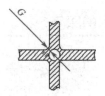

图 15-30　交叉加强筋厚度改善

15.5.4　胶柱厚度设计

胶柱也是缩水容易发生的地方，胶柱的厚度设计如图 15-31 所示。

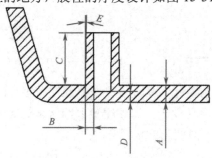

图 15-31　胶柱的厚度设计

尺寸说明：

（1）尺寸 A 是塑料件厚度。

（2）尺寸 B 是胶柱厚度，尺寸为不大于 0.60A。

（3）尺寸 C 是胶柱的高度，尺寸没有特殊要求，超过 3A 建议用加强筋加强。

（4）尺寸 D 是胶柱内孔与胶壳底部的厚度，尺寸为 0.70A 左右。

（5）尺寸 E 是胶柱的拔模斜度，斜度为 0.50°～1.50°。

（6）如果尺寸 B 结构需要做厚，照如图 15-32、图 15-33 所示改善，胶柱根部掏胶的方法又为掏"火山口"。

尺寸说明：

（1）尺寸 F 是"火山口"的锥形角度，角度为 40°左右。

（2）尺寸 *G* 是胶柱"火山口"与壳体底部的厚度，尺寸为塑料件胶厚的 2/3。

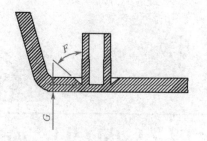

图 15-32 胶柱"火山口"尺寸

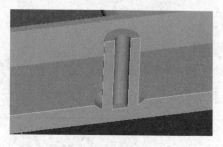

图 15-33 胶柱"火山口"图

15.5.5 其他胶厚处优化设计

（1）直接掏胶法。此种方法应用最方便，适合卡扣、其他胶厚处，如图 15-34 所示。

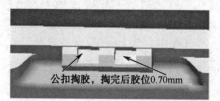

图 15-34 直接掏胶法

（2）走斜顶掏胶法。此种方法适合外观面要求高，正面又不能掏胶的地方，缺点是增加模具制作难度，如图 15-35 所示。

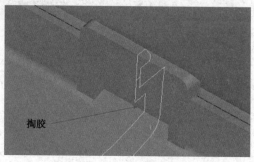

图 15-35 走斜顶掏胶法

（3）正面补胶，反面掏胶法。此种方法适合正面掏胶太薄，补胶又太厚的地方，如图 15-36 所示。

图 15-36 正面补胶，反面掏胶法

第 16 章

Pro/E 产品外观建模实例

对于产品结构工程师而言，熟练应用三维设计软件非常重要，俗话说"工欲善其事，必先利其器"，软件水平的高低直接影响产品设计的时间。正因为如此，很多公司在招聘结构工程师时，特意强调三维软件水平，在进行面试过程中，现场画图更是常见。

基于此，在这一章里，特意挑选了两个产品的外观建模供大家练习，包括手机、鼠标产品。这两个产品，都是面试题目，难度适中，希望大家能好好练习，掌握一些稍复杂的外观建模的技巧。作图方法很多，如果能用自己的作图方法做出合格的图形，那是最好不过了。

16.1　手机外观建模

16.1.1　题目要求

这是一家品牌手机公司的面试题，要求如下：

（1）将 DXF 线框导入 Pro/E 中作参照，不能直接选用参照线。

（2）前壳与后壳要分开，并注意拔模角。

（3）前壳要能偏面至少 2.0mm，B 壳至少偏面 2.5mm。

（4）碎面要少。

（5）要能方便修改。

（6）所有尺寸最多保留两位小线，所有尺寸不允许有弱尺寸。

外观参考图如图 16-1 所示。

图 16-1　外观参考图

ID 线框图如图 16-2 所示。

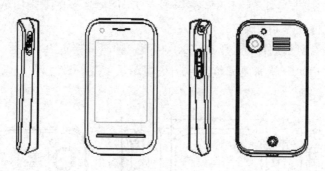

图 16-2　ID 线框图

16.1.2　分析图形

画图之前，对外观图要进行详细的分析，这样作图才能展开。题目要求就是前后壳要分开，首先就要找到前壳与后壳的分界面。分界面要在侧视图上找，根据轮廓线与颜色来区分，分界面如图 16-3 所示。

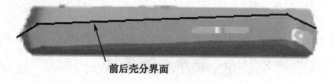

前后壳分界面

图 16-3　前后壳分界面

找到分界面后，结合前后视图对侧面进行分析。此图中，前壳比较简单，后壳有一整圈斜边，斜边的分界线又是一个斜边，要如何做好这个斜边，是这个图的难点所在。分析好之后，在脑海中要想象出图形的三维形状。然后确定作图思路。

这个题的基本作图思路有以下几个方面：

（1）导入线框。

（2）构建基本曲线，确定长宽高。

（3）构建外形曲线、分界面曲线。

（4）作分界面曲面。

（5）作前壳曲面。

（6）构建后壳曲线。

（7）作后壳上部分曲面。

（8）作斜边曲面。

（9）作后壳底面曲面。

16.1.3 导入线框

将 DXF 档案的线框导入 Pro/E 中，有很多方法，应用最多的就是用 AutoCAD 软件处理线框成三维状态，再导入 Pro/E 中。

（1）开启 AutoCAD 软件，打开 ID.DXF 档案，检查并修正 ID 线框。ID 线框有时会出现各视图对不齐的情况，就需要调整，包括各视图长宽要一致，厚度也要一致，这样做骨架时才能好控制。图 16-4 所示是 ID 线框。

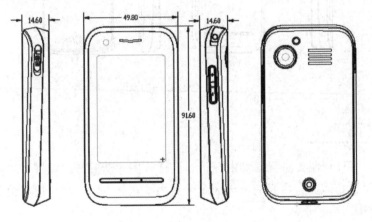

图 16-4 ID 线框

（2）画出各视图的中心辅助线，画出中心辅助线是为了移动线框。侧面的视图可以画到分界面为止，也可以画到中心位置，如图 16-5 所示。

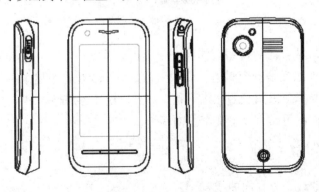

图 16-5 画出中心辅助线

（3）镜像后视图。为什么要镜像后视图？如果 ID 图导入的线框是反的，在做结构时就要镜像过来，如图 16-6 所示。

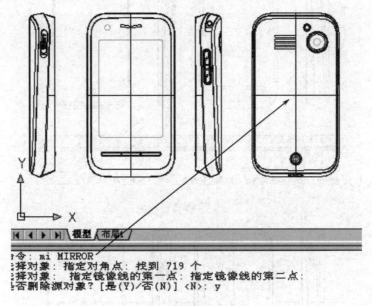

图 16-6　镜像后视图

（4）以前视图的中心为基点将所有视图移到坐标系原点（0,0,0），如图 16-7 所示。

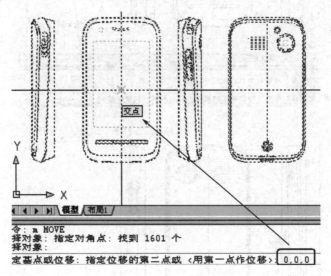

图 16-7　移动所有视图到原点

（5）将前视图朝 Z 向移动 15.00mm，在命令栏中输入（0,0,15），如图 16-8 所示。

（6）将后视图朝 Z 向移动-15.00mm，在命令栏中输入（0,0,-15），如图 16-9 所示。

（7）用三维旋转命令将左边的侧视图沿 Y 轴旋转-90°，如图 16-10 所示。

（8）用三维旋转命令将右边的侧视图沿 Y 轴旋转 90°，如图 16-11 所示。

（9）将参考线删除，最终完成后用三维视角显示，如图 16-12 所示。

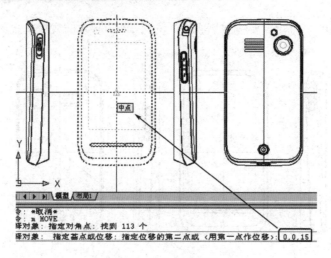

图 16-8　移动前视图

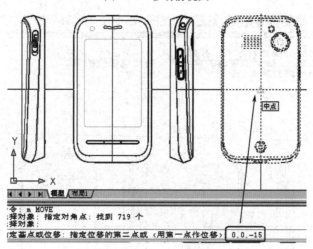

图 16-9　移动后视图

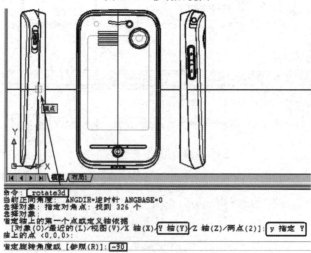

图 16-10　旋转左边的侧视图

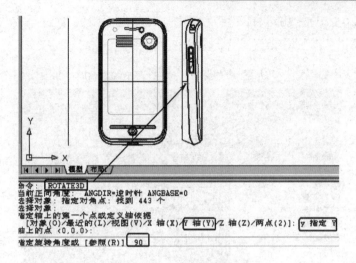

图 16-11　旋转右边的侧视图

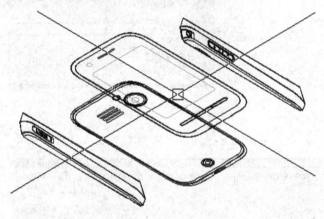

图 16-12　完成后的视图

（10）将处理好的线框切换到"俯视图"状态，并保存为 DXF 档案格式，以便于导入 Pro/E 软件中，如图 16-13 所示。

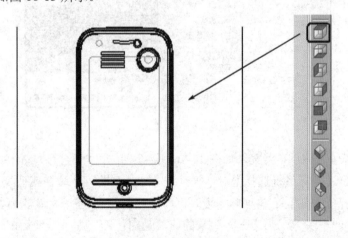

图 16-13　切换到"俯视图"状态

16.1.4 导入 Pro/E 软件中

（1）开启 Pro/E 4.0 软件，新建一个零件，命名为 master.prt，如图 16-14 所示。

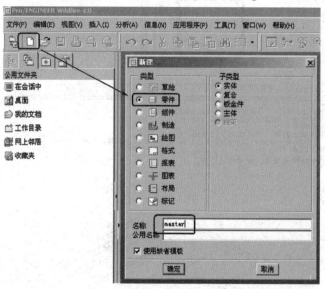

图 16-14 新建零件名称

（2）单击【插入】下拉菜单，选择【共享数据】→【自文件】菜单，如图 16-15 所示。

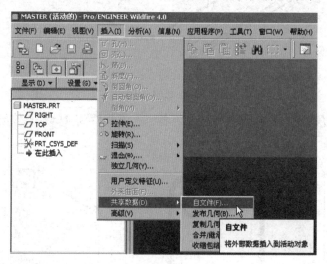

图 16-15 选择插入命令

（3）选择处理好的 DXF 档案，如图 16-16 所示。

（4）随后弹出【坐标系统选择】对话框，按【默认】即可，这样就把线框导入 Pro/E 软件中了。随后选择【视图】下拉菜单→【颜色与外观】，弹出【外观编辑器】对话框，选择【基准曲线】改变线框颜色，因为导入进来的线框是白色的，为了方便后续作图，改变成其他颜色。图 16-17 所示是线框导入及颜色改变。

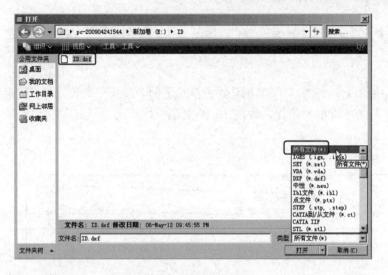

图 16-16　选择 ID 线框

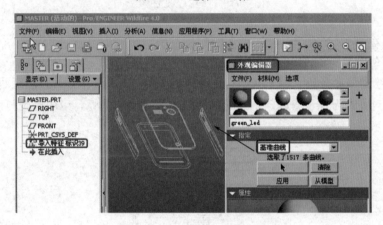

图 16-17　线框导入及颜色改变

16.1.5　构建基本曲线

（1）用草绘曲线命令，以 FRONT 面为草绘平面，草绘一个矩形，用来确定外形的长宽，长度尺寸从中心线为界两侧分开标有利于修改。尺寸标注如图 16-18 所示。

图 16-18　画矩形确定长宽

技巧提示：画线时不要参照从 AutoCAD 里导进来线框，但可以参考，尽量与原线框一致。

（2）用草绘曲线命令，以 RIGHT 面为草绘平面，再画一个长方形，确定机子的厚度，注意两侧要参考上一步描的曲线，如图 16-19 所示。

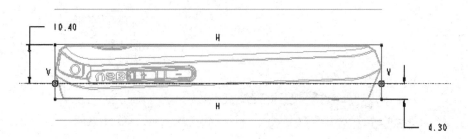

图 16-19　画矩形确定厚度

16.1.6　构建外形曲线与分界面曲线

（1）用草绘曲线命令，以 FRONT 面为草绘平面，画出外形曲线，注意两端圆弧的圆心要与中心线对齐。为便于修改，拐角处的弧线不要直接用圆弧，应用椭圆弧或者锥圆弧。尺寸标注如图 16-20 所示。

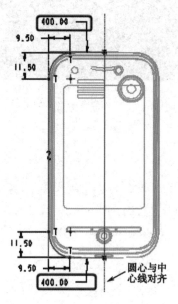

图 16-20　构建外形曲线

（2）用草绘曲线命令，以 RIGHT 面为草绘平面，构建前壳与后壳的分界面曲线，如图 16-21 所示。

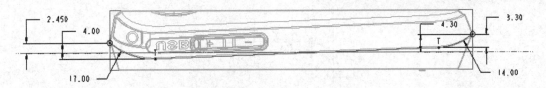

图 16-21　构建分界面曲线

16.1.7　构建分界面曲面

用拉伸命令 🗗，选择曲面拉伸 🖂，以 RIGHT 面为草绘平面，拉伸一个前壳与后壳的分界面曲面，拉伸高度为 35.00mm，如图 16-22 所示。

🌼 **技巧提示**：拉伸高度由自己决定，但要比外形的一半大。

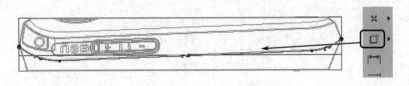

图 16-22　拉伸分界面曲面

16.1.8　做前壳曲面

（1）用拉伸命令 🗗，选择曲面拉伸 🖂，以 RIGHT 面为草绘平面，拉伸前壳顶面，拉伸高度为 35.00mm，如图 16-23 所示。

🌼 **技巧提示**：用普通扫描命令做也可以，但不要用填充命令做，不便外形变动时修改。

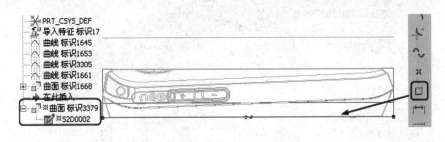

图 16-23　拉伸前壳顶面

（2）用拉伸命令 🗗，以 FRONT 面为草绘平面，选择拉伸曲面命令 🖂 去除材料 🖉，裁剪前壳顶面，注意两端圆弧的圆心要与中心线对齐。尺寸标注如图 16-24 所示。

🌼 **技巧提示**：裁剪顶面要切多少呢？裁剪的形状尽量与外形形状一致，尺寸大小要参考侧面线条确定。

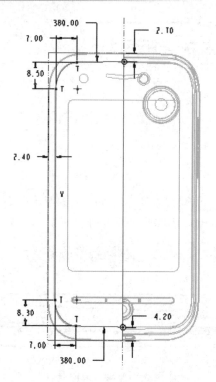

图 16-24　裁剪前壳顶面

（3）用投影工具 ≈ 投影外形曲线到分界面曲面上，如图 16-25 所示。

技巧提示： 这一步的主要作用就是产生三维的分界线，三维的分界线是作图的关键线条，后面的很多面都要使用它。

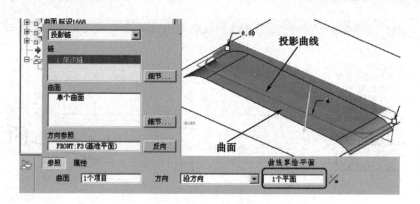

图 16-25　外形曲线投影到分界面上

（4）用可变截面扫描命令 ↘ 做出前壳上侧面曲面，轨迹选择如图 16-26 所示。截面尺寸如图 16-27 所示，注意圆弧端点要对齐轨迹默认的点，否则截面就不可变了。

（5）用可变截面扫描命令 ↘ 照上一步的方法，做出前壳下侧面，截面尺寸如图 16-28 所示。

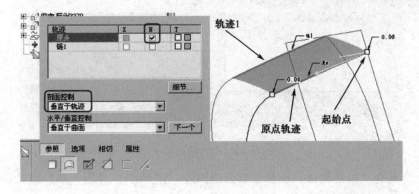

图 16-26 扫描前壳上侧面

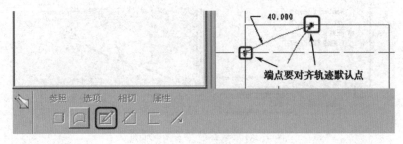

图 16-27 扫描的截面尺寸

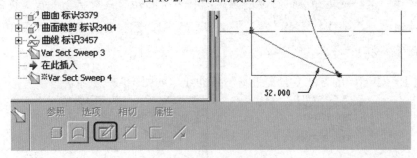

图 16-28 扫描前壳下侧面

（6）用可变截面扫描命令 ![]做出前壳左侧面曲面，轨迹选择如图 16-29 所示。截面尺寸如图 16-30 所示。

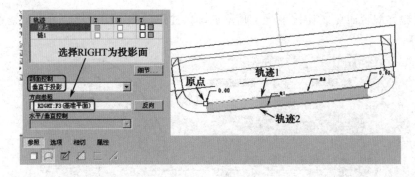

图 16-29 扫描前壳左侧面

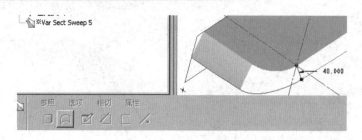

图 16-30　扫描截面尺寸

（7）复合前壳上角落曲线。选择要复合的曲线，按 Ctrl+C 复制，然后按 Ctrl+V 粘贴，弹出【复制】对话框，选择【逼近】选项，如图 16-31 所示。

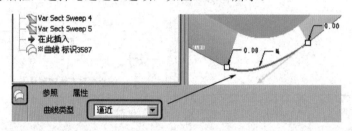

图 16-31　复合前壳上角落曲线

技巧提示：复合逼近曲线的主要作用就是将多条相切的线条整合成一条样条曲线，这样在建面时就可以减少碎面的产生，提高曲面质量，复合的曲线与原线条有细微的差别，但不影响外观。

（8）用上一步同样的方法复合逼近另一条曲线，如图 16-32 所示。

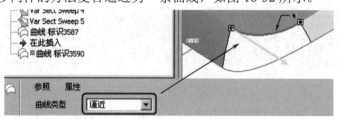

图 16-32　复合逼近另一条曲线

（9）用边界混合命令 做出前壳上角落曲面，注意两侧（图中第一方向）要设置相切，如图 16-33 所示。

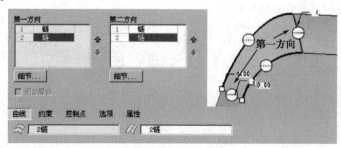

图 16-33　补前壳上角落曲面

（10）逼近复合前壳下角落两条曲线，完成后如图16-34所示。

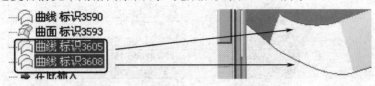

图16-34　复合前壳下角落曲线

（11）用边界混合命令 做出前壳下角落曲面，注意两侧（图中第二方向）要设置相切，如图16-35所示。

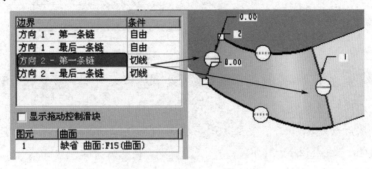

图16-35　补前壳下角落曲面

（12）用曲面合并命令 ，以前壳的顶面为主曲面，合并所有曲面，如图16-36所示。

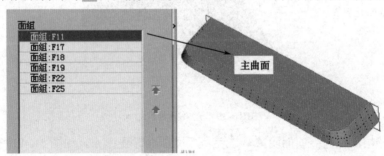

图16-36　合并前壳曲面

（13）检查前壳是否满足偏面要求，单击【分析】下拉菜单，选择【半径】，如图16-37所示。随后弹出【半径】对话框，对前壳曲面进行半径分析，发现最小半径能满足题目的要求，如图16-38所示。

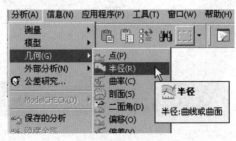

图16-37　选择分析半径命令

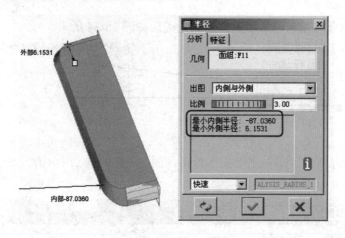

图 16-38　检测半径

技巧提示：为什么要查半径呢？题目要求前壳偏面不要少于 2.0mm，查半径就是确定能偏面的大小，一般来说，最小半径数字代表能偏面的最大数，数字前的符号只是代表曲面方向。最好的检测方法就是直接用前壳曲面偏移 2.0mm，如果没有失败就说明前壳是满足要求的，如图 16-39 所示。

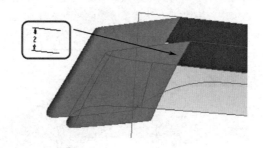

图 16-39　直接偏面检测

（14）新建层，将前壳曲面隐藏，以免做底壳曲面时误操作，如图 16-40 所示。同时将前壳不需要再用的曲线隐藏。

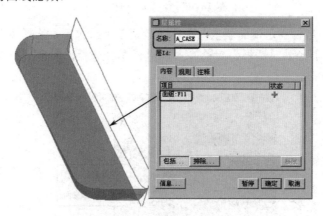

图 16-40　隐藏不需要显示的曲面

16.1.9　构建后壳曲线

（1）用草绘曲线命令 ᴎ，以 FRONT 面为草绘平面，画出后壳斜边外形曲线一，注意两端圆弧的圆心要与中心线对齐。为便于修改，拐角处不要直接用圆弧，应用椭圆弧或者锥圆弧。尺寸标注如图 16-41 所示。

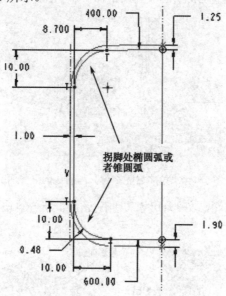

图 16-41　构建后壳斜边外形曲线一

（2）用草绘曲线命令 ᴎ，以 RIGHT 面为草绘平面，构建后壳斜边侧面曲线一，尽量接近原始线条，尺寸标注如图 16-42 所示。

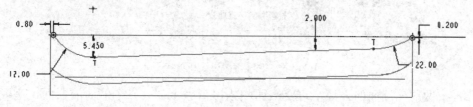

图 16-42　构建后壳斜边侧面曲线一

（3）用草绘曲线命令 ᴎ，以 RIGHT 面为草绘平面，构建后壳斜边侧面曲线二，尽量接近原始线条，尺寸标注如图 16-43 所示。

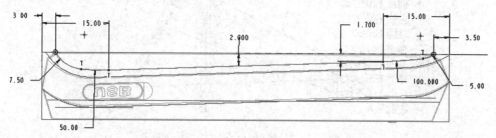

图 16-43　构建后壳斜边侧面曲线二

16.1.10　构建后壳上部分曲面

（1）用拉伸命令 , 选择曲面拉伸 ，以 RIGHT 面为草绘平面，拉伸一个后壳上部分与斜边的分界面，拉伸高度为 35.00mm，如图 16-44 所示。

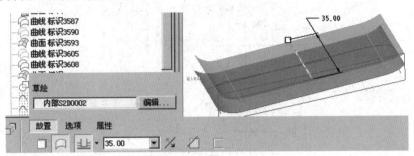

图 16-44　拉伸后壳上部分与斜边的分界面

（2）用投影命令 投影斜边外形曲线一到后壳上部分与斜边的分界曲面上，如图 16-45 所示。

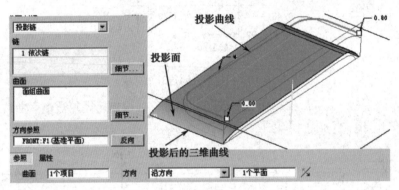

图 16-45　投影后壳斜边曲线一

（3）按做前壳侧面的方法，可变截面扫描出后壳上部分三个侧面的曲面，完成后如图 16-46 所示。

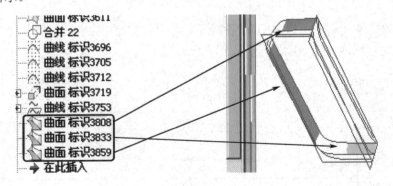

图 16-46　扫描后壳上部分的三个侧面

（4）逼近复制曲线，作后壳上部分上拐脚曲面，注意两侧设置相切，如图 16-47 所示。

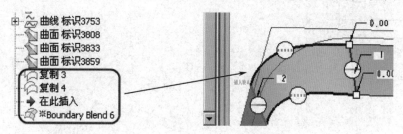

图 16-47 补后壳上部分上拐角曲面

（5）逼近复制曲线，作后壳上部分下拐角曲面，注意两侧设置相切，如图 16-48 所示。

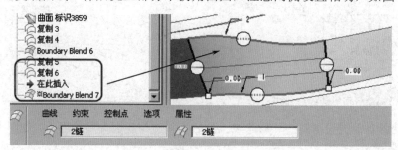

图 16-48 补后壳上部分下拐角曲面

16.1.11 构建斜边曲面

（1）用拉伸命令 ，选择曲面拉伸 ，以 RIGHT 面为草绘平面，拉伸一个后壳斜边与底面的分界面，拉伸高度为 35.00mm，如图 16-49 所示。

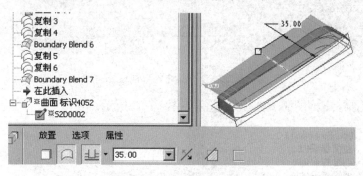

图 16-49 拉伸后壳斜边与底面的分界面

（2）用草绘曲线命令 ，以 FRONT 面为草绘平面，画出后壳斜边外形曲线二，注意两端圆弧的圆心要与中心线对齐。为便于修改，拐角处不要直接用圆弧，应用椭圆弧或者锥圆弧。尺寸标注如图 16-50 所示，曲线的前后端点与侧面斜边曲线二前后端点对齐，如图 16-51 所示。

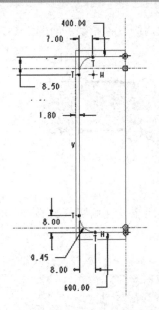

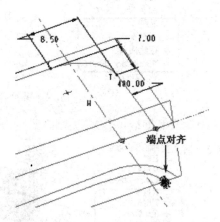

图 16-50　构建后壳斜边外形曲线二　　　　　　图 16-51　端点对齐

（3）用投影命令投影斜边外形曲线二到后壳斜边与底面分界曲面上，如图 16-52 所示。

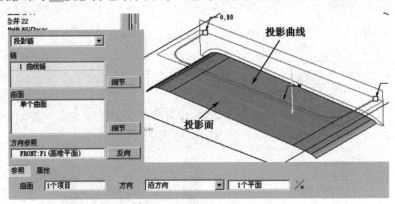

图 16-52　投影斜边外形曲线二

（4）逼近复制斜边的两条边线。完成后如图 16-53 所示。

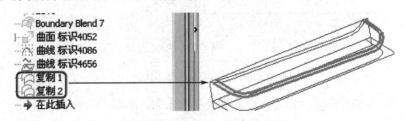

图 16-53　逼近复制斜边两条边线

（5）利用两条复制后的边线做斜边曲面，如图 16-54 所示。

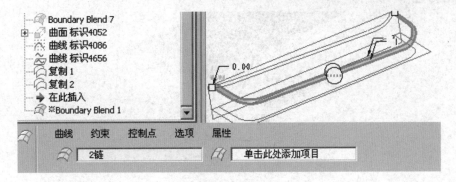

图 16-54　做斜边曲面

16.1.12　构建后壳底面曲面

（1）用边界混合命令 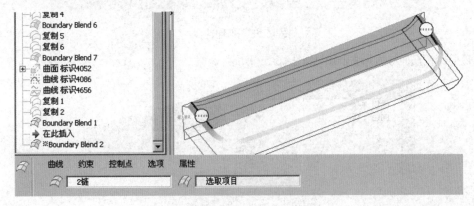 做出后壳底面的小平面。边界的两条曲线直接选用斜边的两条边线，如图 16-55 所示。

图 16-55　做后壳底面的小平面

（2）用可变截面扫描命令 做出后壳后底面侧边弧形曲面，轨迹选择如图 16-56 所示。截面尺寸如图 16-57 所示，注意与平面相切。

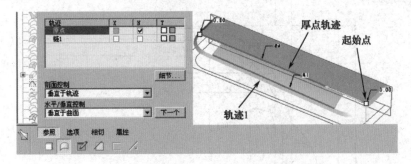

图 16-56　扫描出侧边弧形曲面

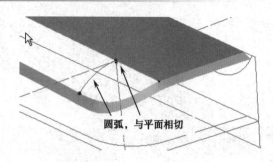

图 16-57　扫描截面

（3）用延伸命令 将上一步做的弧形曲面两侧各延长 10.00mm，如图 16-58 所示。

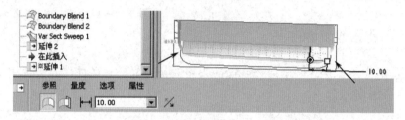

图 16-58　延伸曲面

（4）合并平面与弧形曲面，如图 16-59 所示。

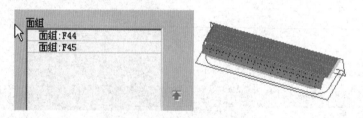

图 16-59　合并平面与弧形曲面

（5）切剪底壳底面的上拐角，尺寸如图 16-60 所示。

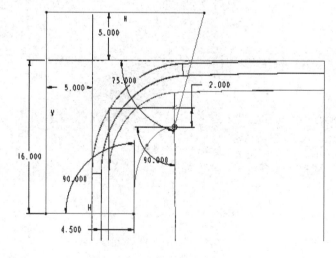

图 16-60　切剪底壳底面的上拐角

（6）切剪底壳底面的下拐角，尺寸如图 16-61 所示。

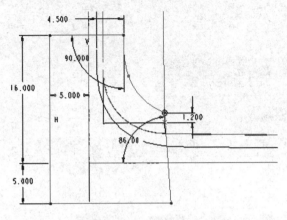

图 16-61　切剪底壳底面的下拐角

（7）切完拐角之后的效果如图 16-62 所示。

（8）合并斜面。将上一步合并的面组与斜面合并，如图 16-63 所示。

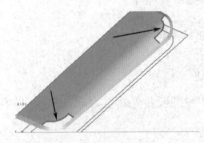

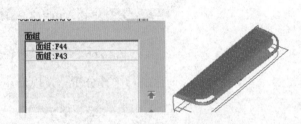

图 16-62　切完拐角之后的效果　　　　　　　图 16-63　合并斜面

（9）用边界混合命令 做出后壳底面的上拐角曲面，注意有三侧要设置相切，如图 16-64 所示。

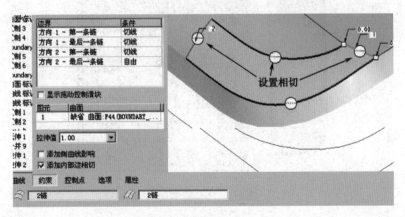

图 16-64　补底面的上拐角曲面

（10）用边界混合命令 做出后壳底面的下拐角曲面，注意有三侧要设置相切，如图 16-65 所示。

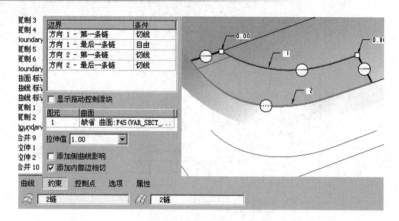

图 16-65　补底面的下拐角曲面

（11）合并底壳所有曲面，完成后如图 16-66 所示。

图 16-66　合并底壳所有曲面

（12）用半径对后壳曲面进行半径分析，发现最小半径能满足题目的要求，如图 16-67 所示。

图 16-67　检查半径

技巧提示：如果检查发现半径达不到要求，可对半径偏小的曲面进行修改，通过修改曲面的边线来调整曲面的半径，有时只要改动一点尺寸就可以达到要求。

16.2　车形鼠标外观建模

16.2.1　题目要求

这款车形鼠标是一家抄数公司的面试题，利用三维线型来构建曲面，难度适中，要求如下所述。

（1）用线型构建外观曲面，作图方法不限。

（2）外观碎面要少，曲面要能生成实体。

（3）尽量接近原始线框，但不可直接参照。

（4）时间 2h。

车形鼠标外观如图 16-68 所示。

三维线框如图 16-69 所示。

图 16-68　车形鼠标外观图　　　　　　　　图 16-69　三维线框图

16.2.2　分析图形

这款产品左右对称，建面时只需做一半即可。建面时可分成五大部分，第一部分是顶面拱形曲面，第二部分是侧面圆弧曲面，第三部分是前面波形曲面，第四部分是后面凸出的曲面，第五是侧面车轮曲面，如图 16-70 所示。

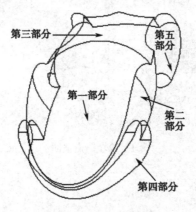

图 16-70　分析图形

作图思路如下所述。

（1）构建顶面拱形曲面。

（2）构建侧面圆弧曲面。

（3）构建前面波形曲面。

（4）构建后面凸出的曲面。

（5）构建侧面车轮曲面。

（6）生成实体。

16.2.3　构建顶面拱形曲面

（1）用草绘曲线命令，以 RIGHT 面为草绘平面，画出顶面曲面的外形线条，由于外形是不规则的曲线，截面草绘采用样条曲线命令绘制。尺寸标注如图 16-71 所示。

> **技巧提示**：这条曲线没有参考线，可根据外形来绘制，如果后续有差异，再修改。

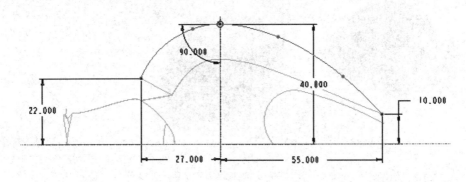

图 16-71　顶面曲面的外形尺寸

（2）用可变截面扫描命令选择"恒定剖面"，做出顶面曲面，如图 16-72 所示。扫描截面尺寸如图 16-73 所示。

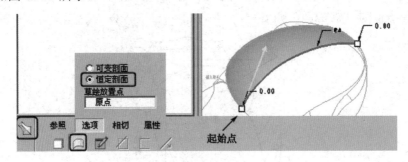

图 16-72　扫描顶面

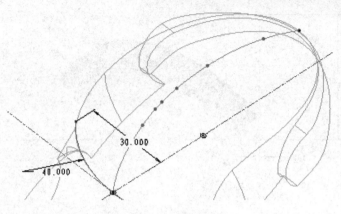

图 16-73 顶面截面尺寸

16.2.4 构建侧面圆弧曲面

（1）用草绘曲线命令，以 TOP 面为草绘平面，画出侧面曲面的外形线条，由于外形是不规则的曲线，截面草绘采用样条曲线命令绘制。尺寸标注如图 16-74 所示。

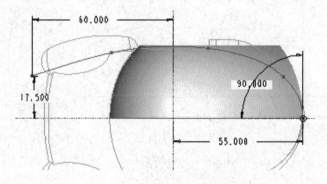

图 16-74 侧面曲面的外形尺寸

（2）用可变截面扫描命令选择"恒定剖面"，做出侧面曲面，如图 16-75 所示。扫描截面尺寸如图 16-76 所示。

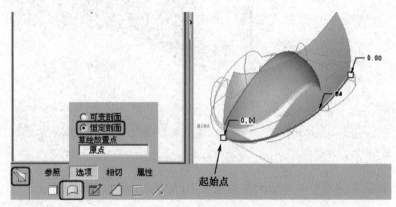

图 16-75 扫描侧面

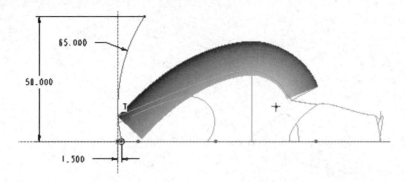

图 16-76　侧面曲面截面尺寸

16.2.5　构建前面波形曲面

（1）用草绘曲线命令 ![icon]，以 RIGHT 面为草绘平面，画出前面波形曲面的扫描轨迹，尺寸标注如图 16-77 所示。

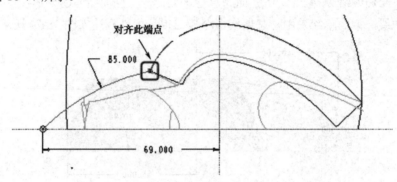

图 16-77　草绘前面曲面轨迹

（2）用可变截面扫描命令 ![icon] 选择"恒定剖面"，做出前面曲面，如图 16-78 所示。扫描截面尺寸如图 16-79 所示。

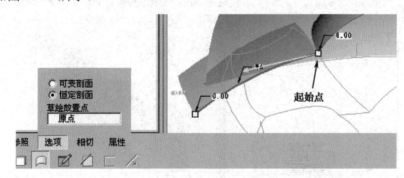

图 16-78　扫描前面曲面

（3）用延伸命令 ![icon] 将上一步做的曲面延长 10.00mm，如图 16-80 所示。

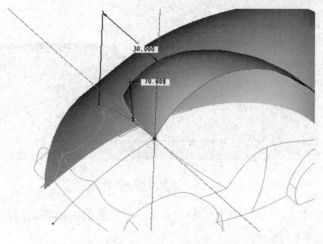

图 16-79　前面曲面截面尺寸

图 16-80　延伸前面曲面

（4）用延伸命令将顶面拱形曲面延长 5.00mm，如图 16-81 所示。

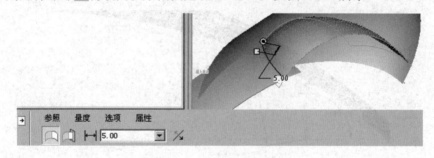

图 16-81　延伸顶面曲面

（5）将所有曲面合并，注意选择保留的曲面，最终效果如图 16-82 所示。

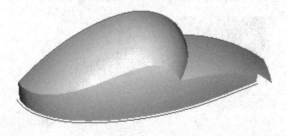

图 16-82　合并后的图形

（6）做前面裁切的曲线，尺寸如图 16-83 所示。

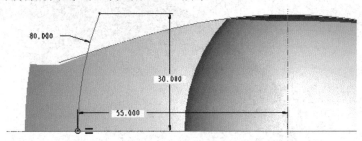

图 16-83　做前面裁切的曲线

（7）用可变截面扫描命令 选择"恒定剖面"，做出前面裁切曲面，如图 16-84 所示。扫描截面尺寸如图 16-85 所示。

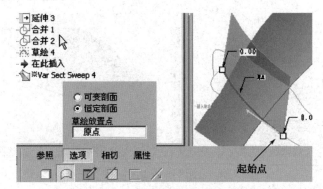

图 16-84　扫描前面裁切曲面

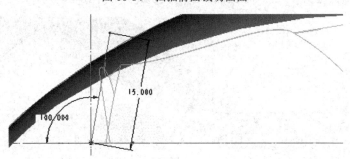

图 16-85　前面裁切曲面截面尺寸

（8）合并曲面，将前面多余部分裁切掉，完成后如图 16-86 所示。

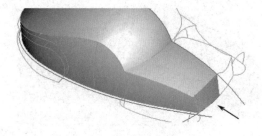

图 16-86　合并曲面后完成图

（9）用草绘曲线命令 ，以 FRONT 面为草绘平面做前面波形曲线，尺寸如图 16-87 所示。

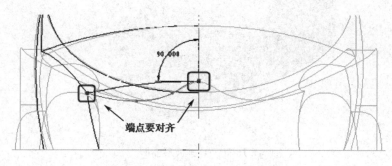

图 16-87　草绘前面波形曲线

（10）将波形曲线投影到前面曲面上，如图 16-88 所示。

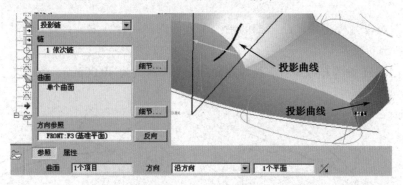

图 16-88　投影波形曲线

（11）用边界混合命令 做出波形曲面，设置与 RIGHT 平面垂直，如图 16-89 所示。

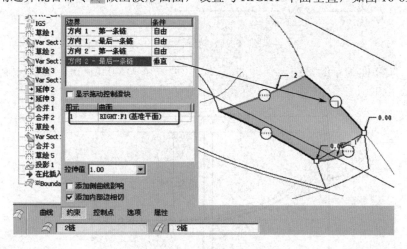

图 16-89　做波形曲面

（12）合并波形曲面，完成后如图 16-90 所示。

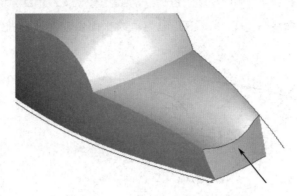

图 16-90　合并波形曲面

16.2.6　构建后面凸出的曲面

由外形图可以分析得到，凸出曲面由两个方向的曲面合并而成，这两个曲面通过拉伸命令就可以得到。

（1）以 RIGHT 面为草绘平面，拉伸曲面一，拉伸高度为 40.00mm，截面尺寸如图 16-91 所示。

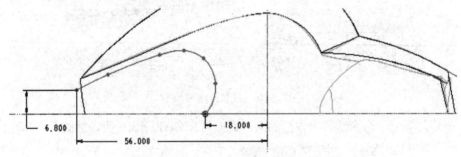

图 16-91　拉伸曲面一

（2）以 TOP 面为草绘平面，拉伸曲面二，拉伸高度为 40.00mm，截面尺寸如图 16-92 所示。

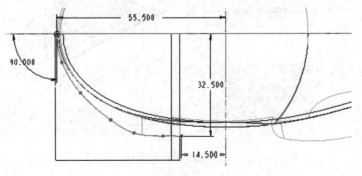

图 16-92　拉伸曲面二

（3）合并这两个曲面，如图 16-93 所示。

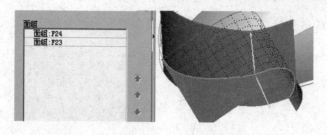

图16-93 合并两个曲面

（4）将上一步合并的曲面与大曲面合并，完成后如图16-94所示。

图16-94 合并后效果图

16.2.7 构建侧面车轮曲面

做车轮的方法很多，由于车轮是由不规则的曲面构成的，常用方法是用边界混合命令 构建，边界混合命令 通过两个方向的曲线来控制曲面，能构建复杂的曲面且方便调整修改，改动曲面的效果只需改动曲线即可。

车轮是对称的，我们只需构建一半，然后再镜像。

（1）以 TOP 面为草绘平面，用拉伸曲面命令构建辅助平面，高度为 40.00mm，截面尺寸如图16-95所示。

技巧提示：如果不在默认的基准平面上草绘，新建基准平面又太麻烦，常用做法就是构建辅助性的曲面作为基准平面。

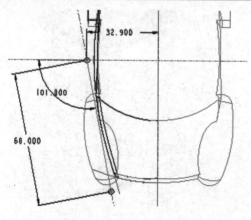

图16-95 构建辅助平面

（2）用草绘曲线命令 ，以 TOP 面为草绘平面做车轮外形曲线，尺寸如图 16-96 所示。

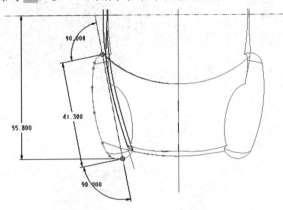

图 16-96　车轮外形曲线尺寸

（3）用草绘曲线命令 ，以构建的辅助平面为草绘平面做车轮顶部曲线，注意端点对齐上一步做的曲线，尺寸如图 16-97 所示。

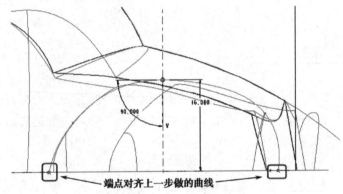

端点对齐上一步做的曲线

图 16-97　车轮顶部曲线尺寸

（4）以 TOP 面为草绘平面，用拉伸曲面命令构建另一个辅助平面，高度为 40.00mm，注意对齐箭头所指的中点，截面尺寸如图 16-98 所示。

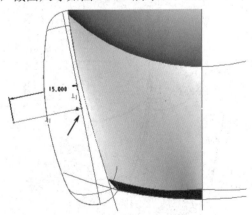

图 16-98　构建另一个辅助平面

（5）将上一步做的辅助平面与前面做的两条曲线相交，做出两个辅助点，如图 16-99 所示。

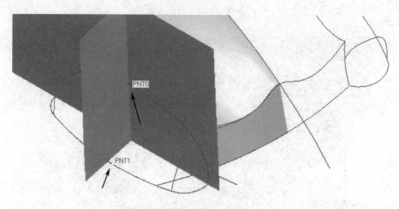

图 16-99　相交出辅助点

（6）用草绘曲线命令，以构建的第二个辅助平面为草绘平面做车轮侧面曲线，注意端点对齐上一步做的两个辅助点，尺寸如图 16-100 所示。

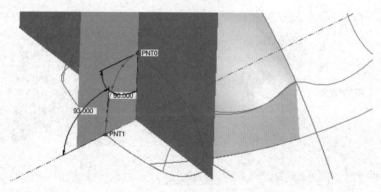

图 16-100　车轮侧面曲线尺寸

（7）用边界混合命令做出车轮曲面，注意设置与辅助平面垂直，如图 16-101 所示。

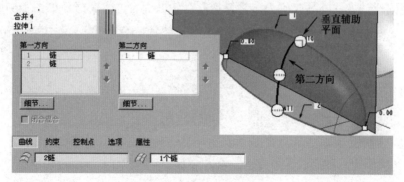

图 16-101　构建车轮曲面

（8）以构建的第二个辅助平面为草绘平面，切上一步做的边界曲面的收敛尖角，注意截面的形状，切完曲面后要在曲面上形成四边面。切收敛尖角的尺寸如图 16-102 所示。

技巧提示：由于上一步做的边界混合曲面第二方向只有一条边，相当于三边面的曲面，容易在角落处形成收敛尖角，不美观也不利于偏面。

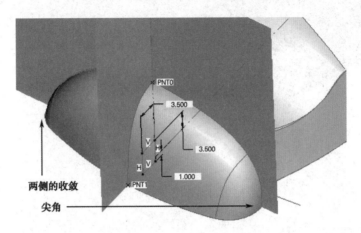

图 16-102　切收敛尖角的尺寸

（9）用边界混合命令 补尖角曲面，设置相切与垂直，如图 16-103 所示。

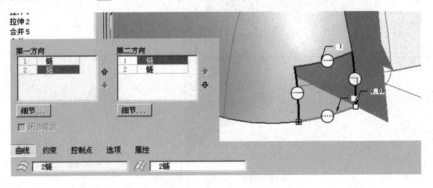

图 16-103　补尖角曲面

（10）用同样的方法补另一侧尖角，最后与车轮曲面合并，完成后如图 16-104 所示。

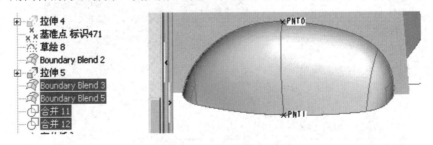

图 16-104　车轮合并

（11）以第一个辅助面为镜像平面，将合并的车轮镜像到另一侧，然后合并，完成后如图 16-105 所示。

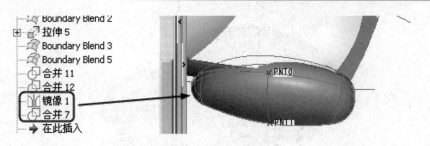

图 16-105　合并镜像后的效果

（12）将鼠标波形曲面的侧边倒可变圆角，如图 16-106 所示。

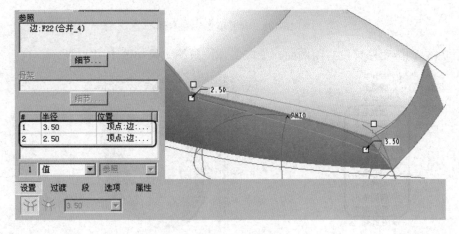

图 16-106　倒可变圆角

（13）将车轮与本体合并，完成后如图 16-107 所示。

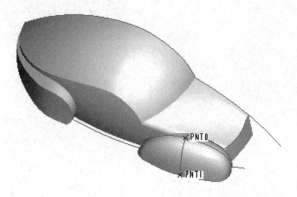

图 16-107　车轮与本体合并

16.2.8　生成实体

（1）以 RIGHT 面为镜像平面，将鼠标本体镜像到另一侧，然后合并，完成后如图 16-108 所示。

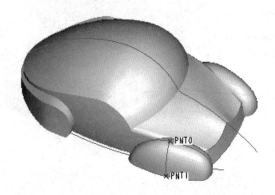

图 16-108　合并镜像后的本体

（2）进行倒圆角修饰，封闭曲面，生成实体，最终效果如图 16-109 所示。

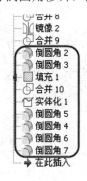

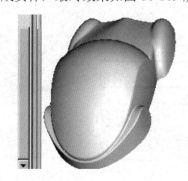

图 16-109　完成的最终效果

第 17 章

产品结构设计练习

产品结构设计经验靠积累，实践是检验真理的唯一标准，为提高读者的产品结构设计能力，这一章精选了一些练习题，这些题来源于实际工作，是已经成功量产的项目（稍有改动）。希望读者能多加思考，多练习。

学习之前提示：

（1）学习之前先要把本书中前面的章节读完，并掌握设计技能。

（2）学习之前要将本书中所讲的案例先练习完。

（3）做题时要综合所学的知识，灵活运用，如模具知识、表面处理知识、塑胶及五金设计的基本规则等。

（4）本章题目所有资料附在随书光盘内。

（5）为培养读者独立设计的能力（纯粹的抄图很难提高设计水平），本章所有题目不提供原始档案。

17.1 建模练习

17.1.1 根据抄数线构建模型

技巧提示： 抄数是一种逆向设计，即原有产品实物或者手板实物，将实物通过三维抄数机扫描出点云（很多点的集合），再通过相关的处理软件，根据点云产生产品的外形曲线，然后通过三维软件（Pro/E 应用最多）构建出图形。

这是一款抄数线，根据抄数线来构建模型，难度一般，要求如下所述。

（1）尽量接近原始线框，外形尺寸误差不超过 1.00mm，其他尺寸误差不超过 0.50mm。

（2）外观面拔模斜度不小于 3°。

（3）能生成实体，并抽壳 2.00mm。

抄数线框如图 17-1 所示。

完成后的图形如图 17-2 和图 17-3 所示。

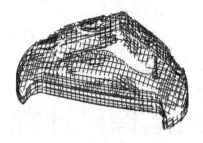

图 17-1　抄数线框

图 17-2　完成后的三维图

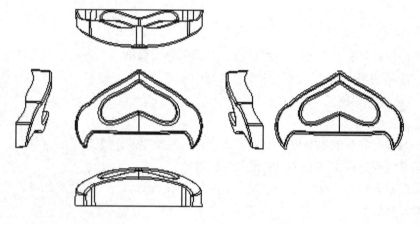

图 17-3　外形六视图

17.1.2　作图思路提示

（1）对称图形先做一半，后镜像。

（2）用边界混合命令构建顶面曲面，曲面作大点，超出外形线，如图 17-4 所示。

（3）拉伸外形曲面，拔模，合并。外形曲面也可通过扫描做出，完成后如图 17-5 所示。

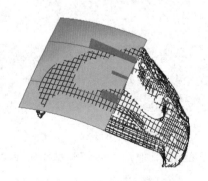

图 17-4　构建顶面曲面

图 17-5　合并后效果图

（4）拉伸底面曲面，合并，拉伸中间孔曲面，拔模后合并，完成后如图 17-6 所示。抽壳，倒圆角处理。

图 17-6　合并底面、中间孔后效果图

（5）最后生成实体，镜像，抽壳，倒圆角。

17.1.3　根据 ID 线构建外形

这是一款手机 ID 线框，根据 ID 线来构建外形曲面，难度中等，要求如下所述。

（1）尽量接近原始线框，如果 ID 线框各视图投影对不上，可稍作调整。

（2）分为前壳、中框、底壳三部分，要分开构建。

（3）前壳及底壳外观面拔模斜度不小于 3°，中框外观可不拔模。

（4）碎面要少。

（5）前壳要求偏面不小于 2.00mm，中框偏面不小于 2.00mm，底壳偏面不小于 2.50mm。ID 线框如图 17-7 所示。

图 17-7　ID 线框

完成后的图形如图 17-8 和图 17-9 所示。

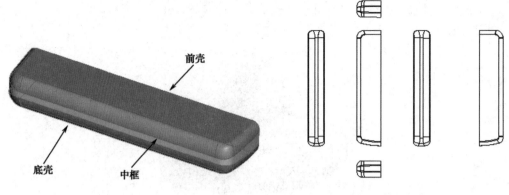

图 17-8　完成后三维图　　　　　　　图 17-9　完成后外形六视图

17.1.4　作图思路提示

（1）先作基本外形曲线，构建前后壳与中框的分型面，如图 17-10 所示。

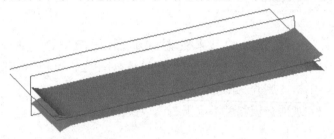

图 17-10　构建分型面

（2）构建中框曲面，如图 17-11 所示。

图 17-11　构建中框曲面

（3）通过扫描、边界混合等命令构建前壳曲面，如图 17-12 所示。

图 17-12　构建前壳曲面

（4）用同样的方法构建后壳曲面，如图 17-13 所示。

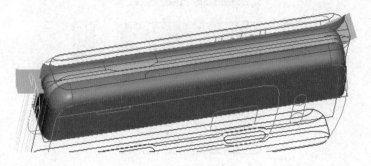

图 17-13　构建后壳曲面

17.2　结构设计练习

17.2.1　遥控发声器的结构设计

1．练习目的

掌握基本的壳体固定结构、PCB 固定结构、电池箱的结构、电池盖的结构、融会贯通所学的知识。

2．产品介绍

这是一款遥控的发声装置，电子部分由一个 PCB、喇叭、两个 AAA 电池构成。这款产品原设计有一个缺陷：因为耗电少，加之外观要求，客户不允许做电池盖，但后来产品在实际使用过程中还是会更换电池，造成极不方便。

3．题目要求

（1）做前壳及后壳的固定结构。

（2）设计一个电池盖，并做方便取装的结构。

（3）做固定 PCB 结构。

（4）做固定喇叭结构。

（5）设计电池仓结构并考虑好连接电路板线走向。

（6）整体结构设计要求思路清晰，结构明了。

（7）装配另一节电池到组装图中，电子部分的位置及电池位置可调整。

（8）产品外形尺寸：长为 118.00mm，宽为 33.00mm，厚为 15.0mm。

（9）重要尺寸要拔模，如电池箱等。

产品外观六视图如图 17-14 所示。

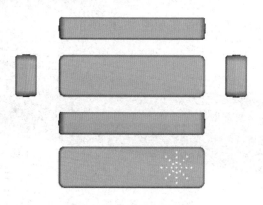

图 17-14 产品外观六视图

产品内部构件如图 17-15 所示。

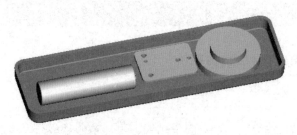

图 17-15 产品内部构件

17.2.2 发声器结构设计思路提示

这款产品虽然简单，但涉及的结构知识也不少，正所谓"麻雀虽小，五脏俱全"，是典型的电子类产品结构。

设计思路提示：

（1）电池盖从后壳拆分（喇叭出声孔的那个壳），厚度不小于 1.20mm。

（2）做止口、美工槽。

（3）前后壳结构固定用自攻牙螺丝固定，做四个螺丝，每个角落各一个。长度方向两侧每边做两个扣位，宽度方向可不用设计扣位。

（4）电池盖固定结构可参照空调或者电视机遥控器的电池盖结构，简单又方便取装。

（5）装配另外一节电池到组装图中，并调整好位置。

（6）电池箱设计尺寸数据参照本书第 15 章的内容。

（7）PCB 结构分为定位及固定，定位可采用板上的两个小孔，固定可通过自攻牙螺丝装在后壳上。

（8）喇叭的前音腔（出声方向）要留不小于 1.20mm 的音腔高度空间，四周长骨位固定，背部前壳长骨位固定。

（9）前后壳做反止口。

（10）检查模具要求，如能否出模，扣位方面有没有倒扣等。

17.2.3 MP4整机结构设计练习

1. 练习目的

掌握比较复杂的产品结构设计，包括CAD导入线框到Pro/E中，做骨架，建模，拆件，做A壳结构，B壳结构，按键结构，PCB的限位及固定等。通过这一习题的练习，让读者具有独立设计较复杂产品结构的能力，认真并仔细练习好这一款产品的结构，对设计经验提升有很大帮助。

2. 产品介绍

这款产品外形为小巧型MP4，具有录音功能，内置内存卡、锂电池，带耳机插口、USB插口，并有一个拔动开关作为电源键，正面有五个播放及功能按键。

产品外形由三个壳组成，分别是前壳、中框、后壳。

3. 题目要求

根据所提供的资料，完成整机结构设计。

大致包括以下几个方面。

（1）CAD处理线框，导入Pro/E中。

（2）做骨架，不能参照原始线框，作图方法及标注尺寸要方便修改。

（3）建模，注意与外观要求一致。

（4）做前壳及后壳的固定结构。

（5）做中框固定结构。

（6）做固定PCB结构。

（7）做按键结构。

（8）整体结构设计要求思路清晰，结构明了。

（9）设计挂绳孔。

（10）产品外形尺寸：长为50.50mm，宽为32.50mm，厚为12.0mm。

（11）重要尺寸要拔模，如电池箱等。

（12）结构检查细致。

产品外形图如图17-16所示。

图17-16 产品外形图

ID 线框图如图 17-17 所示。

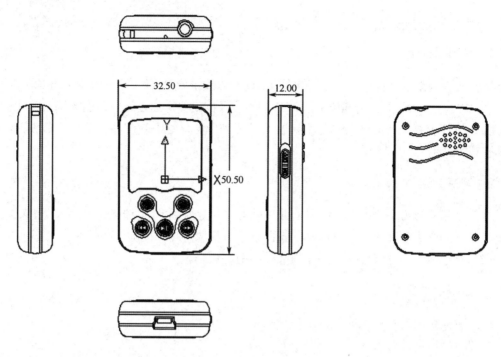

图 17-17   ID 线框图

17.2.4   MP4 结构设计思路提示

这款产品的设计是一款完整的产品结构设计,从导线框开始到整机完成并检查,工作量不少,建议读者安排好时间,一鼓作气完成设计,切忌"三天打鱼,两天晒网"。

设计思路提示:

(1)导线框采用本书中所讲的方法导入到 Pro/E 中。

(2)建模后要装配主板,并调整好位置,评审好结构的可行性。

(3)做骨架不要参照原始线条,但可以参考。

(4)前后壳的固定结构通过自攻牙螺丝固定,四个螺丝即可。

(5)中框固定采用"工字骨"形式的结构,如图 17-18 和图 17-19 所示。

图 17-18   中框"工字骨"结构图一

图 17-19   中框"工字骨"结构图二

（6）五个键帽做成一个整体胶件，如图 17-20 所示。

（7）拨动开关设计如图 17-21 所示。

（8）挂绳孔可设计在中框上，如图 17-22 所示。

（9）细心检查。

图 17-20　键帽结构

图 17-21　拨动开关结构

图 17-22　挂绳孔结构

三维剖面参考如图 17-23 和图 17-24 所示。

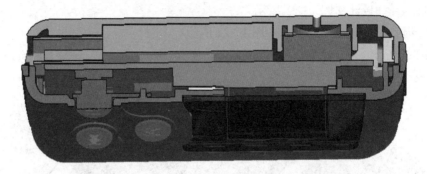

图 17-23　三维侧面剖面参考图

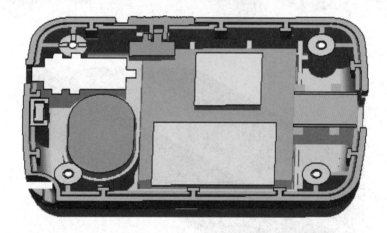

图 17-24　三维横向剖面参考图

底壳内部结构参考图如图 17-25 所示。

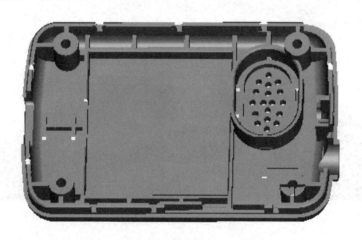

图 17-25　底壳内部结构参考图

前壳内部结构参考图如图 17-26 所示。

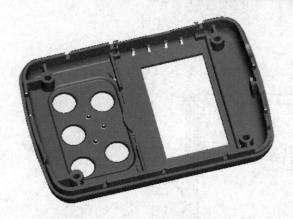

图17-26 前壳内部结构参考图

17.3 牙箱设计练习

17.3.1 牙箱设计要求

1. 学习目的

让读者掌握常用的牙箱结构设计，能适应工作中直齿轮牙箱的设计工作。

2. 产品介绍

这是一款玩具产品上用的牙箱，电动机额定转速为 5000r/min，电动机额定扭矩为 120g·cm，经过牙箱变速后实际输出转速为 200r/min 左右。

3. 题目要求

（1）根据以上数据设计一个输出为 200r/min 左右的牙箱。

（2）齿轮模数为 0.5。

（3）电动机固定可靠。

（4）牙箱各部件的配合间隙合理。

（5）牙箱上壳及下壳固定可靠。

（6）牙箱壳体材料为 PC。

（7）电动机输出第一级用皮带轮。

（8）思考问题：如果有一个 2kg 重的产品需要这个牙箱拉动，是否可行？5kg 重的产品呢？

17.3.2 牙箱设计思路提示

（1）先在纸面上大致计算减速比是多少，大致要设计几级变速。此题建议通过三级变速达到。

（2）确定几级变速后，确定齿轮齿数。

（3）在 Pro/E 里画好齿轮分度圆曲线，以便确定位置，如图 17-27 所示。

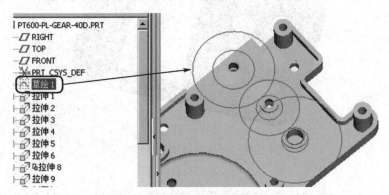

图 17-27　画好齿轮曲线

（4）摆好电动机位置，再确定牙箱壳体的外形尺寸。最终设计完成后的牙箱如图 17-28 和图 17-29 所示。

技巧提示：牙箱图形只供参考，读者可自行设计，外形与齿轮排布并不需要与参考图形一样。

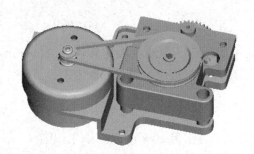

图 17-28　供参考牙箱图一

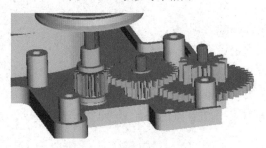

图 17-29　供参考牙箱图二

第18章
结构工程师常见面试题解答及面试技巧

找一份满意的工作，面试是必不可少的环节，很多公司都有面试题，下面以常见的面试题进行解答，当然，希望大家在学习时，不要只是死记答案，因为同一题可能有好几种不同的答案，重要的是要理解，理解了自然就明白了，在以后工作中也会运用了。

18.1 塑胶、橡胶材料类

（1）列出五种常用工程塑料名称。

ABS、PC、PA、PMMA、POM。

解题提示：要注意题中所讲的是工程塑料，工程塑料是指能承受一定外力作用，具有良好的机械性能和耐高低温性能，尺寸稳定性较好，可以用做工程结构的塑料。与通用塑料要区别开。

（2）列出至少三种常用透明塑料名称。

PC、PMMA、PET、PS、透明ABS。

解题提示：注意区分有些塑料如PP、PE等可以做透明塑料，但一般不归类于透明塑料。

（3）列出PC与PMMA的主要区别。

PC强度比PMMA好；PC耐热性比PMMA强；PC价格比PMMA贵；PMMA表面硬度比PC高；PMMA透光率比PC好。

（4）写出亚克力、聚甲醛、尼龙、聚氯乙烯、聚丙烯的常用代号。

亚克力：PMMA；聚甲醛：POM；尼龙：PA；聚氯乙烯：PVC；聚丙烯：PP。

解题提示：塑胶的常用代号除了题中的这些外，其他的常用代号也要记住，如PE（聚乙烯）材料。

（5）列举至少两种能浮在水面上的常用塑料。

PP（密度 0.90g/cm^3）；HEPE（密度 0.94g/cm^3）。

（6）列举至少三种常见塑料的常用缩水率。

ABS：0.5%；POM：1.5%；PVC：1.0%。

解题提示：除了题中列举的之外，常见塑胶的常用缩水率都要记住。

（7）常用电子产品外观材料常用的有哪些，列出至少三种。

ABS、PC、PC+ABS、PMMA 等。

解题提示：电子产品要求的塑料特性强度要好，表面要易处理等。

（8）家用电器产品常用的塑胶材料有哪些？列出至少三种。

PVC、PBT、防火级 ABS。

解题提示：家用电器产品要求的塑料特性强度要好，不易燃烧等。

（9）塑料齿轮常用的材料有哪些？

PA66、PA6、POM、PBT。

解题提示：塑料齿轮要求的塑料特性耐磨，具有自润滑性能等。

（10）如果一个饮水用的塑料杯子，你觉得用什么材料合适，为什么？

材料用 PP 或者 PC，主要原因就是无毒、耐高温、耐摔。

解题提示：饮水用的塑料杯子材料要求无毒，耐高温、耐摔。

（11）如果一件透明塑料尺子不小心掉到 1.2m 高的地下破碎了，你觉得这尺子最可能是什么材料做的？并简要说明理由。

PS 材料，PS 是常用的透明材料，但性能脆，掉落容易破碎。

解题提示：首先分析常用透明材料有哪些，然后根据这些材料的特性来回答题目。

（12）什么是通用塑料？列举几种。

通用塑料是产量大、用途广、成型性好、价格便宜的塑料。

常用的通用塑料有 PP、PVC、PE、PS 等。

（13）列出热塑性塑料与热固性塑料的区别。

主要区别在于热塑性塑料加热后会熔化，冷却后再加热又会再熔化；热固性塑料固化后不溶于任何溶剂，也不能用加热的方法使其再次熔化，温度过高就会分解。

（14）简要说说玻纤在塑料中的作用及缺陷。

玻纤是玻璃纤维，作为添加剂与塑料混合，主要作用就是增加塑料的强度及刚性、耐热性及尺寸稳定性。

加玻纤的主要缺陷就是让塑料流动性变差，塑胶表面易浮纤，塑胶件硬度提高难变形。

（15）简要说说塑料的基本性能。

① 质轻且强度好。

② 优良的电绝缘性。

③ 化学稳定性强。

④ 可塑性强，熔化后通过模具能加工各种不同的制品。

解题提示：列举至少三点，注意这些特性要与金属材料有区别。

（16）常用的耐磨塑料有哪些？

常用的耐磨塑料有 POM、PA6、PA66、PI 等。

（17）塑料铰链采用什么材料？铰链处的料厚为多少？

材料：PP，料厚为 0.25～0.40mm。

解题提示：塑料铰链是指起连接作用，但能弯折、又不易断的薄壁结构，日常所见的应用铰链的产品有塑胶眼镜盒上盖与下盖的连接处、口香糖瓶盖与瓶子本体的连接处等。塑料铰链要求材料韧性好，不易断裂。PP 料是最常用的材料。

（18）列举至少三种常用塑料并说明其主要特性。

ABS：具有良好的综合性能，容易配色，强度高，耐冲击强，注塑流动性好，表面易处理，优良的耐热、耐油性能和化学稳定性，尺寸稳定，易机械加工。

PP：注塑流动性好，容易配色，耐冲击强，韧性好，不易断裂，无毒、无味、密度小。耐热性好，可在沸水中长期使用。

PMMA：透明度高，是常用塑料中透明度最好的，透光率达到 92%，经硬化后表面硬度高。良好的疲劳强度，环境抵抗性、耐有机溶剂性佳。

解题提示：列举常见的任意三种塑胶材料即可。

（19）常见的软件材料有哪些？

软 PVC、TPU、PU、硅胶和 NR 等。

（20）常说的度是指橡胶的什么特性？

软硬程度，通过度来表示，度数越高越硬。

（21）PMMA 材料表面 3H 代表什么？

表面硬度是 3H，硬度高不易划伤。

（22）POM 与 PA 为什么表面一般不处理？

一般来说，这两种耐磨材料用于需要摩擦的地方，如塑胶齿轮等，如果做表面处理，不利于摩擦，且表面处理涂层容易磨坏。

（23）包装材料中常说的"保丽龙"是什么材质？

EPS，中文名为发泡聚苯乙烯。

（24）吸塑常用材料有哪些？

PVC、PP、PET 等。

解题提示：吸塑与吹塑都是塑料常见的成型方法，吸塑产品常见的是透明的包装盒，吹塑产品常见的是饮料水瓶。

（25）吹塑常用材料有哪些？

PP、PE、PET 等。

（26）ABS、PP、POM、PC、PA 按价格高低排列。

PP<ABS<POM<PA<PC。

解题提示：价格市场波动，按当前的价格来判定。

（27）各列举至少两种流动性好的塑料与流动性差的塑料。

流动性好的塑料：PP、PE、ABS、POM。

流动性差的塑料：PC、PMMA。

解题提示：流动性是指模具注塑时塑料的流动速度。

18.2　金属材料类

（1）常用的金属材料有哪些？

不锈钢、铜、铝、铁、锌合金、镁合金等。

（2）铝能电镀吗？

可以电镀，但附着力不强，涂层易脱落，一般不电镀。

（3）列举至少三种常见的铜。其主要成分各是什么？

纯铜，又称红铜、紫铜，成分是 99%以上的铜。

黄铜，成分是铜锌的合金。

青铜，成分是铜锡的合金。

解题提示：铜合金很多，除此之外常用的还有白铜、铍铜、磷铜等。

（4）铜的密度是多少？铝的密度是多少？

铜：$8.90g/cm^3$；铝：$2.70g/cm^3$。

解题提示：常用材料的密度应熟记。

（5）不锈钢名词解释。列举几种常见的牌号。

能抵抗空气、水等弱腐蚀，并能抵抗酸、碱、盐等化学介质强腐蚀的钢称为不锈钢。常见的牌号有 SUS301、SUS304、SUS316 等。

（6）不锈钢为什么不生锈？

因为不锈钢成分中含有铬，铬是使不锈钢获得耐腐蚀性的基本元素，铬与氧作用，在钢表面形成一种很薄的氧化膜，可阻止不锈钢进一步腐蚀。

（7）列举几种不含磁的金属。

铬、锌合金、铜、铝等。

（8）列举几种常见的钣金件材料。

不锈钢板、铝板、铜板、冷轧板等。

（9）电池弹片常用的材料有哪些？

不锈钢、铁、磷铜等。

（10）简要说说不锈钢螺钉的优点及缺点。

优点：耐腐蚀，不易生锈，用于高档产品。

缺点：成本高，且在生产装配中由于不吸磁增加了装配难度。

（11）作为装饰件，铝与不锈钢相比，优点及缺点是什么？

优点：铝比不锈钢轻，表面处理效果好。

缺点：铝的强度比不锈钢强度差，表面硬度比不锈钢低。

（12）衡量金属材料机械性能的主要指标有哪些？

强度、塑性、硬度、韧性等。

（13）钢材按碳的含量分为哪几种？各含碳量是多少？

分为三种：低碳钢，含碳量小于 0.25%；中碳钢，含碳量 0.25%～0.6%；高碳钢，含碳量大于 0.6%。

（14）45 钢按含碳量属于哪一种？

45 钢含碳量 0.45%，属于中碳钢。

（15）常用的铸铁分为哪几种？

分为三种：灰口铸铁、球墨铸铁、可锻铸铁。

（16）有一件五金产品长期风吹日晒雨淋且环境恶劣，作为设计工程师，你觉得用什么材料比较合理？并说明理由。

材料：首选优质不锈钢，其次铝合金。

理由：由于长期风吹日晒雨淋且环境恶劣所以要求材料不经表面处理就要耐腐蚀性强、强度好、耐高低温性能佳，所以，不锈钢产品中选用优质不锈钢，如 SUS316 等。

（17）电路板上的屏蔽罩能用不锈钢吗？为什么？常用材料是什么？

一般不用不锈钢，因为不锈钢难沾锡，可焊性不好。

常用材料有马口铁、洋白铜等。

解题提示： 屏蔽罩主要作用是屏蔽电磁干扰，在电路板上广泛应用。

18.3 结构设计类

（1）你觉得结构工程师应具备哪些方面的知识及技能？

答案参见第 1 章相关内容。

解题提示： 答此题时尽量写全面。

（2）简述产品设计的开发流程。

答案参见第 2 章相关内容。

解题提示：答此题时尽量写全面。

（3）作为结构设计工程师，你觉得在设计产品时要考虑哪些方面？

答案参见第 3 章相关内容。

解题提示：答此题时尽量写全面。

（4）结构设计时，如何控制成本？

答案参见第 3 章相关内容。

（5）止口处的美工线有什么作用？常见的有哪几种？用图说明。

止口处的美工线主要作用是遮丑，防止上下壳错位产生断差。

常见的形式如图 18-1 所示。

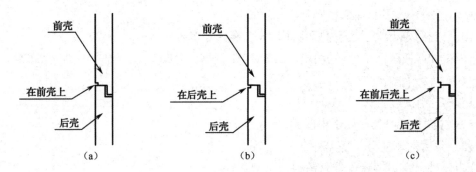

图 18-1　止口处的美工线形式

（6）在什么情况下分型面处使用美工线？在什么情况下分型面处又不要使用美工线？

使用美工线的情况：

① 产品外形尺寸较大。

② 壳体单薄不够强。

③ 外观没有要求。

④ 模具加工水平一般。

不使用美工线的情况：

① 外观有严格要求。

② 模具加工水平高。

③ 结构设计可靠。

（7）塑胶产品两个零件之间的连接有哪几种方式？

常用的连接方式有螺丝、卡扣、热熔、超声焊接、粘胶固定等。

（8）五金产品两个零件之间的连接有哪几种方式？

常用的连接方式有螺丝、铆钉、焊接、销钉、紧配等。

（9）材料 ABS，自攻牙螺丝是 3.0mm 与 2.0mm，塑胶底孔各是多大？

自攻牙螺丝是 3.0mm：底孔 2.50mm；

自攻牙螺丝是 2.0mm：底孔 1.70mm。

解题提示：常见自攻牙螺丝底孔应熟记。

（10）结构设计时如何避免上壳与下壳有错位断差？

避免结构有以下几个方面。

① 止口配合间隙控制好。

② 反止口要适当，配合间隙控制好。

③ 产品的四个角落尽量设计螺丝固定。

④ 适当增加扣位。

⑤ 增加美工线遮丑。

（11）结构设计时，PCB 如何定位及固定？说说大致的方法。

PCB 定位及固定方法：

① 利用螺丝将 PCB 直接固定在壳体上，也起到限位的作用。

② 利用扣位固定。

③ 利用骨位限位。

④ 通过上下壳的螺丝柱将主板夹在中间固定。

⑤ 利用定位柱定位。

解题提示：固定方法很多，列举几个常用的即可。

（12）ABS 塑料在设计料厚时，最厚及最薄能做多少？

ABS 材料，建议最薄不少于 0.60mm，最厚不超过 6.00mm。

解题提示：最薄最厚按模具能否注塑来定。

（13）三防产品一般是指防什么？

三防：防水、防尘、防摔。

（14）塑胶产品的防火等级有哪几种？是如何测试的？

塑胶产品的防火等级一般参照 UL94 标准，共有四个等级，从高到低分别如下所述。

① V-0：垂直试样在 10s 内停止燃烧；不允许有液滴。

② V-1：垂直试样在 30s 内停止燃烧；不允许有液滴。

③ V-2：垂直试样在 30s 内停止燃烧；允许有燃烧物滴下。

④ HB：厚度小于 3mm 的水平试样缓慢燃烧，燃烧速度小于 76mm/min。

燃烧等级测试示意图如图 18-2 所示。

（15）加强筋底部缩水是什么原因？如何避免？

主要原因：筋位过厚。

避免方法：结构设计时注意筋位厚度做到附近料厚的 50%即可，尤其注意两筋位交叉处的厚度，必要时掏胶处理。

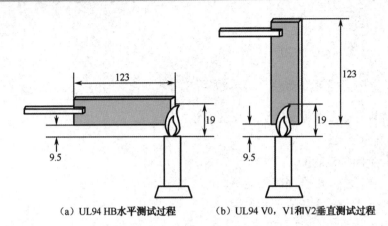

（a）UL94 HB水平测试过程　　　　（b）UL94 V0，V1和V2垂直测试过程

图 18-2　燃烧等级测试示意图

（16）对于稍大平板类塑胶产品，在结构设计时要注意什么？

外形尺寸大的平板类塑胶产品要考虑变形的可能性，在结构设计时要注意以下几个方面。

① 料厚不能过薄。

② 适当增加骨位防变形。

③ 将平整的面改成小弧度曲面，外观上区分不大，但能防止变形。

④ 四周做围骨加强。

⑤ 如果外观许可，可设计成阶梯形或者平面上用凸包的方式改善。

（17）螺丝柱加强筋的作用是什么？在什么情况下螺丝柱需设计加强筋？

螺丝柱加强筋主要作用是加强螺丝柱，防止折断与变形。

螺丝柱需要设计加强筋的情况：

① 螺丝柱过高。

② 螺丝柱远离侧壁，但又需要承重。

③ 螺丝柱处的胶位强度差。

④ 螺丝柱需要后加工，如热熔螺母等。

（18）画出自攻牙 2.60 螺丝配合的截面图，并标注重要尺寸。

自攻牙 2.60 螺丝配合的截面图如图 18-3 所示。

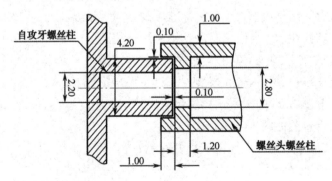

图 18-3　自攻牙 2.60 螺丝配合的截面图

（19）画出塑胶件扣位的截面图，并标注重要尺寸。

扣位的截面图如图 18-4 所示。

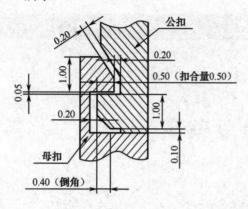

图 18-4 扣位的截面图

解题提示：常见结构的剖面图要能手绘。

（20）自攻牙螺丝与机牙螺丝的区别有哪些？

外形比较：

① 相对来说，自攻牙螺丝比机牙螺丝牙距要大，牙型要粗。

② 机牙螺丝牙尾型是没有尖尾的，也没有开口的。

有无螺母：

① 自攻牙螺丝由于有自攻特性，无需螺母，只要有孔就行。

② 机牙螺丝需要螺母或者与螺丝牙型配套的螺纹孔。

应用范围：

① 自攻牙螺丝常用于塑料、薄的或者软的金属件、木制品等。

② 机牙螺丝常用于金属件的连接，如果用于其他材料，需预埋螺母。

拆卸次数：

① 自攻牙螺丝不宜经常拆卸，否则会滑牙而失效。

② 机牙螺丝能经常拆卸。

（21）上下壳固定螺丝柱之间的间隙设计为零好不好？并说明理由。

零间隙不好。

理由：如果间隙为零，容易造成两个螺丝柱因制造误差而干涉。为了通过螺丝柱紧固上下壳，螺丝柱之间应留 0.10mm 左右的间隙。

（22）PA2.6mm×6mm 代表什么意义？

是代表圆头尖尾 2.60mm 的自攻牙螺丝，长度为 6.00mm。

（23）自攻牙螺丝按头型分为哪几种？

按头型分为圆头、沉头、圆头加垫圈、六角头、圆柱头、半圆头和半沉头等。

（24）自攻牙螺丝按槽型分为哪几种？

按槽型分为十字形、内六角形、一字形、梅花形、菊花形、三角形和四方形等。

18.4　表面处理类

（1）列举三种常见的塑胶表面处理方法。

喷涂、电镀、丝印。

解题提示：任意列举三种即可。

（2）列举三种常见的五金表面处理方法。

拉丝、阳极氧化、喷砂。

（3）塑胶电镀分为几种？各有什么优点与缺点？

电镀分为水镀与真空镀。

水镀优点与缺点：

① 镀层厚，耐磨尚可。

② 成本相对较低。

③ 可水镀的塑料少（缺点）。

④ 产生废液，不环保（缺点）。

⑤ 彩镀困难，且颜色不多（缺点）。

⑥ 电镀时改变塑料性能，让塑料变硬变脆（缺点）。

⑦ 镀层导电（缺点）。

真空镀的优点及缺点：

① 可电镀的塑胶材料多。

② 可做彩镀，颜色丰富。

③ 不改变塑料性能，局部电镀方便。

④ 不产生废液，环保。

⑤ 能做不导电真空镀。

⑥ 镀层薄，表面要过 UV 防磨损（缺点）。

⑦ 工艺复杂，设备贵，成本高（缺点）。

（4）能水镀的塑料有哪些？能真空镀的塑胶有哪些？

能水镀的塑料比较少，常用的就是电镀级 ABS。

能真空镀的塑胶比较多，如 ABS、PC、PMMA、PET 等。

（5）PC 能不能水镀？

不能水镀，一般做真空镀。

（6）水镀时，局部电镀要注意什么？

水镀时会改变塑料性能，让塑料变硬变脆，所以在不需要电镀的地方按以下方式处理。

① 在不需要电镀的地方涂绝缘油墨。

② 在不需要电镀的地方退镀。

③ 将需要电镀与不需要电镀的部分拆成两个零件。

④ 做双色模或者二次注塑，需要电镀与不需要电镀的部分用不同的材料。

（7）真空镀分为哪几种？

真空镀分为蒸镀、溅射镀、离子镀。

（8）真空镀常见应用场所有哪些？

真空镀应用非常广泛，主要领域有以下几个方面。

① 通信产品行业，如手机、电话机等。

② 数码产品、IT 行业，如笔记本电脑、MP5、GPS 和数码相机等。

③ 光盘碟片等。

（9）如果塑胶表面看不出透明，但要透光，表面做什么处理合适？

真空镀能达到这种效果，前提是塑胶为透明料。

（10）常用的 ABS 料表面能做哪些处理？

ABS 表面处理有喷涂、水镀、真空镀、IML、丝印、移印和水转印等。

（11）PP 料表面要求是红色的怎么实现？能喷涂实现吗？

PP 料表面红色可通过在原料中添加色粉或者色母来实现。

PP 一般不喷涂，因为附着力差，涂层易脱落。

如果要喷涂，需用专用 PP 水来增强附着力。

（12）如果塑胶件表面要求很光亮银色，如何实现？

① 塑胶模具表面要抛光处理，这样注塑出来的塑胶表面才光亮。

② 做表面电镀处理，电镀镍、铬及银都可以实现银色。

③ 可丝印镜面银，适合小面积区域。

（13）水电镀一般能镀上什么颜色？能做彩镀吗？

常见水电镀能镀银色、金色、枪色及黑色。

水电镀不能做彩镀。

（14）UV 油漆的作用是什么？

UV 油漆是一种透明光油，是需要在紫外线光照射下才固化的一种油漆，其主要作用有以下几个方面。

① 保护面漆，防止面漆刮伤磨坏。

② 加硬表面。

③ 加亮表面。

（15）二喷二烤是指什么？

二喷指的是喷两道油漆，第一层为底漆，第二层为面漆。

二烤指的是喷完第一道漆后通过烤炉烤干，接着喷第二道油漆，再烤干。

（16）一个塑料件如果要喷两种不同的颜色，如何处理？

处理方法：

通过做喷油治具遮喷。结构设计时在两种颜色分界处做一条美工线，能防止喷油时飞油影响外观。

（17）简要说说自动喷涂与手工喷涂的优缺点。

自动喷涂节省人工成本，喷涂效果整齐，适合大批量生产。缺点是成本高，不够灵活。

手工喷涂灵活方便，特别适合小批量生产及制作样板。缺点是人为因素会影响喷涂效果，色差控制不够好。

（18）塑料产品上要有拉丝效果，怎么实现？

塑料产品上的拉丝效果，实现方法一般有以下几个方面。

① 最常见方法是模具上做拉丝。

② 塑料产品做水镀，镀层做厚，然后通过机械拉丝来实现。

（19）不锈钢表面能做哪些处理？

不锈钢表面可以做拉丝、镭雕、电镀、烤漆、氧化、电泳、喷砂等处理。

（20）铝的表面处理方法有哪些？

铝的表面处理方法有阳极氧化、拉丝、镭雕、高光切边、批花等。

（21）简要说说机械拉丝与激光拉丝的区别。

区别如下：

① 机械拉丝是通过机械加工的方式做出纹路，而激光拉丝是通过激光的光能烧出纹路。

② 相对来说，机械拉丝纹路不是很清晰，激光拉丝纹路清晰。

③ 机械拉丝表面触摸无凹凸感，而激光拉丝表面触摸有凹凸感。

（22）什么是高光切边？一般应用于哪里？

高光切边是通过高速的 CNC 机器在五金产品的边缘切出一圈光亮的斜边。

高光切边主要作用是装饰，一般应用于铝片的边缘，数码产品上比较多见。

（23）铝片上凸出的 LOGO 中的斜纹是哪一种加工方式做出来的？

批花，属于机械加工方式的一种。

（24）铝片上凸出的 LOGO 是如何做出来的？

一般有两种方式：

① 冲压成型。

② 二次氧化。

（25）铝片上是先氧化后拉丝还是先拉丝后氧化？为什么？

一般是先拉丝后氧化。

原因：先拉丝后氧化，氧化层不会破坏，如果先氧化后拉丝，氧化层会破坏。

（26）镭雕是什么？

镭雕是通过激光的光能在物件的表面烧出文字或者图案。

（27）丝印与移印的区别是什么？

丝印是网板印刷，一般应用于平整的或者小弧度的表面。

移印是钢板转印，一般应用于弧度大的曲面，移印区域不能太大。

丝印与移印的机器设备也不同。

（28）同一件产品上，丝印能印五颜六色的颜色吗？

比较困难，因为丝印一次只能有一种颜色，颜色越多，丝印次数越多，效果就越难保证。

（29）IML 是什么工艺？一般应用于哪里？

IML 的中文名称是模内镶件注塑，是把薄膜印刷好经过冲压成型，剪切后放置到塑胶模具内注塑后附在胶件表面的一种工艺。所以说，IML 既是一种表面处理工艺，又是产品成型制造工艺。

IML 一般应用于以下几个方面。

① 通信业：手机视窗镜片、壳体、装饰件、电池盖等。

② 家电业：电饭煲、洗衣机、微波炉、空调器、电冰箱、油烟机、消毒柜、热水器等带操作按键的控制装饰面板。

③ 电子业：MP3、MP4 面壳、VCD、DVD、电子词典、数码相机、摄像机、医疗器械等的装饰面壳及标志。

解题提示： IML 应用领域很多，列举几个即可。

（30）简述 IML 产品的构成。

IML 产品一般由三部分构成：

第一层是薄膜，常用材料有 PET、PC 片材。

中间一层是油墨，为印刷的原料。

第三层为基材，常用塑胶材料有 ABS、PMMA 等。

18.5 模具基本知识类

（1）分型面是什么？

分型面是前模与后模的分界面。

（2）简要说说注塑的过程。

注塑过程：合模、注射、保压、冷却、开模、取出产品。

（3）列举几种常见浇口的形式。

常见浇口有直浇口、点浇口、潜浇口、扇形浇口和蕉形浇口等。

解题提示： 浇口形式很多，至少列举三个。

（4）行位是什么？

行位即滑块，是模具上解决倒扣的一种抽芯机构。

（5）前模行位与后模行位的区别有哪些？

前模行位：开模时，前模行位要先滑开。

后模行位：开模动作与行位滑开同步进行。

前模行业与后模行位具体模具结构也不同。

模具设计时尽量避免走前模行位。

（6）夹线产生的原因是什么？能完全避免吗？

夹线产生的原因主要是模具钢料连接处有细小的缝隙，主要发生在以下几个方面。

① 分型面处。

② 模具的镶件处。

③ 行位及斜顶的连接处。

夹线不能完全避免，只能提高模具加工精度。

（7）枕位是什么？

枕位是前后模高出主分型面的封胶镶块。

（8）枕位比较容易出现哪些问题？

枕位易出现的问题有以下几个方面。

① 后续改模麻烦。

② 影响配合间隙。

③ 容易有披锋。

（9）碰穿与插穿的区别有哪些？

碰穿是模具前后模正面相接触。插穿是模具前后模侧面相接触，如图 18-5 所示。

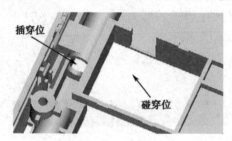

图 18-5　插穿位与碰穿位

（10）为什么说加胶容易减胶难？

塑料件加胶，是在模具上减钢料，加工比较容易。

塑料件减胶，是在模具上焊接钢料，加工困难且容易损坏。

（11）简要说说加胶难的地方？

不是所有的加胶都容易，加胶比较困难的地方有以下几个方面。

① 分型面处。

② 枕位处。

③ 部分镶件处。

（12）二板模与三板模有什么区别？

区别：二板模由前模及后模组成。三板模在前模与后模之间增加了一块活动的模板，活动的模板为卸水口板。如图 18-6 所示，图 18-6（a）为二板模结构，图 18-6（b）为三板模结构。

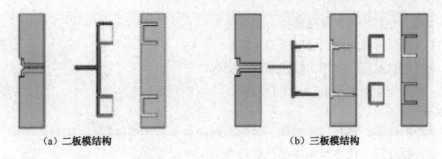

（a）二板模结构　　　　　　　　　（b）三板模结构

图18-6　二板模与三板模的区别

（13）什么是缩水？如何改善？

缩水就是胶件表面形成局部凹陷、空洞的现象。

改善方法：

① 在结构设计上胶厚尽量均匀，不均匀处圆滑过渡，同时注意掏胶。

② 改善模具设计。

③ 增加保压时间，加大注塑压力及调快注塑速度等。

（14）披锋是如何产生的？最易出披锋的地方在哪里？如何改善？

披锋又称毛边，在分型面上有少量的料溢出，形成飞边。常发生的地方有分模面、行位夹线处、斜顶位处、镶件位处等。

改善方法：

① 改善原料，提高模具配合精度等。

② 注塑上减慢注塑速度，减小注塑压力，增大锁模力等。

（15）胶件拉伤是如何产生的？如何改善？

胶件在脱模过程中摩擦模具，沿出模方向在胶件外观上留下痕迹的现象称为胶件拉伤。

改善方法：

① 加大产品拔模斜度，提高模具抛光要求。

② 注塑上提高模具温度，尽量少使用脱模剂等。

（16）顶白的原因是什么？如何避免？

原因分析：

① 模具问题，顶针太长，顶针不平衡等。

② 注塑问题，注塑压力过大，顶出速度太快，注塑速度太快等。

避免方法：

① 调整顶针长度，修整顶针配合面。

② 注塑上减小注塑压力，减慢顶出速度及注塑速度等。

（17）夹水线是什么？如何避免？

夹水线又称熔接痕，是指塑料在注塑时由于多个水口或在经过槽、孔等位置，发生两个方向以上的流动后相结合时造成的熔接线。

避免方法：

① 夹水线很难完全解决，尽量避免。

② 结构上在易产生夹水线的地方加骨位。

③ 改善模气排气，水口设置合理可靠。

④ 提高塑料温度，注塑上增大注塑压力等。

（18）塑胶件注塑变形了，请分析原因。

原因分析：

① 结构设计上，胶件强度不够，胶件太薄或者太过于平整。

② 模具问题，水口设置不合理，胶件顶出不合理等。

③ 注塑问题，保压时间长，注塑压力过大等。

（19）烧焦的原因什么？如何改善？

原因分析：

① 模具排气不良，水口设置不合理。

② 塑料温度太高，注塑速度太快或者压力过大。

改善方法：

① 改善模气排气，水口设置合理可靠。

② 降低塑料温度，注塑上减小注塑压力，减慢注塑速度等。

> **解题提示：**对常见的注塑缺陷要认识并能分析原因。

（20）塑胶件模芯常用材料是什么？

718、S136、S136H、420、NAK80 等。

（21）PC 料的模具能不能直接换 ABS 料注塑？大致说明原因。

可以，因为两者常用缩水率相同，PC 料的模具比 ABS 料的模具要求高，能适合 ABS 料注塑。

> **解题提示：**如果是 ABS 料模具换成 PC 料来注塑，一般来说不行，虽然两者塑胶材料缩水率差不多，但 ABS 料模要求低，如果直接注塑 PC 料，容易造成模具报废和注塑出来的胶件难以达到要求。

（22）注塑 PP 料的模具能注塑 ABS 料吗？大致说明原因。

不可以，因为两种材料的缩水率差别较大。

（23）表面要求高的透明塑料模具一般用什么材质？对模具材料有何要求？

一般用 S136、420，要求模具材料抛光性能优良。

（24）PVC 模具模芯的材料要注意什么？列举几种常用材料。

PVC 属于强酸性的材料类，需要的模芯材料能耐腐蚀。

模芯材料可选用 S136、420、2316 等。

（25）塑料瓶是怎么做出来的？

塑料瓶一般是通过吹塑成型的。

（26）冷冲模种类有哪些？

冷冲模属于五金类模具，一般包括冲裁、折弯、拉深等工艺。

18.6 机械制图类

（1）三视图一般包括哪些视图？

主视图、左视图、俯视图。

（2）基本视图包括哪些视图？

主视图、后视图、左视图、右视图、俯视图、仰视图。

（3）剖视图一般有哪些？

全剖视图、半剖视图、局部剖视图。

（4）放大图有什么作用？

局部放大作用，有些视图上细节看得不太清楚，就需要用放大图来显示。

（5）装配中的三种配合是什么？

间隙配合、过盈配合、过渡配合。

（6）三视图中各视图的对应关系是什么？

前视图与俯视图长对正，俯视图与右视图宽相等，前视图与右视图高平齐。

（7）列举至少三种形状与位置公差及符号。

形状公差：直线度（ ── ）、平面度（ ▱ ）、圆度（ ○ ）。

位置公差：平行度（ ∥ ）、垂直度（ ⊥ ）、对称度（ ═ ）。

（8）A4 及 A3 纸的尺寸是多少？

A4：297mm×210mm；A3：420mm×297mm。

（9）标题栏有没有统一的规定？

没有统一的规定，每个公司都有自己的标题栏。

（10）写出半径、直径、圆球半径代号。

半径：R；直径：ϕ；圆球半径：SR。

（11）螺纹按旋向分为几种？如果不标注一般是哪一种？

螺纹按旋向分为左旋螺纹与右旋螺纹，如果不标注一般是右旋螺纹，左旋螺纹必须标注。

（12）内外螺纹在什么情况下才能配合？

内外螺纹配合的条件：牙型、直径、螺距、线数和旋向都相同。

（13）解释 M20×2－LH－S 代表的意义。

公称直径为 20mm 的普通螺纹，螺距是 2mm，左旋，短旋合长度。

（14）配合的基准制有哪些？

配合的基准制有基孔制与基轴制。

（15）齿轮模数与分度圆有什么关系？

分度圆直径（D）＝模数（m）×齿数（z）

（16）说说外螺纹的规定画法有哪些？

① 外螺纹的大径画成粗实线。

② 小径通常画成细实线，在螺纹的倒角或倒圆内的部分也应画出。

③ 在垂直于螺纹的轴线的投影面上的视图中，表示牙底的细实线圆只画约 3/4 圈，此时倒角省略不画。

（17）粗实线的应用场所有哪些？

① 可见的轮廓线。

② 可见的过渡线。

（18）细实线的应用场所有哪些？

① 尺寸线及尺寸界线。

② 剖面线。

③ 重合断面的轮廓线。

④ 螺纹的牙底线。

⑤ 齿轮的齿根线。

18.7 测试类

（1）电子产品中，常见的可靠性测试及具体内容有哪些？列举至少四种。

答案参见第 14 章相关内容。

（2）简述跌落测试要求对结构的影响。

主要影响：

① 结构强度，结构设计时要有足够的强度，以免壳体开裂。

② 结构限位合理可靠，防止零部件掉落损坏。

③ 对重要元器件的保护结构要合理可靠，如 LCD 屏等。

④ 连接与固定结构可靠，防止零部件跌落时散架。

（3）简述自由跌落与重复跌落的主要区别。

主要区别：

① 跌落高度不同，重复跌落为低高度，只有 0.10m。

② 跌落表面有差别，自由跌落一般为水泥地板，重复跌落一般为硬木板。

③ 跌落要求也有差别，自由跌落一般是六个按顺序跌落，重复跌落一般为任意面跌落。

（4）高低温测试的温度要求一般是多少？

高温储存测试：70℃，高温运行测试：55℃，低温储存测试：−40℃，低温运行测试：−20℃。

（5）百格测试的要求及判断标准是什么？

百格测试就是附着力测试，其要求与判断标准如下所述。

测试要求：在被测物表面用锋利刀片划 100 个面积为 1mm×1mm 的格子，每一条划线应深及油漆的底层，用毛刷将测试区域的碎片刷干净，用 3M600#胶纸牢牢粘住被测试小网格，并用橡皮擦用力擦拭胶带，以加大胶带与被测区域的接触面积及力度；然后迅速地呈

90°角度拉起，同一位置使用新胶带重复三次。

判定标准：

不允许大面积油漆脱落、起皱现象。在划线的交叉点处有小片的油漆脱落，且脱落总面积小于5%为合格。

（6）常见的表面处理测试有哪些？

附着力测试、RCA耐磨测试、铅笔硬度测试、耐酒精测试、耐化妆品测试、橡皮擦拭测试、耐手汗测试等。

（7）镜片表面常用的测试有哪些？

铅笔硬度测试、耐磨测试、耐手汗测试等。

（8）盐雾测试一般针对什么类零件？其检测标准是什么？

盐雾测试适用于金属物件及塑胶电镀件的测试。其检测标准如下所述。

测试条件：

浓度为（5±1）%氯化钠溶液，6.5<pH<7.2，试验箱内温度为（35±2）℃，连续喷雾24h，试验完成后取出试件，尽快以低于38℃的清水洗去黏附的盐粒，用毛刷或海绵除去其他腐蚀生成物，并擦干试件。在常温下搁置2h后检查外观及功能。

判定标准：

常温干燥后，产品各项功能正常，外壳表面及装饰件无明显腐蚀等异常现象。

18.8 产品结构设计的职业规划及面试技巧

18.8.1 决定工资的因素

对于很多人来说，最关心的还是工资，俗话说"女怕嫁错郎，男怕入错行"，可见入行对前途的重要性，从事产品结构设计到底能拿多少工资呢？

其实，从事产品结构设计工程师的工资有高有低，低的2500元以下，高的月薪过万，决定工资主要有以下几个因素。

（1）自身的结构设计水平。能力是决定工资的主要因素，有不凡的能力就不怕拿不到高工资，能力不够就算用人单位给出高工资也只有望"高"兴叹。共同起点的结构工程师，若干年后，为什么有些能拿高工资，有些还是一如既往的"低薪"？原因就在于能拿高工资的工程师在工作中不断地学习与总结，努力提升自身的设计水平，一旦有合适的高薪机会，他们往往就能抓得住且抓得牢。

有部分工程师不思上进，安于现状，工资很难增长甚至有些会越来越低，这也是自身原因造成的，若要改变这种状态只有改变心态，通过各种途径努力提高自身的设计水平。

能力的提高来自于工作经验的积累与不断地学习提升，在产品结构设计行业，高薪意味着高水平，欲想拿高薪，唯一的办法就是不断提高自己的设计水平。

（2）行业的差距。产品结构设计行业不同也影响到工资的高低。有些行业结构简单，就算在这行业工作几十年，工资始终不会太高。但有些行业只要工作几年甚至几个月，工资就能达到万元以上。

例如，在前几年，手机结构设计者工资一直在整个产品结构设计行业里算是高薪了，工作一年左右的手机结构工程师的工资普遍在万元左右，甚至有不少应届毕业生，有机会进入这一行业，只要学习能力强，工作一年左右工资万元的也很多。目前这一行业工资有所下滑，相对来说，但还比其他大部分行业工资高。

（3）公司的差距。不同的公司工资标准也不一样，公司工资标准是按照行业的平均工资再结合公司自身的条件来制定的。一般来说，大公司的工资及其他福利待遇要高于小公司。

结构研发部门在公司的重要程度也影响到结构工程师收入的多少。有些公司结构研发部门受到重视，公司对研发舍得投入，自然对研发人员也会优待，除工资外还有福利待遇、奖金、项目提成等。

18.8.2　产品结构设计的职业规划

职业规划是职业生涯规划的简称，是确定一个人的事业发展目标，并选择实现这一事业目标的职业或岗位。职业规划是影响前程的方向，产品结构工程师做好职业规划对自己的发展有很大帮助。

以下职业规划供参考。

（1）刚入行的新手及应届毕业生，目标是找一份与设计相关的工作。

入行前：学习产品结构设计理论知识，熟悉产品的设计流程。提高软件应用水平，尤其是 Pro/E 软件的曲面功能。

> 🔧 **技巧提示**：本书是新手入门的最佳教材，是作者十几年工作的经验总结，与现实工作无缝对接，且通俗易懂、图文并茂，有整套的产品结构设计实例讲解，全书分为基础、实例练习、提高三部分，希望新手好好学习并掌握。

入行职位：刚进入这一行业的新人职位可选择绘图员、助理结构工程师，能力稍强的直接选择结构工程师。

工资参考：绘图员 2500 元左右（税后、包食宿）；助理工程师 3000 元左右（税后、包食宿）；结构工程师 3500 元左右（税后、包食宿）。

入行后：在工作中不断学习与总结，努力提高自身设计水平。工作一年后，如果对公司发展前景不太满意且感觉难以提升，建议跳槽。

（2）少于三年经验的结构工程师，目标职位是高级结构工程师。

结构工程师要学会朝高处看，高级结构工程师简称高工，在公司中属于高级别的设计人员。工资自然也不会低。

工资参考：少于三年经验的结构工程师工资参考为 4500 元左右（税后、包食宿）。

（3）工作经验达到五年，工资参考为不低于 6000 元（税后、包食宿）。目标职位是结构设计部门主管。

（4）工作经验达到八年，工资参考为不低于 8000 元（税后、包食宿）。目标职位是结构设计部门经理。

（5）工作经验十年以上，工资参考为不低于 10000 元（税后、包食宿）。目标职位是结构设计部门经理及以上职位。

（6）再往后，能力强的寻求更高管理职位，很难提升的保持原状。当然，工作十几年后，大部分都步入中年了，还是寻找时机自己创业吧。

18.8.3 写简历的注意事项

简历是获得工作的敲门砖，用人单位首先接触的就是简历，尤其是网上投递的简历是决定是否有面试机会的重要通道。

当然，写简历也要讲究一些技巧。

（1）突出重点。产品结构设计工程师简历主要突出结构设计经验，在设计经验上及技术技能上多写点。有些人写简历无关紧要的内容占了一大半，如业余爱好、在学校曾当过什么职务、获过什么奖历、体育特长等，这些内容可有可无，大部分用人单位看的还是曾经的工作经历及设计技能。我曾经在招聘时看到一份简历上写着在足球、篮球比赛中获过什么奖，其实，体育有什么特长无关紧要，这是招结构设计人员，又不是招体育特长生。

（2）简历要求精简。理想的简历文字描述不超过两页，太长用人单位懒得看完。太短连一页都不够，难免让用人单位认为没有经验。

（3）简历最好附带作品图片。简历附带设计过的产品图片，包括外形及内部结构截图，附在简历后面。当然，太简单的产品没有必要附图，附图中的产品要能体现出应聘者的设计技能或者软件精通程度。

（4）简历条理清楚。简历切忌杂乱无章，手写的简历一定要字迹工整清晰，不要以为自己草书很潇洒，用人单位拿到一份连字都难以看清的简历第一件事就是放到一边，根本不会看，怎么可能有面试机会。

建议用打印的简历，排版注重条理。

18.8.4 面试技巧

用人单位不同，面试的程序也不一定相同，但大部分公司招聘结构工程师面试的程序如下所述。

（1）填表。这份表格内容与简历差不多，包括基本信息、直系亲属、学习经历、工作经历等。

技巧提示： 面试时带上至少一份简历，在填表时照简历抄写，不要出现简历内容与填表的内容不一样的现象。

（2）笔试。填表之后就是笔试，笔试时间大部分是一个小时内。

技巧提示：笔试内容有不少是涉及画图的，而用人单位不一定会提供作图工具，建议大家带上笔、2B铅笔、橡皮擦、小直尺。

（3）主管面试。结构设计主管面试，当然面试的问题大部分是与结构设计相关的。

技巧提示：首先心态要自信，回答问题时要果断，切忌犹豫不决，不要用"好像"、"可能"、"大概"这类的词，因为结构设计是很严谨的。

面试时最好带上以前设计过的产品实物，至少也要准备些打印图片，这样会增加成功的机会。

（4）上机实操。上机实操考的大部分是软件水平，软件越精通成功机会就会越大，如果前几步都很好，但上机实操不行，成功机会还是很小的。当然，如果前几步都没过就直接走人了，则连实操机会都没有。

技巧提示：平时加强软件水平，尤其是曲面。上机实操时可能鼠标、键盘都不太习惯，但也要克服，注意边画边保存，上机实操时间一般为2h左右，越快越好。一些很难处理的曲面做到接近即可。

（5）主管或者更高一层领导的面试。到了这一环节，成功的希望还是非常大的。大部分谈论的就是薪资及待遇问题了。

技巧提示：谈论薪资要求保持自己的底线，一般能进入这一环节的，用人单位是基本上认同了，工资是双方商讨的。在谈工资时，自己设一个底线和预计值，但底线要坚持，如果差距不大，用人单位还是可以接受的，当然，差距太大，就需要让步或者放弃。

谈薪资时，还要注意是税前还是税后，购买什么社会保险，其他的福利待遇有哪些，工作时间是多少等问题。

（6）在上面任意环节中，如果用人单位说还有后续面试再综合评估下、等通知之类的话，那说明面试基本失败了。